プラズマ
プロセス技術

ナノ材料作製・加工のためのアトムテクノロジー

プラズマ・核融合学会 編

森北出版株式会社

● 本書の補足情報・正誤表を公開する場合があります．当社 Web サイト（下記）で本書を検索し，書籍ページをご確認ください．
https://www.morikita.co.jp/

● 本書の内容に関するご質問は下記のメールアドレスまでお願いします．なお，電話でのご質問には応じかねますので，あらかじめご了承ください．
editor@morikita.co.jp

● 本書により得られた情報の使用から生じるいかなる損害についても，当社および本書の著者は責任を負わないものとします．

JCOPY 〈（一社）出版者著作権管理機構 委託出版物〉
本書の無断複製は，著作権法上での例外を除き禁じられています．複製される場合は，そのつど事前に上記機構（電話 03-5244-5088, FAX 03-5244-5089, e-mail: info@jcopy.or.jp）の許諾を得てください．

まえがき

　プラズマ化学反応を利用した薄膜材料の加工・作製技術の開発が始まったのは，プラズマ物理研究が本格化した1970年前後である．その後，半導体集積回路製造プロセスでの実用化と同時に，様々な工夫と改良が積み重ねられ，ナノサイズ領域に達した今日の技術に至っている．一方，非晶質シリコンや気相合成ダイヤモンドの作製方法としても，精力的に応用研究が進められた．こうした流れの中で，基盤となるプロセス用プラズマの開発や，プラズマプロセシングの基礎研究が，1980年台から大きく立ち上がってきた．そして21世紀に入ってからは，将来のナノ電子デバイス用の材料として有望なカーボンナノチューブ，グラフェンなどのナノ材料の作製にプラズマ技術が利用され，今後も大きな役割を果たすことが期待されている．

　ナノ電子デバイス用の材料を作製するとき，目的に応じたプロセスの制御が必要となる．真空中での材料合成において，物理プロセスよりも化学反応プロセスの方が，一般に反応のバラエティーに富む．さらに，化学反応においてプラズマを用いることにより，ラジカルなど反応活性種の生成を促進し，非平衡状態の下で新規な材料を合成できる．また，基板との間に形成されるシースの電界を巧みに利用して，ナノ領域さらには原子・分子領域での様々な制御が可能となる．しかし一方で，イオンの衝突が材料やデバイスに対して望まぬ影響を与える場合もある．物質を材料へと生成し，さらに成長・加工するとき，様々な予期せぬ隠れた要因が影響を与えるという問題もある．こうしたことから，プラズマプロセスを効果的に活用し，また多様な材料を合成するには，反応プロセスを定量的に解析して理解したうえで精密に制御することが要求される．

　本書は，このような観点からの技術的指針を与えることを目的として，総勢18名のプラズマ技術の専門家に詳しい内容を含めた執筆を依頼した．記載内容の選択や記述方法に工夫を凝らし，プラズマプロセスに携わる研究者・技術者のみならず，ナノ・アトムテクノロジーにかかわりながら，プラズマプロセスに経験の少ない方々にも，研究開発の手段としてプラズマの応用に関心を抱いてもらうことも期待している．

　本書の構成は大きく四つに分かれる．第1章から第3章はプロセスプラズマの基礎で，プラズマ技術の基礎（第1章）からはじめ，プラズマナノ・アトムプロセスにおいてとくに重要となるシースとプラズマ中の微粒子に関する物理（第2章），気相中での

ラジカルの生成・輸送および基板表面での反応過程（第 3 章）を詳細に解説している．第 4 章では，集積回路製造におけるドライエッチング技術について基礎から最前線までを詳しく説明している．第 5 章と第 6 章はナノ材料の合成について述べ，ナノ材料の基板表面での成長（第 5 章）と，気相中でのナノ粒子や微粒子の合成（第 6 章）となっている．最後の第 7 章は，ナノ材料プロセスのためのプラズマプロセスの計測・解析法についてまとめ，とくにその場計測を念頭に置いて，気相の計測 (7.1)，基板表面状態の計測 (7.2)，気相中の微粒子の計測 (7.3) の種々の方法について説明している．

　本書の企画から刊行まで 5 年ほどの年月を要した．執筆者の辛抱強い協力に感謝するとともに，有益な助言と励ましを頂いた森北出版の富井晃課長に謝意を表す．

プラズマ・核融合学会
プラズマプロセス技術　出版編集委員会
委員長　林　康明

編集委員

畠山　力三　（東北大学名誉教授）
斧　　高一　（京都大学名誉教授）
藤山　　寛　（長崎大学名誉教授）
粟野　祐二　（慶應義塾大学）
林　　康明　（京都工芸繊維大学）

執筆者一覧

藤山　　寛　（長崎大学名誉教授）　1.1 節
佐藤　徳芳　（東北大学名誉教授）　1.2 節
飯塚　　哲　（東北大学）　2.1 節
渡辺　征夫　（九州大学名誉教授）　2.2 節
白藤　　立　（大阪市立大学）　第 3 章
斧　　高一　（京都大学名誉教授）　第 4 章
江利口浩二　（京都大学）　第 4 章
鷹尾　祥典　（横浜国立大学）　第 4 章
畠山　力三　（東北大学名誉教授）　第 5 章，6.1.2 項
金子　俊郎　（東北大学）　第 5 章，6.1.2 項
加藤　俊顕　（東北大学）　第 5 章，6.1.2 項
三重野　哲　（静岡大学）　6.1.1 項
林　　康明　（京都工芸繊維大学）　6.1.1 項，6.3 節，7.3 節
白谷　正治　（九州大学）　6.2 節
高橋　和生　（京都工芸繊維大学）　7.1.1 項
佐々木浩一　（北海道大学）　7.1.2 項
石川　健治　（名古屋大学）　7.2 節
堀　　　勝　（名古屋大学）　7.2 節

目 次

第1章 プラズマ技術の基礎　　1

1.1 未来をつくるプラズマ ……………………………………… 1
　1.1.1 プラズマとは　1
　1.1.2 各種プラズマ応用　3
1.2 プロセス用プラズマの基礎 ………………………………… 6
　1.2.1 プラズマの性質　6
　1.2.2 プラズマの生成　11
　1.2.3 プラズマの制御　19

参考文献 ………………………………………………………… 25

第2章 プラズマナノプロセスの物理的基礎　　26

2.1 シースの物理 ………………………………………………… 26
　2.1.1 シースの形成　26
　2.1.2 シースの理論　27
　2.1.3 浮遊電位　31
　2.1.4 負イオンを含むシース　32
　2.1.5 高周波プラズマのシース　34
　2.1.6 高周波シース通過イオンのエネルギー分布　40
2.2 プラズマ中の微粒子 ………………………………………… 42
　2.2.1 微粒子の帯電　43
　2.2.2 微粒子への作用力　46
　2.2.3 低気圧シランガス容量結合型プラズマ中の微粒子発生・成長　49
　2.2.4 種々の材料ガスプラズマ中の微粒子発生・成長　58
　2.2.5 微粒子のプラズマパラメータ，放電電圧・電流への影響　58

参考文献 ………………………………………………………………… 60

第3章　プラズマ気相反応とナノ表面反応の基礎　62

3.1　プラズマ固体表面反応の基礎 …………………………………… 62
　　3.1.1　各種薄膜堆積法　62
　　3.1.2　プラズマ CVD の基礎　67
　　3.1.3　ラジカルの生成と輸送　69
3.2　最表面薄膜成長 ………………………………………………… 84
　　3.2.1　下地との相互作用：吸着・マイグレーション　84
　　3.2.2　隣どうしの相互作用：クロスリンク　85
　　3.2.3　表面反応性と段差被覆　87
　　参考文献 ………………………………………………………………… 88

第4章　ナノエッチング技術　90

4.1　ドライエッチングとは ………………………………………… 90
4.2　ドライエッチングの基礎 ……………………………………… 92
　　4.2.1　エッチング特性　92
　　4.2.2　プラズマエッチング技術の要素　94
　　4.2.3　ドライエッチングにおけるプラズマの役割　103
　　4.2.4　ドライエッチングにおける表面反応過程　107
4.3　ドライエッチングによる微細加工 …………………………… 114
　　4.3.1　基板表面に入射する反応粒子　114
　　4.3.2　微細パターン内の粒子輸送　114
　　4.3.3　微細パターン内の表面反応過程　117
　　4.3.4　エッチングの微視的均一性　118
　　4.3.5　微細加工形状進展　121
　　4.3.6　表面ラフネス　126
4.4　プラズマダメージ ……………………………………………… 128
　　4.4.1　物理的ダメージ（PPD）　129
　　4.4.2　電気的ダメージ（PCD）　133
　　4.4.3　光照射ダメージ（PRD）　135

vi　目　次

　　4.5　先端ナノ加工 …………………………………………………………… 137
　　　　4.5.1　ナノ加工の動向　137
　　　　4.5.2　Si エッチング　138
　　　　4.5.3　SiO_2, Si_3N_4 エッチング　140
　　　　4.5.4　高誘電率材料，メタル材料のエッチング　141
　　参考文献 …………………………………………………………………………… 143

第 5 章　ナノ材料の基板成長と構造制御　　147

　　5.1　配向カーボンナノチューブ ……………………………………………… 148
　　　　5.1.1　初期成長過程　148
　　　　5.1.2　配向成長機構　150
　　　　5.1.3　構造制御成長　151
　　　　5.1.4　原子・分子内包による構造制御　154
　　　　5.1.5　気液界面プラズマによる構造制御　158
　　　　5.1.6　応用例　160
　　5.2　ナノ材料のプラズマ成長・合成 ………………………………………… 169
　　　　5.2.1　グラフェン　169
　　　　5.2.2　内包フラーレン　172
　　　　5.2.3　ナノダイヤモンド　176
　　　　5.2.4　ZnO ナノワイヤー　179
　　参考文献 …………………………………………………………………………… 181

第 6 章　ナノ粒子の気相合成　　184

　　6.1　ナノカーボン ……………………………………………………………… 184
　　　　6.1.1　作製技術　184
　　　　6.1.2　ナノ粒子の構造　191
　　6.2　Si ナノ粒子 ………………………………………………………………… 205
　　　　6.2.1　ナノ粒子の気相合成：サイズと構造の制御　205
　　　　6.2.2　ナノ粒子の凝集制御　209
　　　　6.2.3　ナノ粒子の輸送制御　213
　　　　6.2.4　ナノ粒子の太陽電池への応用　218

 6.3　ナノ結晶 ………………………………………………………………… 221
   6.3.1　Si ナノ結晶　221
   6.3.2　ナノダイヤモンド　221
   6.3.3　化合物ナノ結晶　222
 参考文献 ………………………………………………………………………… 222

第7章　計測技術とプロセス解析　　228

 7.1　気相計測 ………………………………………………………………… 228
   7.1.1　探針法　229
   7.1.2　レーザー吸収分光法　235
   7.1.3　レーザー誘起蛍光法　240
 7.2　表面計測 ………………………………………………………………… 245
   7.2.1　プラズマ技術に適した表面計測法　245
   7.2.2　物質の光学応答：誘電関数　245
   7.2.3　反射と透過　247
   7.2.4　偏光解析　250
   7.2.5　フーリエ変換と波長分散　250
   7.2.6　FT-IR（一般的 FT-IR 法，偏光変調赤外反射分光法）　252
   7.2.7　実時間その場観察の実際　253
   7.2.8　非線形分光　254
 7.3　微粒子計測 ……………………………………………………………… 255
   7.3.1　レーザー光散乱法　256
   7.3.2　静電プローブ法　262
   7.3.3　自己バイアス電圧測定　262
 参考文献 ………………………………………………………………………… 263
索　引 ………………………………………………………………………………… 267

第1章 プラズマ技術の基礎

　集積回路を中心としたトップダウンのプラズマプロセス技術は，長年における研究・開発の歴史がある．現在，こうした技術は実際に利用されているが，さらなる微細サイズの成膜・加工や高機能化のための課題は尽きない．一方，ナノレベルの大きさで材料を合成するボトムアップのプラズマプロセスは，未成熟ながら将来が大いに期待されている技術である．本書ではこうした両者の立場から，プラズマとそれによる材料プロセスについて，従来の技術を体系的に記述するとともに，最新の研究や技術についてまとめている．第1章では，まず，プロセス用のプラズマを理解するための基礎を述べる．

　1.1節では，プラズマとは何かを説明し，プラズマが実際にどのように利用されており，将来どのような分野で役立つかについて概観する．1.2節では，初学者のためのプロセス用プラズマ技術の基礎について述べる．

1.1　未来をつくるプラズマ

　プラズマは，古くからアーク溶接・精錬などの熱的利用や蛍光灯・ランプなどの光学的利用がなされてきたが，プラズマという言葉自体は一般には知られていなかった．プラズマテレビの登場以来，プラズマという言葉が一般にも知られるようになり，マイナスイオンの清浄化イメージも定着しつつある．しかし，近年のパソコンや携帯電話の爆発的な普及にもかかわらず，半導体デバイスやディスプレイの製造にプラズマが使われていることはほとんど知られていない．エネルギーや環境のほか，近年では医療・バイオの分野にもその応用が拡がってきているのである．本節では，プラズマとは何かをわかりやすく説明し，また，幅広い分野へのプラズマの応用について概説する．

1.1.1　プラズマとは

　プラズマ (plasma) は，気体原子（あるいは分子）が電子とイオンに分離した状態となった電離気体である．図1.1のように，物質は，その温度が低い状態から高い状態に

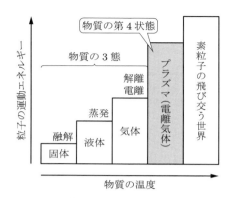

図 1.1 物質の第 4 状態（プラズマ）

なると，固体→液体→気体→プラズマと姿を変える．気体の温度が上昇すると，気体の分子は解離して原子になり，さらに温度が上昇すると，原子核の周りを回っていた電子が原子から離れて，正イオンと電子に分かれる．この現象を電離 (ionization) とよんでいる．そして，電離によって生じた荷電粒子を含む気体をプラズマという（図1.2）．

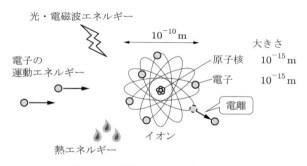

図 1.2 電離によるプラズマの生成

上述したように，プラズマは，電子，イオン，中性粒子（原子，分子，励起された準安定粒子）からなる電離気体であり，電界や磁界により影響を受ける点が通常の気体とは異なる．ろうそくの炎に磁石を近づけると炎が曲がる現象は，炎がプラズマであることを示している．

太陽系は，その質量の 99% 以上がプラズマ状態となっている．太陽もプラズマ状態であり，水素が融合してヘリウムに変化する核融合反応により毎秒約 400 万トンの質量エネルギーを宇宙に放出している．そのわずか 22 億分の 1 が地球に届いて，生命を維持させているのである．すなわち，宇宙ではプラズマ状態が一般的であり，液体

や固体状態の物質はきわめて稀な特異点といえる．宇宙のプラズマは，太陽から噴出するプラズマや太陽エネルギーを起因とする光エネルギーによる光電離が主流である．地球の周りの磁気圏に生成される電離層プラズマは，おもにこの光電離現象によって生成されている．

このように，自然界（宇宙）では光電離，熱電離が主要な電離メカニズムであるが，人工的に作るプラズマは，放電現象を利用して生成するのが一般的である．放電では，初期電子（偶存電子）が電極やアンテナによって外部から印加された電界で加速され，動作ガスの原子・分子に衝突して励起や電離などの非弾性衝突を繰り返している．

プラズマのおもな性質は，その密度と温度であるが，荷電粒子の生成（励起，電離）と消滅（再結合，付着）のバランスでその特性が決まる．つまり，プラズマの温度と密度は入力エネルギーと出力エネルギーのバランスで決まる．したがって，高密度プラズマを作るためには，電子の効率的な生成と閉じ込めを促進しなければならない．

一般的なプラズマでは，軽い電子は高温であるが，重いイオンと中性粒子はほとんど室温のままで，熱的にアンバランスな状態にあることが多い．これを非平衡低温プラズマ (non-equilibrium low-temperature plasma) とよんでいる．一方，高気圧中のアーク放電を利用した高温のイオンや中性粒子を含むプラズマを，熱プラズマ (thermal plasma) という．

1.1.2 各種プラズマ応用

プラズマ中には，高速の荷電粒子（電子やイオン）のほかに，化学的に活性なラジカルや紫外線や可視光などの光が存在している．人工的に作ったプラズマの熱や光や荷電粒子をうまく利用すると，たとえば1億度の超高温状態を作ったり，照明に利用したり，高温でしか起こらない化学反応を低温で起こして自然界にない物質を造ることができる（図1.3）．

(1) 熱の利用

従来のプラズマ応用技術としては，アルゴンアークプラズマの5000 K以上の高温を利用した溶接や鉄鉱石の製錬が行われている．これには，直流や交流，高周波のハイパワー電源を使った大気圧中でのプラズマジェットなどが利用され，熱プラズマとよばれている．厚膜材料の形成に用いられるプラズマスプレー技術も熱プラズマの利用であり，その高温状態を利用してダイヤモンドも生成されている．1億度を超える超高温プラズマの熱利用としては，熱核融合反応による人工太陽の開発が期待されている．太陽は水素の核融合反応によりヘリウムを作る過程でエネルギーを放出しているが，人工太陽の研究では，重水素や三重水素のプラズマを1億度の高温状態に長時

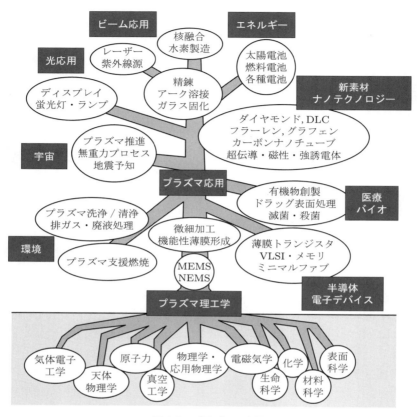

図 1.3 プラズマの応用

間保つことにより,地上で核融合反応を実現させることを目指している.実現すれば海水から電気エネルギーを作り出す夢のエネルギー技術として期待されている.

(2) 光の利用

蛍光灯や自動車のヘッドライトに代表される照明器具やガスレーザーは,プラズマ中で発生する紫外線やレーザー発光現象を利用したもので,プラズマディスプレイも同様の原理を応用したマイクロプラズマの集合体である.近年,次世代の半導体製造プロセスにおけるリソグラフィ用の極端紫外線 (EUV) 光源としての利用が研究されている.

(3) 宇宙開発への利用

プラズマ中のイオンの運動エネルギーを宇宙開発に利用したものとしては,小惑星探査機「はやぶさ」のイオンエンジンが有名である.これにはプラズマ源としてマイ

クロ波を利用した高密度の電子サイクロトン共鳴 (ECR) プラズマが使われており，これはもともと半導体製造プロセス用に開発されたものである．地球周辺の電離層プラズマは古くから短波通信に利用されてきたが，近年，巨大地震の前兆としての電離層異常現象を地震予知に利用しようとする試みが研究されている．

(4) 半導体製造プロセスへの利用

VLSI やメモリーなどの半導体製造プロセスでは，ナノレベルの超微細加工エッチングや機能性薄膜形成など，主要な製造プロセスにプラズマが使われている．エッチングでは，高速イオンと電子衝突によって生成された活性なラジカル原子分子がシリコンウェハを超微細加工する．また，薄膜太陽電池用のアモルファスシリコン薄膜や各種保護膜の形成に，プラズマを用いた化学気相堆積 (CVD) 法や，スパッタリングなどの物理気相堆積 (PVD) 法が利用されている．プラズマ中での電子衝突励起による活性なラジカル粒子生成は，カーボンナノチューブ (CNT)，グラフェンなどの炭素系ナノ構造形成や，種々の機能をもつナノ粒子の製造に使われており，ナノテクノロジーの基盤技術となっている．

(5) 環境問題への利用

近年の地球環境問題の深刻化に対しても，プラズマの利用が活発に研究されている．たとえば，熱プラズマを利用した廃棄物処理や，プラズマの化学反応性を利用したオゾン層修復，水質浄化，プラズマ支援燃焼などである．コロナ放電により燃焼ガス中の微粒子をイオン化して静電的に集塵する電気集塵機は，環境浄化装置としてよく知られている．燃費向上を目指すプラズマ支援燃焼技術とともに，自動車の排ガス浄化装置としての利用が考えられている．

(6) バイオ・医療への応用

プラズマ中では化学的に活性なオゾンや紫外線，水酸基，窒素，酸素ラジカルなどが多量に生成されるので，滅菌・殺菌，ウイルス死活，がん治療などのバイオ・医療技術へのプラズマ応用も盛んに研究されている．プラズマという言葉がもともと医学用語であった（血漿や脳漿の「漿」にあたる）ことを考えると，プラズマ医療の進展が大いに期待される．

以上述べてきたように，プラズマ中では高エネルギー荷電粒子や光子のほかに，化学的に活性なラジカルが大量に形成されるため，物理的現象のみならず化学的な反応をも促進することができる．数十桁を超える幅広いプラズマ密度や温度の利用は，いまでは想像もできない科学未来へ私たちを誘うに違いない．

なお，文部科学省平成 22 年科学技術週間の取り組みの一環として，プラズマ科学連合の

企画・編集による「一家に1枚　未来をつくるプラズマ」マップが作成・配布されている．Web 上 (http://stw.mext.go.jp/common/pdf/series/plasma/plasmamap_A3.pdf) でも閲覧できるので，そちらも参考にされたい．

1.2　プロセス用プラズマの基礎

　プラズマは熱運動する正・負の荷電粒子を多く含む粒子集団であり，全体として電気的に中性である．一般に，荷電粒子のみからなるプラズマ（完全電離プラズマ）を実現することは難しく，現実には多かれ少なかれ電離しない中性粒子を含むプラズマ（不完全電離プラズマ）を対象とすることになる．たとえ荷電粒子数が中性粒子数より少なくとも，荷電粒子集団に起因する性質が顕著であることが多い．各種プロセス用プラズマのほとんどは不完全電離プラズマであり，しかも荷電粒子数が中性粒子数よりかなり少ない弱電離プラズマである（核融合研究用では，荷電粒子数が中性粒子数より多い強電離プラズマが対象となる）．弱電離プラズマでは，荷電粒子と中性粒子とのかかわりも重要になる．とくにプロセス用プラズマでは，プロセスにかかわる化学反応に荷電粒子が影響を与える．このようなプラズマは反応性プラズマといわれる（核融合用プラズマも核融合"反応"を伴うので，その意味ではこれも反応性プラズマである）．プロセス用プラズマでは，プロセスに最適なプラズマの生成およびパラメータ（とくに，荷電粒子エネルギー）の制御が重要である．同時に，プラズマがもたらす弊害（容器壁汚染，ダスト発生，残存静電気など）の除去にも注意する必要がある．
　本節では，プラズマの基礎的性質を略述し，次に，プラズマの生成・制御の基礎および具体例を示す．

1.2.1　プラズマの性質
(1)　プラズマの性質概観
　説明を単純にするため，電子（質量 m，電荷 $-e$, $e>0$）と 1 価の正イオン（質量 M，電荷 e）からなるプラズマの性質を概観する．電離度が小さくなると，その性質は弱まるが，その多くは弱電離プラズマにおいても重要である．
　電子，イオンは周囲の粒子と電気的な力（クーロン力）を及ぼし合うが，多くの場合，粒子の熱運動エネルギーがその相互作用よりずっと大きく，粒子は比較的自由に動き回っている．2 個の粒子間の平均距離を l とすると，そのクーロン相互作用のエネルギーは $e^2/4\pi\varepsilon_0 l$ で，熱運動エネルギー T [eV] より十分小さく，

$$T \gg \frac{e^2}{4\pi\varepsilon_0 l} \tag{1.1}$$

が成立する（ε_0 は真空の誘電率）．密度を n とすると，$nl^3 = 1$ なので，デバイ長（Debye length，電荷が周囲に作る電位を荷電粒子が遮蔽する特徴的な距離）$\lambda_D = \sqrt{\varepsilon_0 T/e^2 n}$ を用いて，

$$\lambda_D^3 n \gg 1 \tag{1.2}$$

の関係が得られる．この不等式は，デバイ長領域内に存在する粒子数が 1 より極端に大きいことを意味し，プラズマ条件といわれる．

ただし，プラズマ中にイオンと比べて巨大な帯電微粒子を含む微粒子プラズマ（ダストプラズマともいわれる）では，微粒子間のクーロン相互作用のエネルギーが熱運動エネルギーと同程度，またはより大きい強結合状態である．

1 個の正イオンがそれからの距離 r に作る電位は $e/4\pi\varepsilon_0 r$ である．このイオン周辺の電子は，激しく熱運動しながらこのイオンに近づき，逆に周辺にある正イオンは遠ざかる．その結果，対象とする正イオンが周辺に作る電位は電界が打ち消されて小さくなる．これをデバイ遮蔽（Debye shielding）とよび，電位 φ は，

$$\varphi = \frac{e}{4\pi\varepsilon_0 r} \exp\left(-\frac{r}{\lambda_D}\right) \tag{1.3}$$

で与えられる．この現象はプラズマ中にある電極電位に対しても現れ，電極周辺に薄い電荷層，すなわちシース (sheath) が形成される．その厚さは，条件にもよるがデバイ遮蔽距離の数十倍～数百倍である．シースはプラズマが接する壁近辺にも形成される．プラズマ生成にあたって，とくに密度が小さい場合またはプラズマサイズが小さい場合には，プラズマのサイズをシース厚みよりかなり大きくすることを忘れてはならない．電荷層は性質の異なる二つのプラズマ間にも形成される．この場合，二つのプラズマ間に電位差が発生し，電荷層は正と負の電荷層が隣り合う電気二重層となる．

プラズマは電気的にほぼ中性であるが，しばしば中性からずれることがある．シースはその一例である．一方，中性からのずれは空間電荷の発生を意味し，伴う電界はプラズマを中性状態に戻すようにはたらく．単純な配位を考え，ある空間をプラズマが占め，重いイオンは静止し，軽い電子のみが一方向に一様にわずかな移動をすると仮定する．その結果，移動方向のプラズマ端近傍には電子のみが存在し，逆のプラズマ端近傍には取り残されたイオンのみが存在することになる．両端の電荷層に伴う電界による力は，電子の移動方向とは逆で，電子はもとの位置の方向に戻される．しかし，電子はその慣性によりもとの位置を行き過ぎてしまう．その結果，前とは逆の電荷層をプラズマ両端近傍に作り，電子をもとの方向に移動させて，再び同じプロセスを繰り返す．この周期運動を電子プラズマ振動といい，その周期は $2\pi/\omega_{pe}$ で与えら

れる．ここで，

$$\omega_{pe} = \sqrt{\frac{ne^2}{\varepsilon_0 m}} \qquad (1.4)$$

は電子のプラズマ（角）周波数であり，デバイ長と同じく，プラズマの特徴的な量である．この運動は長く持続したり，成長することもあるが，多くの場合，時間的に減衰し中性状態に復帰する．イオンにも，特殊条件下で同様の振動が現れることがあり，イオンプラズマ振動とよばれる．イオンプラズマ（角）周波数は，

$$\omega_{pi} = \sqrt{\frac{ne^2}{\varepsilon_0 M}} \qquad (1.5)$$

で与えられる．

　以上の説明では，荷電粒子の温度効果を無視しているが，一般に温度は有限であり，プラズマ振動は粗密波として空間を伝搬する．電子の場合は電子プラズマ波 (electron plasma wave) となり，イオンの場合はイオン波 (ion wave) となる．境界が無視できる場合，減衰が小さい条件下では，電子プラズマ波の周波数の下限は $\omega_{pe}/2\pi$ であり，イオン波では上限が $\omega_{pi}/2\pi$ で与えられる．

(2) 磁場中の荷電粒子の運動

　磁束密度 $\boldsymbol{B}$ の磁界中を運動する荷電粒子はローレンツ力を受ける．ローレンツ力は $q\boldsymbol{v} \times \boldsymbol{B}$ で与えられ，電荷 q は電子では $-e$，1価の正イオンでは e である．一般に，速度は磁界と角度をなしており，磁界方向に等速運動をすると同時に，磁界と垂直な面上でローレンツ力による旋回運動，すなわちサイクロトロン運動（ラーモア (Larmor) 運動）をする．その方向は磁界を打ち消す方向である（反磁性）．電子の場合，その旋回の半径，すなわちサイクロトロン半径（ラーモア半径）ρ_{ce} は，

$$\rho_{ce} = \frac{v_\perp}{\omega_{ce}} \qquad (1.6)$$

で与えられる．ここで，$v_\perp$ は磁界と垂直方向の速さである．

$$\omega_{ce} = \frac{eB}{m} \qquad (1.7)$$

は旋回の角周波数であり，サイクロトロン（角）周波数（ラーモア（角）周波数）とよばれる．イオンでは，その半径および周波数は，それぞれ $\rho_{ci} = v_\perp/\omega_{ci}$，$\omega_{ci} = eB/M$ となる．磁力線方向と垂直方向の運動の結果，粒子は磁力線に巻き付くように，らせん運動をする．プラズマの磁界閉じ込めはこの現象に基づく．また，荷電粒子が磁力線に巻き付く結果，磁力線とプラズマが一体となった集団運動をする．この磁力線とプ

ラズマとの"凍結"("frozen-in" motion) は，このらせん運動に起因するものである．プラズマが絡み付いた磁力線はゴムひもにたとえられる．物理的現象としてゴムひもを伝搬する横波が知られているが，磁化プラズマでもアルヴェン波 (Alfvén wave) とよばれる横波が伝搬する．

　磁界以外に起因する力が加わると，サイクロトロン運動に影響が現れる．その力を $\boldsymbol{f}$ とすると，

$$U_\perp = \frac{\boldsymbol{f} \times \boldsymbol{B}}{qB^2} \tag{1.8}$$

で与えられる速度をもち，$\boldsymbol{f}$ および $\boldsymbol{B}$ に直交する方向に移動する運動が加わる．これをドリフト運動という．$\boldsymbol{f}$ が電界による場合には，$\boldsymbol{f} = q\boldsymbol{E}$ なので，電子およびイオン双方に，

$$U_\perp = \frac{\boldsymbol{E} \times \boldsymbol{B}}{B^2} \tag{1.9}$$

が得られる．

　電磁気学によれば，磁界が不均一な場合，荷電粒子に対して $\boldsymbol{f} = -\mu\nabla_\parallel B$ の力が磁力線方向にはたらく．ここで，μ は荷電粒子の円運動がもつ磁気モーメントであり，緩やかな磁界変化の場合には不変である（断熱不変量）．この力により強磁界領域から弱磁界領域へ荷電粒子が反射される．これを磁界によるミラー反射とよぶ．また逆に，この力による粒子加速も起こる．磁力線が曲がっている場合や，磁束密度が垂直方向に変化している場合には，磁界以外による力が存在する場合と同様に，ドリフト運動が発生する．

(3) 荷電粒子の衝突と集団運動

　プラズマ中には多数の荷電粒子があり，これらの粒子間で衝突が起こる．その衝突は，中性粒子間衝突とは異なり，クーロン力に基づく．2個の運動する荷電粒子間の衝突（2体衝突）では，クーロン力によってその軌道が大きく曲げられることが特徴である．熱運動が大きいほど軌道の曲がりは小さく，衝突断面積が小さくなる．また，クーロン力は比較的遠くまで及ぶので，同時に多くの粒子が寄与する（多体衝突）ことも重要である．荷電粒子間衝突は，温度の上昇とともに衝突断面積が小さくなり，衝突の平均自由行程が長くなるという特色をもつ．平均自由行程がプラズマサイズより大きいこともよくあることで，このようなプラズマを無衝突プラズマとよんでいる（弱電離プラズマにおいても衝突の平均自由行程が対象とするプラズマサイズより大きいことがある）．無衝突プラズマは熱平衡からずれた状態にあり，不安定であることが多い．この非平衡性がプラズマの性質に多様性を与えている．衝突による古典的散逸

が無視でき，散逸過程は各種の"乱れ"に起因し，新しい散逸現象が研究対象となる．

たとえ無衝突であっても，荷電粒子は集団運動を行い，その結果，巨視的な電磁界が形成され，この電磁界が逆に集団運動に作用し，プラズマは電磁流体的に振る舞う．このような電磁流体としてのプラズマの挙動にはきわめて特異なものがある．静電的現象ではあるが，集団運動が伴う電界と荷電粒子との相互作用に基づく，いわゆる"ランダウ (Landau) 減衰"はプラズマのもっとも特徴的な現象である．前述したプラズマと磁力線との凍結現象およびアルヴェン波は，プラズマの電磁的現象の典型的な例である．

プラズマ中には，プラズマの集団運動に起因する多くの波動現象が存在する．プラズマ中の電磁波はプラズマの影響で，ω_{pe} 以下では伝搬できない．磁化プラズマ中の電磁波は多様な振る舞いをする．ω_{ce} 近辺でサイクロトロン共鳴し，電子の加熱，プラズマの生成に利用されている．ω_{ce} より若干低い周波数帯では，電子サイクロトロン波として伝搬する．さらに低い周波数帯の波は，ホイスラー波とよばれ，磁気圏プラズマで古くから研究されてきた．これはヘリコン波ともよばれ，近年プロセス用プラズマの生成に利用されている．ω_{ci} 近辺では，イオンサイクロトロン共鳴が起こり，イオンを加熱する．ω_{ci} より若干小さい周波数帯の波は，イオンサイクロトロン波とよばれる．さらに低い周波数帯では，前にも触れたアルヴェン波が伝搬する．ω_{pe} と ω_{ce} の中間周波数帯の高域混成波，ω_{ce} と ω_{ci} の中間周波数帯の低域混成波もある．縦波の典型的な例としては，前述した電子プラズマ波とイオン波がある．これらの縦波の伝搬実験において，プラズマ物理の最大課題といっても過言ではないランダウ減衰の実証が行われた．イオン波は，周波数が ω_{pi} より十分小さい場合には，通常の音波と同じ性質をもち，イオン音波とよばれる．通常の音波は多衝突条件下で伝搬するが，これは無衝突条件下でも伝搬する．イオン温度が無視できるほど低いときには，質量はイオンが担い，温度は電子が担う．波動は不安定現象，非線形現象，輸送現象，自己組織化現象などと関連し，プラズマ物理およびその応用の多様な側面を飾っている．

無衝突電磁流体としてのプラズマの性質の解明は，宇宙空間プラズマの解明および長期エネルギー確保を目指す制御熱核融合の研究にとって必須であり，積極的になされてきたが，得られた知見の多くは広いプラズマ応用に有用なものとなっている[†]．

ここまで，中性粒子の存在を無視して，プラズマの特徴的な性質を概観してきた．中性粒子の数が多くなるに従って，その性質は薄まることになるが，基本的には保持される．たとえば，蛍光灯内のプラズマでは，荷電粒子の割合は数%であり，大部分が中性粒子である．しかし，プラズマの性質が失われているわけではなく，磁界中のロー

---

† プラズマの性質に関する詳細は文献[1, 2] を参照されたい．

ソクの炎の挙動には，プラズマの知識を欠いては理解できないことが多い．中性粒子が多くなり，荷電粒子間衝突より荷電粒子と中性粒子との衝突が優勢になると，荷電粒子が多いプラズマとは逆に，高温になるほど衝突が頻繁になる．すなわち，電気的抵抗は，金属の場合と同様に，温度上昇とともに大きくなる．弱電離プラズマにおいては，荷電粒子と中性粒子との衝突がその性質を左右することになる．プラズマ振動，サイクロトロン運動に対する影響は，荷電粒子が中性粒子と衝突する頻度，すなわち衝突周波数とそれぞれの周波数との比で判断することができる．その比が1に比べ小さければ，プラズマ振動，サイクロトロン運動が優勢となり，これらの現象に基づくプラズマの性質が顕著である．この比が大きくなるにつれて，その性質は弱まる．

　弱電離プラズマは中性粒子を多数含んでいるので，荷電粒子のみからなるプラズマとしての魅力を欠いてはいるが，弱電離プラズマのおもしろさと有用性は，まさに電離しない中性粒子の存在にある．弱電離プラズマでは，粒子間相互作用には，単純な弾性衝突に加え，様々な非弾性衝突が存在する．弱電離プラズマがもつ多様な特質はこのことに起因する．プラズマ生成に使用される気体の種類に依存することではあるが，一般に，この非弾性衝突はプラズマ中に各種の化学的に活性な粒子（活性種，radical）の誕生を促すことになる．活性種の存在によって，プラズマ中において各種の化学反応が活発になる．反応に必要な温度が低くなったり，反応速度が増加したり，考えられなかった反応が起こったりする．すなわち，このような反応性プラズマは物質の誕生，変化，消滅などに深く関与することになる．また，プラズマと接する物質とも強い相互作用を起こし，境界面に変化を与える．反応性プラズマは，数多くの応用に供されており，プラズマ応用の重要性が広く認識される源になっている．各種非弾性衝突の素過程を明らかにして，反応性プラズマの性質および物質との相互作用を解明することは，今後もますます多岐にわたると予測されるプラズマ応用の技術開発に不可欠である．

1.2.2　プラズマの生成

　プラズマの生成には，何らかのエネルギー投入が必要であるが，その手法には，加熱，電圧印加，光・レーザ・紫外線照射，圧力印加などがある．ここでは，はじめに加熱によるプラズマ生成，次に，電圧印加に伴う放電によるプラズマ生成の基礎を説明する[†]．

(1)　加熱によるプラズマ生成

　気体中の中性粒子は熱運動しており，粒子間衝突によって熱電離する．電離に必要

---

† 詳細は文献[2-5]を参照されたい．

なエネルギーと比べて気体温度が高くなくとも，粒子のエネルギー分布の高エネルギー領域の粒子が電離に寄与する．一方，発生した電子，イオンは再結合によって消滅する．この電離と再結合がつり合うときに平衡が保たれる．これがサハ (Saha) の熱電離平衡である．熱電離プラズマの例としては，高気圧下のアーク放電プラズマ，衝撃波プラズマがある．炎中でも熱電離が起こり，電離度はきわめて小さいが，火炎プラズマもその例である．宇宙空間の各種プラズマにもその例を見ることができる．

一方，リチウム (Li)，ナトリウム (Na)，カリウム (K)，ルビジウム (Rb)，セシウム (Cs) などのアルカリ金属およびカルシウム (Ca)，バリウム (Ba)，ストロンチウム (Sr) などのアルカリ土類金属などは電離電圧が小さく，これらの金属蒸気においては，熱電離が重要である．MHD 直接発電では，磁界と直交して温度数千度の高圧ガスを流すが，その電離度を上げるため，Cs，K などを少量（数%）混ぜる（シーディング，seeding）ことが有効である．これも，これらの金属がもつ上述の特徴に基づくものである．

金属を加熱すると，伝導帯にある電子がエネルギーを得て，その一部が表面における位置エネルギー障壁を越えて空中に放出される．これが熱電子放出である．熱電子放出材料として実用されている金属にタングステン (W)，タンタル (Ta) があるが，電子が表面から放出されるのに必要な最小エネルギーである仕事関数は，それぞれ $4.55\,\mathrm{eV}$，$4.25\,\mathrm{eV}$ である．仕事関数を小さくして電子放出増加を図ったものに，トリエーテッドタングステンがある．トリア (ThO_2) 入りの W を 2000 K 程度に加熱すると，トリウム (Th) 原子が W 表面に拡散して単原子層を作る．その結果，仕事関数～$2.6\,\mathrm{eV}$ となり，W と比べて放出密度が 1 桁以上大きく，動作温度も低くなる．また，金属表面にアルカリ土類金属の酸化物を焼き付けて作る酸化物陰極では，動作温度が 1000 K 程度で良好な電子放出が得られる．

熱イオン放出も古くから知られている．W，Ta，モリブデン (Mo) などの金属を融点近くまで加熱すると，中性原子の蒸発とともに少量の正イオンが放出される．金属が不純物を含む場合には，不純物イオンも放出されることも知られている．アルカリ金属塩を加熱すると，1000 K 以下で正イオンが放出される．各種ガラスも熱イオン放出する．たとえば，水ガラス（ナトリウムシリケート $Na_2O \cdot 2SiO_2$ の水溶液）を薄く塗ったニクロム線に電流を流して加熱すると，表面にナトリウムシリケートの薄膜ができ，1000 K 程度で Na イオンを放出する単純なイオンエミッタを実現することができる．アルミノシリケート（一般に，$M_2O \cdot Al_2O_3 \cdot 2SiO_2$，M はアルカリ金属）もアルカリ金属イオンの熱放出材料である．

熱電子放出電極（電子エミッタ）と熱イオン放出電極（イオンエミッタ）を真空容器内に適当に配置し，それぞれに独立に放出される電子，正イオンを同じ空間に導き

プラズマを合成することができる[6]．気体粒子の電離の場合と異なり，完全電離に近いプラズマの生成が可能である．電子放出用とイオン放出用の材料を混合して同一電極に塗布してこれを加熱すると，電子，イオンを同時に放出させることができる．これがプラズマエミッタ[7]である．具体的な例としては，カリウム形アルミノシリケート（$K_2O \cdot Al_2O_3 \cdot 2SiO_2$）の粉末を溶剤中の$BaCO_3$に混合し，これを基体金属 Ni に塗布して作られる．プラズマ密度は比較的低い（$< 10^{14} \, \mathrm{m}^{-3}$）が，電子と K イオンのプラズマが容易に生成される．電子放出材料としてLaB_6を用いることもできる．

原子が金属面に接触するとき，金属の仕事関数がこの原子の電離エネルギーより大きいなら，原子はその最外殻電子を金属に奪われてイオンとなる．これが接触電離（または，表面電離）である．アルカリ金属，アルカリ土類金属などの原子は電離エネルギーが小さく接触電離しやすい．しかし，室温程度の金属面では，これらの原子の表面吸着によって覆われ実効的な仕事関数が小さくなり，接触電離は起こりにくい．表面温度を 1000 K 程度にすると，この現象はなくなる．さらに温度を上げて 2000 K 程度にすると，金属表面からの熱電子放出が起こり，金属表面でイオンと電子が同時に発生し，プラズマが生成される．これが接触電離プラズマ生成[8]である．

金属板とアルカリ金属蒸気が接触して熱平衡状態にあると，たとえば 2000 K の W 板と Cs 蒸気では，電離の割合がほぼ 0.93 となる．これほどではないが，やはり強い電離が可能な組み合わせとして，Ta 板と Cs 蒸気，W 板と K 蒸気，レニウム (Re) 板と Na，Li，Ba 蒸気などがある．一方，加熱金属板からの電子放出量は仕事関数が大きいと少ない．電離されるイオンの量より電子放出が多い場合には，熱板前面に電子シースが形成され，電子放出を制限する．逆の場合には，イオンシースができ，イオン放出量を制限する．

両端に熱板を配置して金属蒸気を吹き付け，同時に強い磁界を熱板面と直交する方向に印加すると，かなり離れた熱板間においてもプラズマを保持できる．これを具体的に実現したのが Q マシン（Q は "quiescent"（静か）の頭文字）である．熱板の一方を加熱しない金属板（ターゲット）にすると，他端の熱板からのプラズマが磁力線に沿ってターゲット方向へ流れる．両端に熱板がある場合を "double-ended" とよび，片側のみにある場合を "single-ended" とよぶ．

実際の Q マシンでは，裏面への電子ビーム照射で 2300 K 程度に加熱された円形熱板に，アルカリ金属の化合物（たとえば塩化物）を熱分解して（または，アルカリ金属そのものを熱して）得られる蒸気をノズルで吹き付ける．金属容器内壁は -10℃ 程度に冷やされ，電離しないアルカリ原子は内壁に吸着される．磁界は数 kG，電子温度（～イオン温度）～$0.2 \, \mathrm{eV}$，密度 10^{11}～$10^{18} \, \mathrm{m}^{-3}$ で，ほとんど完全電離である．Q マシンプラズマは "静か" であると考えられたが，実際には密度が低く，荷電粒子間衝

突の平均自由行程がマシンより長い無衝突領域ではかなり"noisy"である.

通常,熱板は容器と同電位（接地）に保たれるが,"double-ended"にして,両熱板間にバイアスしたグリッドを置いて熱板間に電位差を与え,磁界に沿う（エネルギー可変の）イオンまたは電子ビームを含むプラズマを実現できる.熱板を径方向に分割して電位差を与え,径方向構造を制御することもできる.また,負性気体（たとえばSF_6）をプラズマ中に導入して,負イオンプラズマを容易に生成することができる.Qマシンプラズマは多くの基礎研究に利用され,プラズマ物理学の進展にきわめて有用であった.プラズマ応用への利用は数少ないが,その例として,フラレーン（C_{60}）をQマシンプラズマ中に導入してC_{60}負イオンプラズマ（フラレーンプラズマ）を生成し,これを制御して広くフラレーン類ベースの新物質創製のアイデアが提案され[9],これに基づく実験で興味ある結果が得られている.

(2) 放電によるプラズマ生成

(a) 放電開始機構

定常電界が存在する気体中の電子は,中性粒子との衝突と電界による加速を繰り返しながら電界と逆方向に進み,その運動エネルギーは次第に増加する.エネルギーが中性粒子の電離エネルギー $e\varphi_i$ より大きくなると,電子との衝突で中性粒子は電離する.その結果,新たに電子が発生し,この電子も電界で加速され,同じように中性粒子を電離する.このように,生成される電子が次々と電離を起こし,電子数がどんどん増加し,ついには放電に至る.

放電開始を説明するため,2枚の平行金属板間の気体を考え,問題を単純化して,電子の運動は平板面と直交する方向の1次元運動とする.平板間距離を d,その一方を陰極,他方を陽極として,両極間の電位差を V とする.また,電子–中性粒子間衝突の平均自由行程を λ とする.この電子が陽極に向かって単位距離（通常1 cm）進む間に起こす衝突電離の回数を衝突電離係数 α というが,この係数は第1タウンゼント係数とよばれ,電子による電流増加を α 作用という（イオンによる電離がかかわる β 作用があるが,小さいので無視できる）.λ 内の電離回数 $\alpha\lambda$ は,そこで得られるエネルギー $eE\lambda(E = V/\lambda)$ の関数として $\alpha\lambda = f(E\lambda)$ と表される.λ は気圧 p に逆比例するので,この式は $\alpha/p = f(E/p)$ とも書ける.1個の電子が距離 s より大きい自由行程をもつ確率は $\exp(-s/\lambda)$ であり,1回の衝突で電離を起こす確率は $\exp(-\varphi_i/E\lambda)$ となる.さらに,電子が単位長進む間の平均衝突回数は $1/\lambda$ であるから,電離係数は $\alpha = (1/\lambda)\exp(-\varphi_i/E\lambda)$ となる.これは

$$\frac{\alpha}{p} = A\exp\left(-\frac{B}{E/p}\right) \tag{1.10}$$

と書け，関数 $f(E/p)$ の具体的な形を与える．この式はタウンゼントによって導かれ，比較的低気圧領域での近似式として用いられる．

さて，陰極からの距離 x での電子数を $N(x)$ とすると，電子が陽極方向に dx 進むとき，その増加分は $dN(x) = N(x)\alpha dx$ である．$x = 0$（陰極）から $x = d$（陽極）まで積分して，陽極での電子数 $N_d = N_0 \exp \alpha d$ が得られる．ここで，N_0 は陰極位置での電子数である．平均速度を乗じて，電流倍増の式は $I_d = I_0 \exp \alpha d$ となる．この式では，イオンによる電離は小さいので無視されているが，イオンの効果で重要なのは，イオン衝撃による 2 次電子放出である．イオン 1 個で放出される 2 次電子数を γ とする（2 次電子による電流増加は γ 作用とよばれる）と，$x = 0$ で N_0 の電子は $N_d = N_0 \exp \alpha d$ に増倍され，その増分 $N_0(\exp \alpha d - 1)$ は生成されるイオン数でもあるので，陰極からの 2 次電子放出数は $\gamma N_0(\exp \alpha d - 1)$ となる．次の電離で，これは $x = d$ で $\gamma N_0(\exp \alpha d - 1) \exp \alpha d$ に増加し，陰極に到達するイオン数は $\gamma N_0(\exp \alpha d - 1)^2$，2 次電子放出数は $\gamma^2 N_0(\exp \alpha d - 1)^2$，さらに電離増倍により $x = d$ で $\gamma^2 N_0(\exp \alpha d - 1)^2 \exp \alpha d$ となる．増倍は無限に続き，電子数および電流は，$z \equiv \gamma(\exp \alpha d - 1)$ として，

$$\frac{N_d}{N_0} = \frac{I_d}{I_0} = \exp \alpha d \cdot (1 + z + z^2 + z^3 + \cdots) = \exp \frac{\alpha d}{1-z} \tag{1.11}$$

で与えられる．この無限級数は $z < 1$ でのみ収束し，$z = 1$ では，電離の結果発生する電子数（または電流）が無限大になることを意味する．タウンゼントは，$z = 1$ が満たされることをもって，放電が開始すると考えた．

したがって，放電開始条件（火花条件ともよぶ）は $\alpha d = \ln(1 + \gamma^{-1})$ で与えられる．V_S を放電開始電圧（火花電圧）とすると，$\alpha d = A \exp(-B \cdot pd/V_S) \cdot pd$ なので，

$$V_S = \frac{B \cdot pd}{C + \ln pd} \tag{1.12}$$

が得られる．ここで，$C = \ln[A/\ln(1+\gamma^{-1})]$ で，B, C は気体の種類および電極材料に依存する．このことは，B, C が定まれば，V_S は気体の気圧と電極間距離の積 pd のみによることを示す．これがパッシェンの法則である．V_S の最小値（最小火花電圧）は $V_{S,\min} = B(pd)_{\min}$（ここで，$(pd)_{\min} \approx (2.7/A)\ln(1+\gamma^{-1})$）で与えられ，$V_S$ は pd に対して V 形の曲線となる．α が一定のとき，$pd < (pd)_{\min}$ で V_S が大きくなるのは，衝突間に得るエネルギーは大となるが，衝突回数が少なくなるためであり，$pd > (pd)_{\min}$ で V_S が大きくなるのは，衝突回数は多くなるが衝突間に得るエネルギーが小さくなるためである．気体と陰極の種々の組み合わせに対する $V_{S,\min}$ と $(pd)_{\min}$ のデータによると，$(pd)_{\min} = 0.1 \sim 1\,\mathrm{Pa \cdot m}$ のオーダーであり，$V_{S,\min} = 100$

〜500 V である．

上述の説明はタウンゼント理論といわれ，pd が小さい場合の実験に適用できる．しかし，pd が 500 Pa·m 程度以上では，動きの小さいイオンによる空間電荷効果が無視できず，電子が衝突電離で増殖し，イオンを後に残しながら進むいわゆる"電子なだれ"の結果形成される空間電荷と，それに伴うダイナミックスを骨子とするストリーマ理論によって放電開始が説明される．

タウンゼント理論では，放電開始と同時に電流が無限大となる．しかし，これは空間電荷，外部回路の効果を考慮していないためであり，実際にはこれらの効果で定常状態に落ち着く．平行金属平板間の電圧（電源より抵抗を通して供給）を増していくと，放電開始電圧より小さい領域では，電流値がきわめて小さいが，電流（光らないので暗流という）は電圧とともに増す．その値は初期に存在する電子数に比例する．電圧が放電開始電圧に達すると，急激な電流増加が見られ，その値はもはや初期電子数に依存しなくなる（$z=1$ に対応）．この近辺で，電流増加にもかかわらず，電極間電圧が放電開始電圧にほぼ等しいまま一定に保たれることがある．この自続放電はタウンゼント放電あるいは，陽極面のみが淡く発光するので，暗放電とよばれる．これは電流のきわめて狭い領域で起こり，わずかな電流増加で，しばしば不連続的に，電極間電圧（維持電圧）が放電開始電圧より小さく，強い発光を伴うグロー放電へ移行する．

(b) グロー放電

グロー放電では，電離による荷電粒子が豊富で，その空間電荷効果が放電維持に決定的な役割をする．そのため，放電はほとんど自続的で，維持電圧は電流の広い範囲で定電圧性を示し，電源電圧へ直接的に依存しない．ガラス管内の平板電極間グロー放電を観察すると，発光でその空間構造を知ることができる．まず，陰極前面に暗い領域，アストン暗部があり，これが陰極からの電子の加速部分である．電子は加速されながら若干の距離を進み，中性粒子の励起に要するエネルギーを得る領域に達すると発光が見られる．この領域は陰極層といわれる．さらに前面には，発光がほとんどない陰極暗部（または，クルース暗部）がある．この領域では，励起の最適値以上のエネルギーをもつ高速電子が多く存在し，電離が盛んに起こる．陰極前面からこの陰極暗部までの陰極降下部であるが，放電維持電圧の大部分がこの領域にかかっており，その長さは気圧に反比例する．ここで加速されるイオンが陰極に突入して 2 次電子を生み，放電自続を維持するため，陰極降下は放電維持の"かなめ"である．陰極暗部前面では電離は減り，励起が再び盛んになり，負グロー発光領域が現れる．この領域で電子はさらにエネルギーを失い，電界がほとんどないので，拡散によって陽極側へ流れる．このような低エネルギー電子のたまり場ともいえる領域がファラデー暗部であ

る．しかし，次第に加速され，正負の電荷がほとんど等しく，電界は小さいが，電離と励起が活発に起こる程度の電界は存在し，一様な発光が見られる陽光柱プラズマ空間に至る．この領域では，電界が空間的に一様である．しかし，陽極近傍では，電子による空間電荷のため電位勾配が大きくなり（陽極降下といい，陰極降下の 1/10 程度），陽極グローが現れることもある．陽極直前には陽極暗部とよばれる領域が存在する．

　以上略述した各領域の占める割合および電位差は条件によって異なる．たとえば，電極間距離を減じていくと，ほかの部分はほとんど変化しないが，陽光柱が短くなり，ついには陽光柱が消える．電極間距離がさらに小さくなり，陰極降下部の長さ程度になると，放電維持に要する電離を増すことが必要となり，維持電圧が急に上昇する．この放電は阻止放電とよばれる．また，ガラス管の直径が陰極降下部の長さ程度の場合には，管壁への荷電粒子の損失が大きいので，これを補うために維持電圧が大きくなる．このような放電は制限放電といわれる．

　陽光柱プラズマは比較的広い電流領域で成立するが，定電圧性から外れる領域でもグロー放電は存在し得る．通常，定電圧性が認められるグロー放電を正常グロー放電とよぶ．タウンゼント放電からこの正常グロー放電に至る電流領域では，電圧が電流増加とともに減少する負性抵抗が現れる．この領域では，電流が小さすぎるため，正常グロー放電の維持電圧より高い電圧によって電離を盛んにすることが必要である．この放電が前期グロー放電である．正常グロー放電では，負グローが陰極の一部分を覆っており，その面積は電流に比例し，電流密度は電流の値に関係なく一定である．しかし，電流がさらに増加して負グローが陰極前面を覆いつくすと，電流増加は電流密度の増加を伴い，維持電圧が増す．この領域の放電が異常グロー放電である．その陰極暗部を正常グローの場合と比較すると，長さが短く，そこにかかる電圧が大きい．これ以上の電流では陰極からの電子放出が急増し，アーク放電に移行する．

(c) アーク放電

　アーク放電の密度は高く，また陰極降下部が短く，しかも陰極降下値が極端に低い．アーク放電における陰極からの電子放出機構は，イオン衝撃加熱に伴う電子放出と，陰極前面の空間電荷による強電界（10^7 V/cm 程度）に伴う強電界放出の二つに大別される．前者は W，C などの高融点材料の陰極で起こり，後者の例としては水銀陰極があるが，その他 Cu，Zn などの低融点で熱電子放出が不可能な陰極にも当てはまる．アーク放電の軸方向構造には，グロー放電と同様，陰極降下および陽極降下があり，その間は電位勾配が一様なアーク柱で占められる．グロー放電の場合と異なる点は，プラズマ密度が大きく，10^{20} m^{-3} に達することもある．また，気体温度が一般に高い．とくに大気圧では，気体温度が数千度にも達し，しかも電子，イオン，中性粒

子が等しく熱平衡状態にあることが多い．このようなプラズマでは，平均自由行程がきわめて短く，荷電粒子の生成は前に述べた熱電離平衡（サハの理論）で説明される．

陰極を外部から加熱して熱電子放出を行わせて電子供給する熱陰極放電は，厳密な意味で上述の自続放電とはいえないが，放電電流の大部分が陰極からの放出電子でまかなわれ，アーク放電の一種とみなせる．このような熱陰極アークは $0.1\sim100\,\mathrm{Pa}$ の気圧範囲で比較的容易に発生し，一般に冷陰極の場合の自続放電アークと比較して維持電圧が低いので，低電圧アークとよばれることがある．$100\,\mathrm{Pa}$ 程度の熱陰極放電の空間構造は，放電電流に応じて，次の四つの形式をとる．

(i) 電極間電圧を次第に増して電離電圧程度以上にすると，放電が開始し陽極前面に淡光の層ができる．その電流は熱陰極からの放出電子電流と比較して十分小さい．電子は陽極直前で電離エネルギー程度の運動エネルギーを得て衝突電離する．陽極近傍以外の部分は暗く，この放電はアノードグローモード (anode glow mode) とよばれる．陽極前面の電離により生成されるイオンは陰極側へ進み，陰極からの電子による空間電荷を中和し，暗部分は暗プラズマで占められ，その電子温度 T_e は数千度である．陽極近傍の高電位領域には電子シースとイオンシースが隣り合う電気二重層が形成されており，陰極前面には熱電子放出を制限する電子シースが存在する．電位の空間構造は全体として井戸型であり，暗プラズマがある中心部分ではほぼ平坦であり，陰極直前では陰極側へ向かってほんのわずか上昇し，陽極直前では陽極へ向かって急勾配で上昇する．このモードの電流範囲は，熱電子放出にもよるが，一般にはあまり広くない．

(ii) 電流値が (i) の範囲を超えると，両電極間中心近傍にほぼボール状の発光が現れる．これが火の球モード (ball of fire mode) である．空間電位はボール中心で最大となり，その値は励起電圧程度である．この場合の電離は，励起を経て起こる"累積電離"であるとされている．励起寿命は一般に短いので，このモードの発生にはある程度の電流密度が必要である．陰極とボール間の電位分布はアノードグローモードのそれと似ているが，ボールから陽極方向へ電位が減少するので放電維持電圧は励起電圧より小さい．

(iii) さらに電流を増すと，ラングミュアモード (Langmuir mode) へ移行する．このモードでは陰極近傍を除くほぼ全空間で一様な発光が見られる．陰極前面には，上述の二つのモードと同じく，負の空間電荷が存在する．しかし，この領域を超えると電位は急勾配で上昇し，これに対応するイオンシースが負の電荷層と隣り合い，電気二重層が形成される．この部分は冷陰極放電の陰極降下部に相当し，電子はここで電離に必要な加速を受ける．発光部分はグロープラズマと同じようなプラズマで占められる．陰極前面での電位谷の深さは電流増加

とともに浅くなるが，この谷で電子放出が制限されており，放電維持電圧はほぼ一定である．
(iv) さらに電流が増し，その値が熱放出電子電流より大きくなると，(iii) の谷は消えて陰極前面はイオンシースのみとなり，陰極降下部の電位差は単調に増加する．このモードは温度制限モード (temperature-limited mode) とよばれ，維持電圧は電流とともに急激に増す．この電流増加はイオンによる陰極加熱，陰極前面の電界増加を伴い，ついには自続アーク放電に移る（酸化物陰極などは破壊されるので要注意）．

　各モードの発生は気体の種類・圧力，電極構造などに依存するが，中心軸に熱陰極をもつ同心円筒放電（たとえば数百 Pa のアルゴン）中で比較的明瞭に観測される．

1.2.3　プラズマの制御
(1)　種々の制御方法
(a) 高周波放電

　単純な配位における直流印加を想定しながらプラズマ生成の基礎を概観してきたが，多くのプラズマ応用には交流印加が採用されている．この場合には，電極を容器外に設置し，容器内に誘導される電圧を利用することもできる．周波数がきわめて低い交流ではほとんど直流放電の繰り返しであるが，周波数が高くなると新たな要素が加わることになる．高周波放電では，電極前面に形成されるシースの深み・厚みの時間変動による電子加熱が発生し，電離効率が上がる．電子の"波乗り"効果で，統計加熱とよばれ，使用周波数増加とともにその効果が増すことが知られている．また，とくにマイクロ波領域では，前述した各種のプラズマ波動あるいはプラズマ中を伝搬する電磁波，とくにその共鳴現象を利用して電離効率を上げることも広く行われている．

(b) ホロー陰極放電

　陰極降下領域で加速され，電離に寄与する電子を限られた空間内で有効に活用して，電離効率向上を図る方法もある．その一つが陰極近傍の気体圧力を上げ，衝突電離のチャンスを多くすることである．陰極-陽極間領域の圧力を上げ，生成されるプラズマを低圧領域へ導入してもよい．陰極構造を変えて電離効率を上げることもできる．陰極構造に工夫を加えるものがホロー陰極放電である．これには，2枚の平行平板形，穴あき円筒形，球形などがあるが，その内側を陰極として使用する．グロー放電の負グローが重なるようなホローサイズにすることが必要であるが，陰極降下による加速電子がホロー内に補足され，電離が盛んになると同時に，生成イオンの衝撃による陰極からの2次電子放出も増す．ホローサイズの最適値は，陰極の材料および気体の種類

にもよるが，気圧が 100 Pa 程度では 10^{-2} m 程度で，気圧に反比例する．ホロー陰極内面から気体を供給して電離効率向上を図ることもできる．ホロー陰極放電では，正常グロー放電の電流範囲が広く，電流密度が大きくて維持電圧が低い．平板陰極に多数のホローを設ける場合もある．限られたホローに放電が集中することがあるが，ホロー間を溝で連結してこれを防ぐことができる．ホローとは逆に，陰極に多数の（針状）突起を設けて電離効率向上を図ることも可能である．

(c) 磁界の印加

　磁界を印加して電離効率を向上させることもできる．圧力が低いと，衝突電離のチャンスが少なく，プラズマ密度を上げることが困難となる．放電路方向に磁界を印加すると，荷電粒子の管壁への損失が減少してプラズマ密度が上昇する．PIG 放電とよばれる方式では，陰極前面から磁界方向に離れた位置にリング状電極（リング内面が陽極）を置く．このため，陰極近くでは電界と磁界は平行，陽極前面では直交する．また，さらに離れた位置に陽極より径の小さなリング状補助電極を置き，これを陰極電位と同じ電位に保つ．この配置では，電界と磁界の作用でサイクロトロン旋回中心が方位角方向に回りながら陰極-補助陰極間を往復運動する電子が存在し，陽極に達するまでに多くの電離衝突が起こる．PIG 放電と原理的に似た方式にマグネトロン型放電がある．陰極降下で加速された電子は，電界と磁界の作用で方位角方向に運動し，長く陰極近くに留まり，電離衝突が多くなる．一方，平均自由行程が容器サイズと同程度以上の気圧で，容器壁全体に磁石を配置して，高速電子の壁への損失を少なくすることもなされている．これがサーマック (surmac) 装置であるが，壁近くのみに磁界が存在し，プラズマ空間では磁界の作用を考慮する必要がないことが特色である．

(d) 格子状電極

　放電の空間構造は電離と損失で定まる放電そのものの機構と関係し，一般には外部回路を含む系全体の問題として考えなければならない．局所構造に起因する荷電粒子のエネルギー，そして全体として高効率プラズマ生成を考えるとき，プラズマの構造制御はきわめて重要である．ここでは，二つの放電プラズマが接触する場合の空間構造を説明する．容器内に 2 組の電極を置き，それぞれに独立した電源でプラズマを生成して接触させ，二つの電源間に直流電圧（＜電離電圧）を印加する．通常，プラズマ間に格子状電極を配置する．このようにすると，二つのプラズマ間にプラズマ電位の差（〜印加電圧）が現れる．格子に負の電位を与え，流れる電子を反射すると，二つのプラズマ中の電子の接触はほとんどなくなる．しかし，イオンは高電位側プラズマから低電位プラズマ中にイオンビームをなって流れ込む．そのエネルギーはプラズ

マ間の電位差で与えられ，電源間の電圧によって制御できる．電位配位を反転すると，格子によりイオンが反射され，低電位側から高電位側プラズマ中に電子ビームが流れ込む．このような配位を実現する装置が，前にも述べたダブルプラズマ装置[9]であり，容易にビームが得られるので多くのプラズマ実験に使用されてきた．格子を置かない場合には接触面に電気二重層が形成され，同じように高電位側へは電子ビーム，低電位側へはイオンビームが流れ込む．

(2) 変形マグネトロン

プラズマのサイズ・形状は対象とするプロセスに応じて異なる．広い面積が必要な場合もあり，線状の細いプラズマが必要な場合もある．形もプラズマ断面が円であったり，矩形であったりする．具体的な各種実用装置は後の章で紹介されるが，ここでは，変形マグネトロン (MMT：modified magnetron) 方式[11, 12]を例として，大面積均一プロセスに必要なプラズマ生成を紹介する．この方式にはいくつかの特徴がある．まず，均一プラズマを得るために，不均一プラズマを生成するということである．均一に生成されたプラズマは生成電極から遠ざかるに従い，拡散により不均一になる．ここでは，不均一に生成されたプラズマが拡散の結果，逆に必要な位置で均一になることを利用する．

図 1.4 に装置の概略を示す[12]．円筒状の金属容器を軸方向に 3 分割して電気的絶縁を施し，接地した両端部分の中間にある円環状部分に周波数 13.56 Mhz の高周波電力を印加する．容器の一部を電極としているので，容器内に電極を配置する必要がなく，容器内を有効に活用できる．次に，磁界によってプラズマ生成の効率を上げる（マグネトロン放電）ため，永久磁石列（互いに逆極性）を円環電極外部に円周方向に配置する．プラズマ生成は主として磁界が及ぶ円環電極内壁近辺で起こり，軸方向中心近傍では，径方向に不均一なプラズマが生成される．しかし，軸方向に中心から離れた

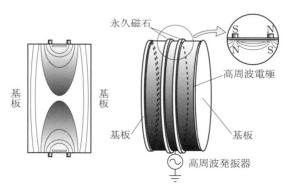

図 1.4 変形マグネトロン（MMT）装置

位置（変化できる）では均一なプラズマが得られる．径方向に直径ほぼ0.5 mにわたり数%内で均一な低温高密度プラズマが実現でき，多少の工夫を加えると均一領域は1 mにもなる．このMMT方式は半導体，デバイスに必要な窒化・酸化膜形成装置として実用化されている．また，この方式は，壁面内壁近傍でプラズマ生成が行われるので，矩形プラズマの生成にも有効である．

(3) 電子温度の制御

　反応性プラズマにおいては，反応プロセスに寄与する活性種は荷電粒子のエネルギーに大きく依存する．したがって，プラズマを制御し，必要なプロセスに要求される最適エネルギーを設定する方法を模索することはきわめて重要である．プラズマ密度は入力電力に依存するので，その制御は比較的容易である．ただし，極端に高密度が必要な場合には，電力導入などに工夫がいる．ここでは，エネルギー制御について述べる．一般に，与えられた条件下（容器サイズ，気体の種類・気圧）で弱電離プラズマ中の電子温度を変えることは難しい．プラズマ中において，イオンエネルギーを制御することも容易なことではない．

　まず，電子温度（できれば電子のエネルギー分布関数）の制御を紹介する．いくつかの手法が提案されてきているが，ここでは，比較的粗め（目のサイズ＝1〜2 mm内外）のグリッド（格子）を用いた電子温度制御[12,13]を説明する．放電（いずれの方法でもよい）領域を負バイアス印加のグリッドによって隔離する（図1.5）．隔離にもかかわらず，数少ない高エネルギー電子はグリッドを通過し非放電領域内へ流れ込む．この領域で，高エネルギー電子による電離が起こり，低温の電子が生まれる．しかし，この領域は放電領域ではないので，これらの電子は低温のままで存在できる．したがって，この領域のプラズマの電子温度は低い．その温度はグリッドサイズおよび負バイアスに依存する．負バイアスが深くなると低下し，電子温度を1〜2桁にわたり連続的に減少させることができる．この電子温度低下は密度の上昇を伴い，グリッドを通過するプラズマの単純拡散ではないことを示している．グリッドが汚染されて，バイアス印加が不可な場合には，グリッドに比較的大きな穴をあけ，穴のサイズを変

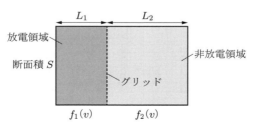

図1.5　放電（高電子温度）領域と非放電（低電子温度）領域

えることによって電子温度を制御することができる.

さて,プラズマプロセスにおける電子エネルギーについて考えてみる.重要なことは,中性粒子が出会う電子のエネルギーが本質的であることである.中性粒子は,プラズマ中の電位構造とは独立にランダムにプラズマ中を動き回る.このような中性粒子にとっては,電子エネルギーの空間分布が重要である.図 1.5 に示すように高温領域と低温領域が隔離されているときには,中性粒子が両領域を動き回りながら感じる平均の電子エネルギーは,両領域の温度差およびその体積比でおおむね定まることになる.高温領域,低温領域の電子のエネルギー分布を与える速度分布関数をそれぞれ $f_1(v)$, $f_2(v)$ と仮定すると,空間を動き回る中性粒子が感じる電子速度分布関数の平均は,両体積についての多重平均

$$\langle f(v) \rangle \approx \frac{L_1 f_1(v) + L_2 f_2(v)}{L_1 + L_2}$$

で与えられる.したがって,この平均分布関数は両領域の電子温度および占める体積(図 1.5 では SL_1 および SL_2)によって定まる.すなわち,L_2/L_1 を固定して,電子温度 T_{e1}, T_{e2} を変えてこれを制御することができるが,T_{e1}, T_{e2} を固定し,L_2/L_1 を変えても制御できる.

ダブルプラズマ法によるイオンエネルギー制御についてはすでに紹介したが,この方法では,独立した二つのプラズマ間に電位差を与えてビームを生成するので,処理対象前面のシースを変えることなく,エネルギーを変化できる.一般に,ダブルプラズマの生成には,二つのプラズマ源が必要である.しかし,図 1.6 に示すように,一つのプラズマ源でも,多少の工夫で,ダブルプラズマ配位を実現できる.この場合には,一つの円形アンテナに 2.45 GHz のマイクロ波を印加し,電子サイクロトロン共鳴 (ECR) でプラズマを生成し,そのプラズマを二つの異なった周囲壁電位の領域に導入する.外部領域に導入されたプラズマの一部は目の比較的粗いグリッドを通過し,下方に設置された基板配置の領域にプラズマを供給する.内部領域に導入されたプラズマの空間電位を壁間電位差によって変えて,目の細い負バイアスグリッドを通過して

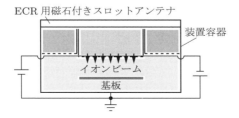

図 1.6 電子温度およびイオンエネルギー制御可能な配位

基板に向かうイオンのエネルギーを制御できる．この配位では，前述の電子温度のグリッド制御を外部領域のプラズマに適用して，電子温度とイオンエネルギーを独立に制御できる[12]．この配位は多様な目的に使用できるものと考えられる．

(4) 微粒子の制御

反応性プラズマ中では，しばしば微粒子が発生する．これは積極的に微粒子生成に活用できる一方，ダスト発生となり悪影響をもたらす．また，装置内壁を汚染することにもなる．いずれにしても，プラズマ中の微粒子を制御することは重要である．負電荷の微粒子雲中に発生する渦運動に基づいて考案された微粒子コレクターが NFP コレクター (negatively-charged fine particle collector) である[14,15]．単純な筒状電極，あるいは壁面に穴をあけ，背面に小電極を設置するなど，要求に応じて各種の構造が考えられる．その原理を図 1.7(a) に示す．円筒内壁に正電位を印加し，プラズマ中で通常負に帯電している微粒子（0.1～10 μm）を集める．微粒子は電極に付着することなく，筒の軸中心を通過して除去される．これは，プラズマ電位がつねに電極電位より高いためである．

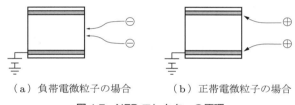

（a）負帯電微粒子の場合　　（b）正帯電微粒子の場合

図 1.7　NFP コレクターの原理

図 1.8 は穴あきコレクターの実験結果で，微粒子除去の様子を示している．この場合には，穴周辺裏面に正電位印加用のリング電極を配置している．特殊の状況下で存在する正に帯電した微粒子に対しては，円筒内壁を負にバイアスにすると，図 1.7(b) に示すように，正帯電粒子は壁に向かい（電気集塵機と同じ），微粒子を集めることが

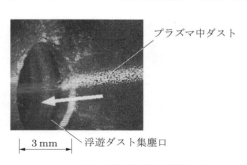

図 1.8　穴中心部を通過する微粒子

できるが，壁を汚すことになる．NFP コレクターの特徴は壁を汚さないことにある．NFP コレクターは負帯電微粒子の収集・除去にきわめて有用である．コレクターの動作時間を限定することで，プラズマ中の浮遊微粒子数を制御することもできる．ダストが発生するプラズマプロセス装置に設置して，微粒子が十分成長する前に除去し，ダスト発生を抑制することもできる．コレクターを微粒子雲に近づけずに微粒子を除去するため，微粒子雲下の電極に周辺方向に幅・深さが増すような溝を設け，プラズマ周辺に設置されたコレクターへ微粒子を誘導することができる．コレクター前面に到達した微粒子は効率よく除去される．

参考文献

[1] F. F. Chen: *Introduction to Plasma Physics*, Plenum Press, 1974.
[2] R. N. Franklin: *Plasma Phenomena in Gas Discharges*, Clarendon Press 1976.
[3] A.von Engel: *Ionized Gases*, Clarendon Press (1955).（山本賢三・奥田孝美共訳：電離気体，コロナ社 (1957).）
[4] 八田吉典：気体放電，近代科学社 (1960).
[5] 堤井信力，小野茂：プラズマ気相反応工学，内田老鶴圃 (2000).
[6] N. Sato, Y. Hatta, R. Hatakeyama, and H. Sugai: *Appl. Phys. Lett.*, **24**, 300 (1974).
[7] K. Saeki, S. Iizuka, N. Sato, and Y. Hatta: *Appl. Phys. Lett.*, **37**, 37 (1974).
[8] R. W. Motley: *Q Machines*, Academic Press, 1975.
[9] N. Sato, T. Mieno, T. Hirata, Y. Yagi, and R. Hatakeyama: *Phys. of Plasmas*, **1**, 3480 (1994).
[10] R. J. Taylor, K. R. MacKenzie, and H. Ikezi: *Rev. Sci. Instrum*, **43**, 1675 (1972).
[11] Y. Li, S. Iizuka, and N. Sato: *Appl. Phys. Lett.*, **65**, 28 (1994).
[12] N. Sato: *Advanced Plasma Technology*, pp.1-15, WILEY-VCH (2008).
[13] K. Kato, S. Iizuka, and N. Sato: *Appl. Phys. Lett.*, **65**, 816 (1994).
[14] G. Uchida, R. Ozaki, S. Iizuka, and N. Sato: *Proc. of the 15th Symp. on Plasma Processing*, Hamamatsu, Japan, Jan.21-23, pp.152-155, 1998.
[15] N. Sato: *Industrial Plasma Technology*, pp.409-423, WILEY-VCH (2010).

第2章 プラズマナノプロセスの物理的基礎

ナノ材料の合成・加工プロセスを高い信頼性で制御するには，その物理的な理解が必要である．本章では，とくに重要な，基板に接するシースと，気相中で成長する微粒子の物理について述べる．シース中の物理的環境はプラズマ中とは異なり，イオンの加速や強い電界により基板反応に直接的な効果や影響を及ぼす．2.1節で述べるシースの物理は，第3章から第5章において記述するナノサイズ領域における薄膜の成長・加工プロセスの基礎となる．一方，2.2節で述べる気相中での微粒子発生・成長・挙動などの物理的解析は，プラズマ空間中でナノ材料を合成するプロセスだけでなく，薄膜のナノ領域における成長や加工で問題となる微小なダストの生成・輸送・堆積においても重要な意味をもつ．ダストの制御は，薄膜を作製・加工する実際の現場において課題となっている．また，気相プラズマ中でのナノ材料の合成については第6章との関連がある．

2.1　シースの物理

2.1.1　シースの形成

プラズマはシースによって周りを囲まれ，容器壁と接している．シースでは電荷の中性条件が破れ，非プラズマ領域となる．図2.1のように，基板表面の反応プロセスは，シースを通過してくる電子，ラジカル（中性活性種），イオン（正イオン・負イオン）の種類・密度とエネルギー，ならびに基板表面状態（材料・原子配列・温度など）で決定される．したがって，シースの特性を知ることは，表面反応制御や壁との相互

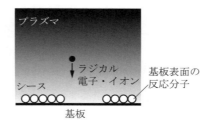

図 2.1　プラズマと壁との境界：シース

2.1.2 シースの理論

(1) 無衝突シース (collisionless sheath)

　圧力が低く，イオンの平均自由行程 λ がシース幅 s より長く ($\lambda > s$)，入射するイオンとほかの中性粒子との衝突がシース内で無視できるシースのことを無衝突シースという（図 2.2）．電子は温度 T_e のマクスウェル分布とし，$T_e \gg T_i$ の非平衡プラズマとする．また，シース端 ($x = 0$) で電気的中性 $n_e(0) = n_i(0) \equiv n_s$ が成り立つものとする．n_e と n_i はそれぞれ電子密度とイオン密度を表す．

　イオンのシース端での入射速度を u_s，シース内の速度を u_i とすると，エネルギー保存則と連続の式より，次式が成り立つ．

$$\frac{1}{2} m_i u_i^2 = \frac{1}{2} m_i u_s^2 - e\phi \tag{2.1a}$$

$$n_i u_i = n_s u_s \tag{2.1b}$$

よって，イオン密度は，

$$n_i = n_s \sqrt{1 - \frac{2e\phi}{m_i u_s^2}} \tag{2.2}$$

である．ここで，ϕ はシース端を基準電位とした空間電位である．電子は，その分布をボルツマン分布とすると，電子密度は，k_B をボルツマン定数として，

$$n_e = n_s \exp \frac{e\phi}{k_B T_e} \tag{2.3}$$

となる．ポアソンの式に上の密度 n_i と n_e を代入すると，

$$\frac{d^2\phi}{dx^2} = -\frac{e}{\varepsilon_0}(n_i - n_e) = \frac{en_s}{\varepsilon_0}\left(\exp\frac{e\phi}{k_B T_e} - \frac{1}{\sqrt{1 - \phi/\phi_s}}\right) \tag{2.4}$$

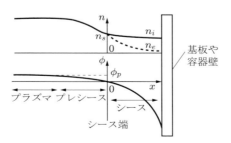

図 2.2　無衝突シース内の密度と電位分布

となる．ここで，$e\phi_s = m_i u_s^2/2$ とした．式 (2.4) の両辺に $d\phi/dx$ を掛けて x で積分すると，

$$\frac{1}{2}\left(\frac{d\phi}{dx}\right)^2 = \frac{en_s}{\varepsilon_0}\left[\frac{k_B T_e}{e}\left(\exp\frac{e\phi}{k_B T_e} - 1\right) + 2\phi_s\left(\sqrt{1 - \frac{\phi}{\phi_s}} - 1\right)\right] \quad (2.5)$$

となる．

いま，$e\phi/k_B T_e \ll 1$ として式 (2.5) を $e\phi/k_B T_e$ で展開し，右辺 ≥ 0 の条件より，

$$\phi_s \geq \frac{1}{2}T_e \quad \text{すなわち，} \quad u_s \geq u_B \equiv \sqrt{\frac{k_B T_e}{m_i}} = C_S \quad \text{（音速）} \quad (2.6)$$

を得る．u_B はボーム速度であり，上の条件をボーム条件，またはボーム・シース条件（規準）といい，シースの形成条件である．

図 2.2 に示すように，イオンはプレシースで音速まで加速され，シース内に飛び込んでくる．プラズマ電位は $\phi_p = \phi_s = T/2$ であり，プラズマ密度 n_0 とシース端密度 n_s の関係は以下の式となる．

$$n_s = n_0 \exp\left(-\frac{e\phi_p}{k_B T_e}\right) = n_0 \exp\left(-\frac{1}{2}\right) \approx 0.61 n_0 \quad (2.7)$$

シース内では $n_i > n_e$ であり，正の電荷を含むのでイオンシースとよばれる．

(2) 高電圧シース (high voltage sheath)

導電性基板に外部から負の直流バイアス電圧 $V_0(\gg T_e)$ を印加すると，シースの深さ（電圧）は印加した電圧 V_0 の程度になる．負電位が大きいため，シース内には電子がほとんど存在しない正イオンのみのシースが形成される．ここで，V_0 は絶対値である．

イオンのシース端での入射速度を無視すると，エネルギー保存と連続の式より，次式が成り立つ．

$$\frac{1}{2}m_i u_i^2 = -e\phi \quad (2.8a)$$

$$J_0 = en_i u_i = \text{const.} \quad (2.8b)$$

ここで，J_0 はイオン電流密度である．よって，イオン密度は

$$n_i = \frac{J_0}{e}\sqrt{-\frac{m_i}{2e\phi}} \quad (2.9)$$

となる．一方，電子密度は次のようになる．

$$n_e = n_s \exp\frac{e\phi}{k_B T_e} \to 0 \quad (2.10)$$

したがって，ポアソンの式は

$$\frac{d^2\phi}{dx^2} = -\frac{J_0}{\varepsilon_0}\sqrt{-\frac{m_i}{2e\phi}} \tag{2.11}$$

となる．ここで，境界条件としてシース端 $x=0$ で，電界 $E=-d\phi/dx=0$，空間電位 $\phi=0$，基板 $x=s$ で $\phi=-V_0$ とすると，

$$J_0 = \frac{4}{9}\varepsilon_0\sqrt{\frac{2e}{m_i}}\frac{V_0^{3/2}}{s^2} = en_s u_B \tag{2.12}$$

を得る．上式はチャイルド–ラングミュアの法則，または電荷制限電流の式とよばれる．

シースの幅は

$$s = \frac{\sqrt{2}}{3}\lambda_D\left(\frac{2eV_0}{k_B T_e}\right)^{3/4} \tag{2.13}$$

となる．ここで，

$$\lambda_D = \sqrt{\frac{\varepsilon_0 k_B T_e}{e^2 n_s}} \tag{2.14}$$

はデバイ長である．プロセスプラズマ中では $s \approx 100\lambda_D \approx 0.1 \sim 1$ cm となる．シース内のポテンシャル分布 ϕ，電界分布 E，イオン密度分布 n_i は，それぞれ

$$\phi = -V_0\left(\frac{x}{s}\right)^{4/3}, \quad E = \frac{4}{3}\frac{V_0}{s}\left(\frac{x}{s}\right)^{1/3}, \quad n_i = \frac{\varepsilon_0}{2}\frac{dE}{dx} = \frac{4}{9}\frac{\varepsilon_0}{2}\frac{V_0}{s^2}\left(\frac{s}{x}\right)^{2/3} \tag{2.15}$$

となる[1]．

以上は低圧力領域の $eV_0/k_B T_e \gg 1$ の範囲でよい近似となる．シース内では電子励起はなく，発光が少なく，暗く見える．シース幅はデバイ長 λ_D よりも十分に長くなる．

(3) 衝突性シース (collisional sheath)

圧力が高く，s（シース幅）$> \lambda_i$（イオンの平均自由行程）となるとき，チャイルド–ラングミュアの法則は成り立たない．イオンはシース内の電界 E によって加速されるが，中性ガスとの衝突によって速度を失う．イオンが熱速度よりも加速される場合（$u_s > v_{Ti}$）には，イオンの移動度 μ_i はイオン流速に依存して，

$$u_i = \mu_i E \approx \frac{2e\lambda_i}{\pi m_i u_i}E, \quad \therefore u_i = \sqrt{\frac{2e\lambda_i}{\pi m_i}E} \tag{2.16}$$

となる[2]．連続の式より $J_0 = en_i u_i = en_s u_s =$ const. である．高電圧シース内では $n_e \approx 0$ となる．

したがって，ポアソンの式は

$$\frac{dE}{dx} = \frac{e}{\varepsilon_0}n_i = \frac{e}{\varepsilon_0}\frac{n_s u_s}{\sqrt{2e\lambda_i E/\pi m_i}} \tag{2.17}$$

となる．境界条件として $x=0$ で $E=0$, $\phi=0$ とすると，積分して

$$E = \left(\frac{3J_0}{2\varepsilon_0\sqrt{2e\lambda_i/\pi m}}\right)^{2/3} x^{2/3}, \quad \phi = -\frac{3}{5}\left(\frac{3}{2\varepsilon_0}\right)^{2/3}\frac{J_0^{2/3}}{(2e\lambda_i/\pi m_i)^{1/3}}x^{5/3} \tag{2.18}$$

を得る．ここで，$x=s$ で $\phi=-V_0$ とすると，

$$J_0 = \frac{2}{3}\left(\frac{5}{3}\right)^{3/2}\varepsilon_0\sqrt{\frac{2e\lambda_i}{\pi m_i}}\frac{V_0^{3/2}}{s^{5/2}} \tag{2.19}$$

となる．$J_0=$const., $V_0=$const. のとき $s \propto \lambda_i^{1/5}$, $s \propto V_0^{3/5}$ の関係をもつ．

(4) 抵抗性シース (resistive sheath)

さらに圧力が高くなり，衝突が増し，u_s（イオンの流速）$\ll v_{Ti}$（イオン熱速度）となるとき，イオンの移動度は $\mu_i = e/m_i\nu_i$ となり，流速によらず一定となる．ここで，ν_i はイオンの衝突周波数である．すなわち，

$$u_s = \mu_i E \tag{2.20}$$

である．よって，イオン電流密度は

$$J_0 = en_i v_i = en_i \mu_i E \tag{2.21}$$

となる．したがって，ポアソンの式は次のようになる．

$$\frac{dE}{dx} = \frac{en_i}{\varepsilon_0} = \frac{J_0}{\varepsilon_0 \mu_i E} \tag{2.22}$$

境界条件として $x=0$ で $E=0$, $\phi=0$ とし，積分すると，

$$\frac{1}{2}E^2 = \frac{J_0}{\varepsilon_0 \mu_i}x, \quad \therefore \frac{d\phi}{dx} = \sqrt{\frac{2J_0}{\varepsilon_0 \mu_i}x} \tag{2.23}$$

となる．したがって，

$$\phi = \frac{2}{3}\sqrt{\frac{2J_0}{\varepsilon_0 \mu_i}}x^{3/2}, \quad \therefore J_0 = \frac{9}{8}\varepsilon_0 \mu_i \frac{V_0^2}{s^3} \tag{2.24}$$

を得る．

この領域ではシース端におけるイオンの入射速度 u_s はボーム速度 u_B にはならな

い．シースに入射するイオン速度は λ_D/λ_i の関数となり，近似的に次式で与えられる[2]．

$$\frac{u_s}{u_B} = \frac{1}{\sqrt{1+\pi\lambda_D/2\lambda_i}} \tag{2.25}$$

$\lambda_D \gg \lambda_i$ のとき，

$$\frac{u_s}{u_B} = \sqrt{\frac{2\lambda_i}{\pi\lambda_D}} \propto \frac{1}{\sqrt{p_{\text{gas}}}} \tag{2.26}$$

となって，中性ガスの圧力 $p_{\text{gas}}(\propto 1/\lambda_i)$ とともに減少する．

2.1.3 浮遊電位

基板に到達するイオンフラックス Γ_i と電子フラックス Γ_e が等しくなるとき，基板に流れ込む正味の電流は 0 となる．このときの基板の電位を浮遊電位 V_F という．絶縁性基板表面の電位は浮遊電位となる．

無衝突シースの場合，イオンと電子のフラックスはそれぞれ，

$$\Gamma_i = n_s u_B \tag{2.27a}$$

$$\Gamma_e = \frac{1}{4} n_s \bar{v}_e \exp\frac{eV_F}{k_B T_e} \tag{2.27b}$$

となる．ここで，$\bar{v}_e$ は平均電子熱速度で，次式で表される．

$$\bar{v}_e = \sqrt{\frac{8k_B T_e}{\pi m_e}} \tag{2.28}$$

ここで，$\Gamma_i = \Gamma_e$ の条件より，

$$V_F = -\frac{k_B T_e}{e} \ln\sqrt{\frac{m_i}{2\pi m_e}} < 0 \tag{2.29}$$

を得る．一般に，電子と正イオンのみからなる非磁化プラズマ中の浮遊電圧は負となり，電子を追い返し，イオンを引き込むようにはたらく．イオンはシース電圧で加速され，基板に衝突する．

たとえば，アルゴン (Ar) イオンの場合，$\ln\sqrt{m_i/2\pi m_e} \approx 4.7$ となり，基板に入射するイオン衝撃エネルギーは $E_i = (0.5+4.7)T_e = 5.2T_e$ [eV] となる．一方，水素 (H) イオンの場合は，$\ln\sqrt{m_i/2\pi m_e} \approx 2.8$ となって，イオン衝撃エネルギーは，$E_i = (0.5+2.8)T_e = 3.3T_e$ [eV] となる．

2.1.4 負イオンを含むシース

(1) プレシースの特徴

エッチングガス CF_4, SF_6 や O_2, H_2 などを含むプラズマ中では，これらのガスは解離して，F^-, O^-, H^- などの負イオンが生成される．これらの負イオンはシースに到達するのでシース電位が変化し，基板表面への荷電粒子の輸送が変化する．基板におけるプロセスの制御のためには，負イオンを含むシースを理解することが重要となる．

シース内の電位分布はポアソンの式で与えられる．正イオン密度，負イオン密度をそれぞれ n_+, n_- とすると，

$$\frac{\partial^2 \phi}{\partial x^2} = -\frac{e}{\varepsilon_0}(n_+ - n_e - n_-) \tag{2.30}$$

となる．シース端で中性条件より，$n_{+s} = n_{es} + n_{-s} = (1+\alpha_s)n_{es}$ である．ここで，n_{+s}, n_{es}, n_{-s} は，それぞれシース端での正イオン密度，電子密度，負イオン密度を表す．また，α_s $(= n_{-s}/n_{es})$ は，シース端での負イオンと電子の密度比を表す．

電子と負イオンの温度比を $\gamma = T_e/T_-$ とし，電子と負イオンはボルツマン分布とすると，

$$n_e + n_- = \frac{n_{+s}}{1+\alpha_s}\left(\exp\frac{e\phi}{k_B T_e} + \alpha_s \exp\gamma\frac{e\phi}{k_B T_e}\right) \tag{2.31}$$

となる．これより負イオンプラズマのボーム条件は，

$$u_{+s} \geq \sqrt{\frac{k_B T_e}{m_i}\frac{1+\alpha_s}{1+\gamma\alpha_s}} = \sqrt{\frac{2e\phi_p}{m_i}} \tag{2.32}$$

となる[2]．$\gamma \gg 1$ のとき負イオンはシース端に近づきにくくなる．

プラズマ中の電子密度，負イオン密度をそれぞれ n_{e0}, n_{-0} とすると，シース端での電子密度，負イオン密度は

$$n_{es} = n_{e0}\exp\left(-\frac{e\phi_p}{k_B T_e}\right), \quad n_{-s} = n_{-0}\exp\left(-\gamma\frac{e\phi_p}{k_B T_e}\right) \tag{2.33}$$

となる．ここで，プラズマ中の負イオンと電子の密度比を $\alpha_0 = n_{-0}/n_{e0}$ とすると，

$$\alpha_s = \alpha_0 \exp\frac{(1-\gamma)e\phi_p}{k_B T_e} \tag{2.34}$$

となる．一方，プラズマ電位は式 (2.5), (2.6) と同様にして求めると，

$$\frac{e\phi_p}{k_B T_e} = \frac{1+\alpha_s}{2(1+\gamma\alpha_s)} \tag{2.35}$$

となる. 負イオンを含まない $\alpha_s = 0$ のときに $e\phi_s/k_B T_e = 1/2$ に一致する.

シース端での負イオンと電子の密度比 α_s とプラズマ中での負イオンと電子の密度比 α_0 の比 α_s/α_0 の α_0 依存性を, γ をパラメータとして図 2.3(a) に示す[2]. γ が 1 より十分大きい場合, プラズマ中の負イオン密度比 α_0 が小さいときにはシース端の負イオン密度比はほぼ 0 になる. α_0 が十分大きくなると, α_s は α_0 のほぼ半分になる. 一方, プラズマ電位 ϕ_p の α_0 依存性を図 (b) に示す. γ があまり大きくなく $\alpha_0 < 1$ のとき, プラズマ電位は $\phi_p/k_B T_e \approx 1/2$ となるが, $\gamma \gg 1$ で $\alpha_0 > 1$ のとき, プラズマ電位 ϕ_p はほぼ 0 となる. このように, 負イオン温度が電子温度よりも十分に低く $\gamma \gg 1$ のとき, シース端から見たプラズマ電位は浅くなる.

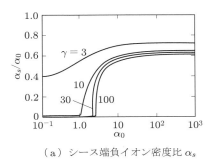
(a) シース端負イオン密度比 α_s

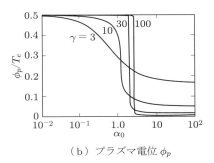
(b) プラズマ電位 ϕ_p

図 2.3　プラズマ中の負イオン密度比 α_0 に対する依存性

(2) 浮遊電位

負イオンプラズマ中における浮遊電位 V_F は, 基板に到達する電子と正負イオンのフラックスが $\Gamma_+ = \Gamma_e + \Gamma_-$ となる条件から得られる.

ここで, シース端において入射する正イオン電流密度を $J_+ = e\Gamma_+ = $ 一定とすると,

$$J_+ = J_e + J_- = \frac{e}{4}\left(n_{es}\sqrt{\frac{8k_B T_e}{\pi m_e}}\exp\frac{eV_F}{k_B T_e} + n_{-s}\sqrt{\frac{8k_B T_e}{\gamma\pi m_-}}\exp\gamma\frac{eV_F}{k_B T_e}\right) \tag{2.36}$$

$\gamma \gg 1$ のとき $J_e \gg J_-$ となるので, 式 (2.36) より,

$$V_F \approx -\frac{k_B T_e}{e}\ln\left[\sqrt{\frac{1+\gamma\alpha_s}{(1+\alpha_s)^3}}\sqrt{\frac{m_+}{2\pi m_e}}\right] \tag{2.37}$$

を得る. シース端の負イオン密度が増加し, α_s が増加すると, 浮遊電位は浅くなっていく.

負の浮遊電位が十分に浅くなり，$V_F = 0$ となる条件は，式 (2.36) のイオン電流密度を $J_+ = 1/4(en_{+s}/4)\sqrt{8k_BT_+/\pi m_+}$ とし，$T_e \gg T_+ \gg T_-$ のとき，

$$\alpha_s \approx \frac{\sqrt{T_e/m_e}}{\sqrt{T_+/m_+} - \sqrt{T_-/m_-}} \approx \sqrt{\frac{m_+}{m_e}\frac{T_e}{T_+}} \geq 100 \tag{2.38}$$

となる．したがって，負イオン密度が電子密度より2桁程度多くなると，浮遊電位は0に近づく．

電子のほとんどない負イオンプラズマで，重い負イオンを含むプラズマの場合，軽い正イオンの壁への流れのフラックスが重い負イオンのフラックスと等しくなるように浮遊電位が決定され，シース内の電位分布が通常とは逆に正 ($V_F > 0$) になるようになる．この場合，電子のフラックスを無視すると，$m_- \gg m_+$ のとき，

$$\Gamma_- = n_{-s}u_{-B} = n_{-s}\sqrt{\frac{k_BT_+}{m_-}} \tag{2.39a}$$

$$\Gamma_+ = \frac{1}{4}n_{+s}\sqrt{\frac{8k_BT_+}{\pi m_+}}\exp\left(-\frac{eV_F}{k_BT_+}\right) \tag{2.39b}$$

となる．ここで，u_{-B} は $\phi > 0$ の負イオンシースができるための負イオン速度で，重い負イオン質量 m_- と軽い正イオン温度 T_+ で与えられ，式 (2.6) に対応する．
$\Gamma_+ = \Gamma_-$ より，次のようになる．

$$V_F = \frac{k_BT_+}{e}\ln\sqrt{\frac{m_-}{2\pi m_+}} > 0 \tag{2.40}$$

負イオン密度比が増加すると，基板へ向かう正イオンフラックスが負イオンフラックスより多くなり，基板は正に帯電することによる．これは式 (2.29) に対応する．

2.1.5 高周波プラズマのシース

接地された真空容器に平板電極を挿入し，周波数が kHz から MHz 帯の高周波 (RF) 電圧 V_{RF} をブロッキングコンデンサ C_B を通して図 2.4 のように印加すると，プラズマが生成され，C_B の電源側の電位変動 V_a とプラズマに接する放電電極の電位変動 V_b は図 2.5 のように変化し，放電電極の時間平均した電位は負となる．高周波が印加されている電極では，到達する電子フラックスがイオンフラックスより多いため，時間平均した電子フラックスとイオンフラックスが等しくなるように，高周波電極が負に帯電するためである．高周波電極にかかる負の直流バイアス電位のことを自己バイアス電圧 V_{DC} とよぶ．一方，プラズマと接地容器の間のプラズマ電位 ϕ_p も時間変動し，時間平均電圧 V_G が発生する．この結果，放電電極側に形成されたシースには時

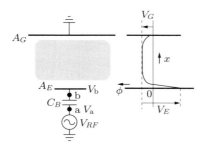
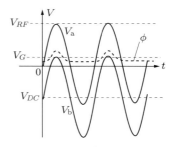

図 2.4 高周波プラズマ中のシース　　図 2.5 電極，プラズマ電位の時間変化

間平均された電位差 $V_E = V_G - V_{DC}$ が発生する．

　イオンは平均的には電位差 V_E によって加速され，高周波電極に入射する．このときのイオンの正確なエネルギー分布は，イオンが入射する場所とタイミング（電極電位の時間変動の位相）によって決定される．イオンのエネルギー分布はエッチング，スパッタリングあるいは化学気相堆積（CVD：chemical vapor deposition，3.1 節参照）の制御にとってきわめて重要となる．このため，電極あるいは壁にかかる電位の法則を知ることは重要となる．

　プラズマから見たとき，面積 A_E の高周波電極にかかる時間平均電圧 V_E と面積 A_G の接地壁前面の時間平均電位差 V_G との間には，次の関係があることが実験的に見出されている．

$$\frac{V_E}{V_G} = \left(\frac{A_G}{A_E}\right)^q \tag{2.41}$$

ここで，q の値は電極構造によって変わるが，たいていの場合

$$1 < q < 2.5 \tag{2.42}$$

となることが知られている[1]．これからわかるように，高周波電極を狭くして面積比 A_G/A_E を増加させると，高周波電極にかかる負電圧は急激に増大していく．

　面積比を変化させると電極にかかる自己バイアスを制御できる．この性質は，高周波プラズマにおけるイオンエネルギー分布の制御のうえできわめて重要となる．

(1) 高周波シースのモデル

　角周波数 ω で時間変動している高周波シースには，伝導電流（イオン電流，電子電流）J_C と変位電流（誘導電流）J_D が流れる．プラズマ電位を基準にした場合，壁の電位がプラズマ電位よりも正になると電子電流が多く流れる．一方，壁の電位がプラズマ電位より負になると電子電流は抑制され，イオン電流が多く流れる．電子とイオンの移動度の違いにより，電子電流はイオン電流よりも十分に大きいので，シースの

電流電圧変化はダイオード的な特性をもつ．したがって，シース電圧とシース電流の間には非線形な関係があり，その比はシース抵抗を表す．直流放電や低周波の交流放電では J_C が支配的であるが，周波数の高い高周波放電（MHz 帯）では $J_C + J_D$ の両方が流れる．さらに周波数の高い UHF やマイクロ波放電（>0.1 GHz）になると J_D が顕著になる．このように，シースの性質はシースの電位差や放電の周波数，バイアス電圧の周波数，電子と中性ガスとの衝突頻度（衝突周波数 ν）に依存する．

一般に，プラズマ中の電流密度は次式のように表される．

$$J = [(\sigma_e + \sigma_i) + j\omega\varepsilon_0] E \tag{2.43}$$

ここで，σ_e と σ_i はそれぞれ電子とイオンの導電率であり，$\sigma_k = ne^2/m_k\nu_k$（k は電子：e，イオン：i）で表される．j は虚数単位である．プラズマ中では $\sigma_e \gg \sigma_i$ であり，MHz のオーダー以下では $\sigma_e \gg \omega\varepsilon_0$ となって，プラズマは抵抗性となる．

一方，シース中での電流密度は次のようになる．

$$J = 0.61\sqrt{\frac{k_B T_e}{m_i}} + C_s \frac{dV_s}{dt} \tag{2.44}$$

第 1 項はボーム電流であり，第 2 項は変位電流である．ここで，C_s はシース容量を表す．第 1 項と第 2 項は MHz 帯の高周波放電ではほぼオーダーが等しくなる．一般には，kHz 以下の低周波では第 1 項が顕著で伝導性であり，マイクロ波帯以上の高周波では第 2 項が顕著となり容量性となる．このようなシースの性質は，図 2.6 のように等価回路で表すことができる．

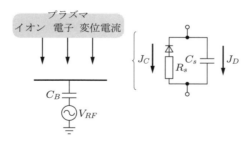

図 2.6　シースの等価回路

(2) 伝導性シースにおける自己バイアス

変位電流が無視でき，電子とイオンの伝導電流が支配的な低周波放電の場合，電力印加電極の時間変化を

$$V_e(t) = V_{DC} + V_{RF} \sin \omega t \tag{2.45}$$

とすると，電子電流密度は

$$J_e = J_{e0} \exp\frac{eV_e(t)}{k_B T_e} = J_{e0} \exp\frac{eV_{DC}}{k_B T_e} \cdot \exp\left(\frac{eV_{RF}}{k_B T_e}\sin\omega t\right) \tag{2.46}$$

となり，したがって，時間平均値は

$$\bar{J}_e = J_{e0} \exp\frac{eV_{DC}}{k_B T_e} \cdot I_0(eV_{RF}/k_B T_e) \tag{2.47}$$

となる．ここで，$I_0(x)$ は第 1 種変形ベッセル関数である．

浮遊電位になる条件

$$\bar{J}_e = J_{i0} \quad \text{(イオン電流密度)} \tag{2.48}$$

より，以下のように自己バイアス電位 V_{DC} を得る．

$$\exp\left(-\frac{eV_{DC}}{k_B T_e}\right) = \frac{J_{e0}}{J_{i0}} I_0\left(eV_{RF}/k_B T_e\right)$$

$$\therefore -V_{DC} = \frac{k_B T_e}{e}\ln\frac{J_{e0}}{J_{i0}} + \ln I_0\left(eV_{RF}/k_B T_e\right) \tag{2.49}$$

第 1 項は式 (2.29) の $-V_F$ に相当し，第 2 項が高周波振動によるものである．

ここで，$eV_{RF}/k_B T_e \gg 1$ のとき，次のようになる．

$$\ln I_0(eV_{RF}/k_B T_e) \approx V_{RF} - \frac{k_B T_e}{2eV_{RF}}\ln\frac{2\pi eV_{RF}}{k_B T_e} \approx V_{RF}$$

$$\therefore V_{DC} = V_F - V_{RF} \approx -V_{RF} \tag{2.50}$$

したがって，高周波電極には高周波電圧振幅にほぼ等しい負の自己バイアスが誘起される．

(3) 面積比と自己バイアス

(a) Koenig のシースモデル

イオンがシース中を無衝突で自由落下するとき，チャイルド–ラングミュアの法則（式 (2.12)）より，次のようになる．

$$J_B = k\frac{V_G^{3/2}}{s_G^2} = k\frac{V_E^{3/2}}{s_E^2} \tag{2.51}$$

ここで，s_G, s_E はそれぞれ接地壁のシース幅，高周波電極のシース幅である．

一方，シースに誘起される電荷 Q は

$$Q = C_G V_G = \frac{\varepsilon_0 A_G}{s_G}V_G = \frac{\varepsilon_0 A_E}{s_E}V_E = C_E V_E \tag{2.52}$$

である．式 (2.51) はシースを流れる直流的なイオン電流であり，シース電位 V_G が浅い接地壁では電子電流の寄与も無視できなくなる．

以上より，次のようになる．

$$\frac{V_E}{V_G} = \left(\frac{A_G}{A_E}\right)^4 \tag{2.53}$$

このモデルによると，$q = 4$ となって，実験から得られる値と大きく異なる．したがって，プロセスプラズマのシース内ではイオンと中性粒子との衝突が無視できない．

(b) 衝突性シースモデル

イオンはシース中を衝突しながら移動し，かつイオン熱速度よりも加速されるとすると，式 (2.16) より移動度が $\mu \propto 1/u_i$ と表せる．したがって，2.1.2 項 (3) で導出したように，シース電圧，シース幅，イオン電流密度の間には式 (2.19) より以下の関係がある．

$$J_B = k\frac{V_G^{3/2}}{s_G^{5/2}} = k\frac{V_E^{3/2}}{s_E^{5/2}} \tag{2.54}$$

一方，各シースに誘起される電荷 Q は式 (2.52) を用いると，

$$\frac{V_E}{V_G} = \left(\frac{A_G}{A_E}\right)^{5/2} \tag{2.55}$$

を得る．このモデルによると，$q = 2.5$ となって，実験から得られる値に近い．すなわち，高周波放電で形成されるシース中のイオンの衝突は無視できないことを意味する．

(c) 抵抗性シースモデル

シース中でのイオン衝突が顕著になるとき，移動度は衝突周波数 ν_i で決定される．このときイオンの移動度は $\mu_i = e/m_i\nu_i$ となり，式 (2.24) より，

$$J_B = k\frac{V_G^2}{s_G^3} = k\frac{V_E^2}{s_E^3}. \tag{2.56}$$

となる．この関係と電荷 $Q_G = Q_E$ の条件式 (2.52) より，次式を得る．

$$\frac{V_E}{V_G} = \left(\frac{A_G}{A_E}\right)^3 \tag{2.57}$$

$q = 3$ となってさらに実験値から外れる．したがって，実際のシースではイオンの無衝突性と抵抗性の中間的な衝突を含むシースが形成されることがわかる．

(4) 容量性シース

周波数が UHF からマイクロ波の領域になると，変位電流が顕著となり，自己バイアスが高周波電圧振幅 V_{RF} に比べて小さくなり，伝導電流を無視することができる[3]．

ブロッキングコンデンサ C_B を通して結合する場合を考える．C_B はシース容量 C_E や C_G に比べて十分大きく，この部分の高周波インピーダンスは無視できるものとする．電極の電位を

$$V_e(t) = V_{DC} + V_{RF}\sin\omega t \tag{2.58}$$

とすると，図 2.7 の等価回路より，プラズマ電位振幅 ϕ_1 は

$$\phi_1 = \frac{C_E}{C_E + C_G}V_{RF} \tag{2.59}$$

となる．一方，電極に蓄積される時間平均した電荷 Q より，V_{DC} は次式となる．

$$Q = C_G V_G = C_E(V_G - V_{DC}), \quad \therefore V_{DC} = \frac{C_E - C_G}{C_E}V_G \tag{2.60}$$

図 2.7 のように $\phi_1 \approx V_G$ のとき，式 (2.59) より，

$$V_{DC} = \frac{C_E - C_G}{C_E + C_G}V_{RF} \tag{2.61}$$

を得る．このとき次の関係を得る．

$$V_E = \frac{C_G}{C_E + C_G}V_{RF}, \quad V_G = \frac{C_E}{C_E + C_G}V_{RF} \tag{2.62}$$

容量の大きさによって V_E，V_G の大きさを変えることができる．

$$C_E < C_G のとき : V_{DC} < 0 \tag{2.63a}$$

$$C_E = C_G のとき : V_{DC} = 0 \tag{2.63b}$$

$$C_E > C_G のとき : V_{DC} > 0 \tag{2.63c}$$

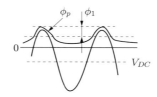

図 2.7　容量性結合の等価回路

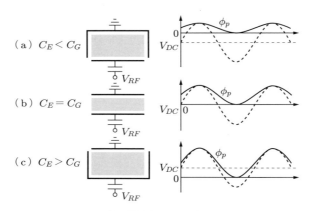

図 2.8 容量性結合の自己バイアス電圧

シース容量比によって自己バイアス電圧が正・負のいずれにも設定できる．電極と接地壁との面積比により容量比を変えた例を図 2.8 に示す．

2.1.6 高周波シース通過イオンのエネルギー分布

高周波電力 V_{RF} が印加された電極（ターゲット）前面のシースは空間的に伸縮を繰り返し，入射するイオンの加速電界も時間変動する．このため基板に到達するイオンのエネルギーは $\omega\tau$ に依存する．ここで，τ はイオンのシース通過時間である．図 2.9 にイオンの軌道を模式的に示す[4]．$\omega\tau \ll 1$ のとき，イオンは瞬時電界で加速されるため，得るエネルギーは入射時の振動の位相に強く依存し，ほぼ $V_E \pm V_{RF}$ の範囲に分布する．一方，$\omega\tau \gg 1$ のとき，イオンは高周波変動に関係なく時間平均されるため，ほぼ直流シース電位 V_E のエネルギーをもって入射する．

前節で述べたようにシースの形状はイオンと中性ガスとの衝突の頻度に依存する．こ

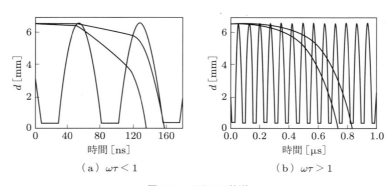

図 2.9 イオンの軌道

こでは簡単のために無衝突シースの場合を考える．シース電位の時間空間変動 $V(x,t)$ をポアソンの式を用いて解き，高周波電極に到達するイオンエネルギーを計算する．とくに $dV(x,t)/dt = 0$ のとき，電位の時間変化がなくなるため，相対的に同じエネルギーをもつイオン数が増大し，イオンエネルギー分布関数はピークをもつ．また，このとき最大エネルギー $W_{\max}$ と最小エネルギー $W_{\min}$ が求められる．両者の差 $\Delta W = W_{\max} - W_{\min}$ を求めると次式を得る[5]．

$$\Delta W = \frac{2V_{RF}}{1+(\omega\tau)^2}\left\{\cos\left[\tan^{-1}\left(-\frac{1}{\omega\tau}\right)+\frac{3}{2}\pi\right] \right. \\ \left. +\omega\tau\sin\left[\tan^{-1}\left(-\frac{1}{\omega\tau}\right)+\frac{3}{2}\pi\right]\right\} \tag{2.64}$$

低周波領域 $\omega\tau \ll 1$ では $\Delta W \approx 2V_{RF}$，高周波領域 $\omega\tau \gg 1$ では $\Delta W \approx 2V_{RF}/\omega\tau$ となる．

イオンの質量を固定し，周波数 ω を変化させたときのイオンエネルギー分布を図 2.10 に示す[4]．$\omega\tau$ が小さいときにはエネルギー幅 ΔW が大きい．また，周波数 ω を固定し，イオンの質量 m_i を変えたときのイオンエネルギー分布を図 2.11 に示す[5]．重いイオンほど通過時間が長く $\omega\tau$ が増すため，エネルギー幅は $\Delta W \propto 1/\sqrt{m_i}$ の依存性で変化する．

以上のように，印加する高周波の角周波数 ω とイオンのシース内通過時間 τ を考慮したイオンエネルギー分布の制御は，高精細なプラズマプロセスには必要不可欠な基盤技術となる．

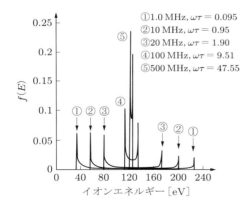
図 2.10　イオンエネルギー分布（周波数依存性）

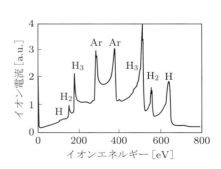
図 2.11　イオンエネルギー分布（質量依存性）

2.2 プラズマ中の微粒子

プラズマ中には，化学的に活性な分子種（活性分子種）の気相反応や，プラズマと壁との相互作用によって，しばしば微粒子が発生する．とくに，ここで注目するナノ微粒子の発生には，前者の活性分子種の気相反応が重要であり，これまで低気圧シランガスを用いた容量結合型プラズマ（CCP：capacitively coupled plasma，4.2.2 項(2) 参照）を対象として，その成長過程が詳しく調べられている．それによると微粒子は，次の (i)～(vi) を経て成長すると考えられる．

(i) 微粒子の原因となる電気的中性分子種や負イオン種などの活性分子種（微粒子前駆体）の発生
(ii) 微粒子前駆体が関与する高次の活性分子種の生成反応の進展
(iii) 高次活性分子種の高密度化（高次活性分子種の電子付着確率の増加によるプラズマ中捕捉蓄積）
(iv) 微粒子（後述のクラスタ）核の形成
(v) 上記 (ii) の高次活性分子種や，(i) の微粒子前駆体の流入による微粒子成長（後述のクラスタサイズ領域）
(vi) 帯電揺らぎに起因した凝集成長（後述のパーティクルサイズ領域）

微粒子は，このように多段階過程を経て成長するので，微粒子形成につながる前駆体や高次活性粒子種は，プラズマ中に長く（成長に必要な時間）留まる必要がある．容器内のプラズマは，正イオンに比べて高速な電子の容器壁への損失を抑えるために，自身の電位を容器壁に対して正に保つ性質がある．このため，拡散による粒子損失が支配的となる上記 (i)～(iii) の過程においては，微粒子前駆体や高次活性分子種をプラズマ中に高密度に保つために，これら粒子種に電子が付着して負に帯電するか，電気的中性のままの場合には，高い前駆体生成率と速い高次活性粒子種生成反応が必要である（これら電気的中性活性粒子種の容器壁への付着確率が小さい場合も蓄積が促進される）．また，ガス流れによる損失が支配的となる (v)，(vi) の過程においては，微粒子の負帯電によってガス流れに打ち勝って微粒子がプラズマ中に捕捉される必要がある．

本節ではまず，プラズマ中微粒子成長を取り扱ううえで基礎となる，微粒子の帯電および輸送に影響する微粒子への作用力について述べ，続いて，具体例として低気圧シランガス容量結合型プラズマ（以下，SiH_4 CCP）を取り上げ，プラズマ中ナノ微粒子の詳しい成長過程および微粒子がプラズマパラメータ，放電電圧・電流に及ぼす影響について述べる[6]．

2.2.1 微粒子の帯電

　プラズマ中の微粒子は，プラズマ荷電粒子のために帯電しようとする性質がある．帯電量は，微粒子に衝突するプラズマ荷電粒子の数とエネルギー，および微粒子の電子付着率に左右され，そのどちらが支配的になるかは微粒子のサイズに依存する．

　まず，電子と正イオンのみで構成されたプラズマ中の「大きな微粒子」に注目する．「大きな微粒子」とは，1秒間あたりに入射する電子と正イオンの数（入射束）が，それらの揺らぎに比べて非常に大きいサイズの微粒子を意味する．本項の「(1) パーティクルの帯電」において述べるように，プラズマ中に浮遊する大きな微粒子の場合，「孤立微粒子へ流入する電流は0である」という条件から，表面に電子が付着して微粒子は負に帯電する．電子と正イオンの入射束が大きいと，微粒子に付着する電子数 Z_p が大きくなり，Z_p の揺らぎ δZ_p と Z_p との比 $\delta Z_p/Z_p$ は非常に小さくなる（すなわち $\delta Z_p/Z_p \ll 1$）．このようなサイズ領域の微粒子を，ここでは「パーティクル」とよぶことにする．

　次に，パーティクルより小さいサイズ領域の微粒子に注目すると，サイズの減少とともに，電子・正イオン入射束が減少して $\delta Z_p/Z_p \approx 1$ となり，やがて $\delta Z_p/Z_p > 1$ となる．これら $\delta Z_p/Z_p \gtrsim 1$ となるサイズ領域の微粒子を，ここでは「クラスタ」とよぶことにする．

　以下，これらパーティクルとクラスタサイズ領域の微粒子帯電について述べる．

(1) パーティクルの帯電

　プラズマ中のパーティクルのサイズと帯電量との関係を示すために，密度 n_e，質量 m_e，温度 $T_e\,[K]$ の電子と，密度 n_i，質量 m_i，温度 $T_i\,[K]$ の正イオン（1価）とからなるマクスウェル分布プラズマ中に，密度 n_p，サイズ（直径）d の球状パーティクルが存在する場合に注目する．このようなプラズマ中の個々の微粒子への電子入射束 Γ_e と正イオン入射束 Γ_i は，正イオンは微粒子周辺電界による軌道運動により捕集されるとすると，それぞれ，次のように表される．

$$\Gamma_e = \frac{1}{4} n_e \langle \nu_e \rangle \left(\exp \frac{eV_p}{k_B T_e} \right) (\pi d^2) \tag{2.65}$$

$$\Gamma_i = \frac{1}{4} n_i \langle \nu_i \rangle \left(1 - \frac{eV_p}{k_B T_i} \right) (\pi d^2) \tag{2.66}$$

ここに，$\langle \nu_s \rangle$（添字 s は e または i）は，平均熱運動速度 $\langle \nu_s \rangle = \sqrt{8k_B T_s/\pi m_s}$（$k_B$：ボルツマン定数），$V_p$ は微粒子の電位である．プラズマ中の微粒子への電流 I_p は，電子の電荷の大きさを e とすると，$I_p = e(\Gamma_i - \Gamma_e)$ で与えられるが，浮遊する微粒子への I_p は0でなければならないから，次式が成立する．

$$\Gamma_e = \Gamma_i \tag{2.67}$$

電子と正イオンの熱運動速度を比べると,両者の質量の違いのために $\langle \nu_e \rangle \gg \langle \nu_i \rangle$ であり,式 (2.67) を満足するように $V_p < 0$,すなわち,微粒子は負に帯電する.また,プラズマは,電気的準中性条件を満たさなければならないから,n_p と Z_p を含む次式が成立する.

$$n_e + Z_p n_p = n_i \tag{2.68}$$

さらに,微粒子電荷 $Q(=-eZ_p)$ によって生じる電界はポアソン方程式によって記述される.d がデバイ遮蔽距離に比べて十分小さい条件(ここで対象としているサイズの微粒子の場合には成立)の下では,ポアソン方程式の解は次式で近似される[6].

$$eZ_p \approx -2\pi\varepsilon_0 dV_p \tag{2.69}$$

式 (2.65)~(2.69) を用いると,密度比 n_p/n_i をパラメータとした付着電子数 Z_p のサイズ d 依存性を求めることができる.図 2.12 の実線は,$k_B T_e/e = 3\,\mathrm{eV}$,$k_B T_i/e = 0.03\,\mathrm{eV}$,$n_i = 3 \times 10^9\,\mathrm{cm}^{-3}$,$m_i/m_e = 30 \times 1840$(後述する $\mathrm{SiH_4}$ CCP の条件に近い)として求めた計算結果である[6, 7].微粒子密度がきわめて低く,$n_p/n_i \approx 0$(すなわち $n_e \approx n_i$)の場合には,Z_p は d に比例して増加するが,n_p/n_i または d が増加してプラズマ電子のほとんどが微粒子に付着するようになると,式 (2.68) の準中性条件により Z_p は制限される($Z_p < n_i/n_p$).図中の破線は,微粒子表面に電荷が一様分布した場合に,微粒子表面が冷陰極電子放出電界($\approx 10^9\,\mathrm{V/m}$)となる電子付着制限条件を示す.

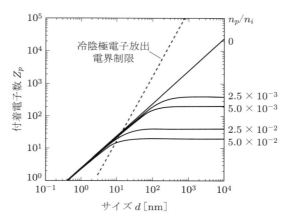

図 2.12 プラズマ中微粒子の電子付着数 Z_p のサイズ d 依存性

統計力学によると，δZ_p は $\delta Z_p = K\sqrt{Z_p}$ ($K \approx 1$) で与えられる．図 2.12 のプラズマ条件の場合，パーティクルとよばれるサイズ領域は，$\delta Z_p/Z_p \approx \sqrt{Z_p}/Z_p \ll 1$ となる領域であり，およそ $d \gtrsim 10\,\mathrm{nm}$ に対応する．

(2) クラスタの帯電

クラスタとよばれる微粒子には，プラズマ荷電粒子の入射束の影響がいまだ強い $\delta Z_p/Z_p \approx \sqrt{Z_p}/Z_p \approx 1$（図 2.12 の $10\,\mathrm{nm} \gtrsim d \gtrsim 1\,\mathrm{nm}$）となるサイズ領域と，微粒子固有の電子付着特性の影響が支配的となる $\delta Z_p/Z_p \approx \sqrt{Z_p}/Z_p > 1$（図 2.12 の $d \gtrsim 1\,\mathrm{nm}$）となるサイズ領域が存在する．これら二つのサイズ領域の微粒子を，それぞれ「大きなクラスタ」，「小さなクラスタ」とよぶことにし，これらのクラスタの帯電を分けて議論する．

大きなクラスタの場合には，詳細は文献に譲るが，Z_p は，式 (2.65) の Γ_e と，式 (2.68) の Γ_i を電子およびイオンの入射確率とする統計的取り扱いによって与えられている[6,8-11]．計算によると，大きなクラスタの場合，パーティクルの場合と異なって，$n_p/n_i \approx 0$ の場合であっても，電気的中性 ($Z_p = 0$) のみならず，統計的揺らぎのために正イオン付着（正帯電）の確率も存在し得ることが示されている[10]．

一方，小さなクラスタの場合には，帯電はおもに微粒子固有の性質に支配され，負帯電微粒子の密度 n_c^- は，発生と消滅を考慮した次のようなレート方程式によって与えられている[6,11]．

$$\frac{dn_c^-}{dt} = k_c n_c n_e - k_R n_c^- n_i \tag{2.70}$$

ここに，n_c は電気的中性微粒子の密度，k_c は電子付着率，k_R は負帯電微粒子と正イオンとの再結合係数である．電子付着率 k_c と再結合係数 k_R についての詳しい議論は文献[6]に譲り，ここでは微粒子成長を考えるうえで重要な示唆を与える具体的計算結果を示す．図 2.13 の実線は，圧力 0.1 Torr の Ar ガスプラズマ中のシリコン (Si) 微粒子の場合についての k_c を，T_e をパラメータとして計算した結果である．微粒子成長に伴い，k_c は剛体球の電子衝突率 $(\pi d^2/4)\langle \nu_e \rangle$（図中の破線）に近づくので，図の縦軸は，その値による規格化量で表されている[6,11]．図から，k_c についての次の二つの特徴的な傾向が見出される．

 (i) T_e が低くなるほど大きくなる．
 (ii) プロセスプラズマにおいて典型的な電子温度 $k_B T_e/e \approx 2.5\,\mathrm{V}$ の場合，微粒子構成 Si 原子数 n の増加に伴って $n \approx 4, 5$ 付近で急激に増加する．

この図は，Ar プラズマ中の Si 微粒子についての結果であるが，ガス種が異なる場合も，電子が微粒子に衝突する前の運動エネルギーの緩和に関与する第 3 体が異なる

46　第 2 章　プラズマナノプロセスの物理的基礎

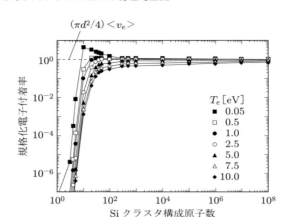

図 2.13　Si クラスタ電子付着率のサイズ（構成 Si 原子数）依存性

ことによる付着率の違いを除けば，同様の傾向が現れると考えられる．負帯電微粒子と正イオン再結合係数 k_R については，微粒子成長に伴って k_c と同様，熱運動の効果が支配的な剛体球の電子衝突率 $(\pi d^2/4)\langle \nu_e \rangle$ に近づき，$k_R/[(\pi d^2/4)\langle \nu_e \rangle] \approx 1$ となるが，サイズが小さい領域ではおもに負帯電微粒子のクーロン引力による効果が支配的となり，$k_R/[(\pi d^2/4)\langle \nu_e \rangle] > 1$ となる．たとえば，$k_B T_e/e = 2.5\,\mathrm{V}$ のプラズマの場合，両効果は $d \approx 0.8\,\mathrm{nm}$ で等しくなる．ここでは小さなクラスタと大きなクラスタとに分けて議論したが，$d \approx 0.8\,\mathrm{nm}$ はこれらの境界に相当している．

2.2.2　微粒子への作用力

　プラズマ中の微粒子に作用するおもな力としては，静電力，イオン抗力，中性ガス粘性力，熱泳動力，重力，微粒子圧力勾配による力，クーロン力があり，これらは微粒子の成長・輸送に影響を与える[6]．

(1)　静電力

　電界 $\boldsymbol{E}$ が存在するプラズマ中に電荷 Q をもつ微粒子が存在すると，微粒子には，次式で与えられる静電力 $\boldsymbol{F}_E$ がはたらく．

$$\boldsymbol{F}_E = Q\boldsymbol{E} \tag{2.71}$$

パーティクルサイズの微粒子の場合，$Q < 0$ であるから，$\boldsymbol{F}_E$ は $\boldsymbol{E}$ と反対の方向にはたらく[†]．また，$n_p/n_i \approx 0$ の場合，Q は図 2.12 に示したように，d に比例して増加

[†] プラズマと壁の間に厚い正イオンシースが形成されている場合には，正イオンのみのシース領域に存在する微粒子は，正イオンの流入を阻止するために正帯電することも起こり得る．

するので，F_E は一定電界中では d に比例して増加する．

(2) イオン抗力

プラズマ中の正イオンは，イオンプラズマ周波数より低い周波数の電界に追従して運動する．この電界により生じる正イオン流は，帯電した微粒子とのクーロン衝突により，次式で表されるイオン抗力 F_i を微粒子に及ぼす．

$$F_i = n_i m_i \sqrt{u_i^2 + \langle \nu_i \rangle^2} u_i [\pi(b_c^2 + 4b_{90}^2 \Lambda)] \tag{2.72}$$

ここに，u_i は正イオン流速，b_c と b_{90} は，それぞれ正イオンが微粒子表面に接触する軌道および 90° の偏向を引き起す軌道に対応する衝突径数，Λ はクーロン対数である[6,12]．F_i は，微粒子断面積に比例する項を含んでいるので，d^2 に比例する．電界 E が存在するプラズマ中に負帯電微粒子が置かれた場合，F_i は E 方向にはたらき，F_E とは逆方向となる．

容量結合型高周波放電プラズマの場合，電極に接して正イオンシースが存在し，このシース電界が，パーティクルに対して，シースからプラズマ方向の F_E とプラズマからシース方向の F_i を与える．両者がつり合う場合，微粒子はプラズマとシースの境界（以後 P/S）付近に捕捉される．

(3) 熱泳動力

プラズマプロセスにおいては，しばしば片方の電極が加熱され，プラズマ中にガス温度 T_n の勾配 ∇T_n を生じる．この ∇T_n は，微粒子を高温側から低温側に駆動する，次のような熱泳動力を発生する．

$$F_T = -p\lambda d^2 \frac{\nabla T_n}{T_n} \tag{2.73}$$

ここに，p はガス圧力，λ はガス分子の平均自由行程である．式から明らかなように，F_T は d^2 に比例して増加する．

(4) 微粒子圧力勾配による力

温度 T_p で熱運動する微粒子に密度勾配 ∇n_p が生じると，次式で与えられる力 F_d が微粒子にはたらく．

$$F_d = -\kappa T_p \frac{\nabla n_p}{n_p} \tag{2.74}$$

上記四つの力が現れる具体的な実験結果を図 2.14 に示す．図は，SiH_4 CCP において，高周波電力供給電極 (RFS) の温度を室温一定，対向する接地電極 (GND) の温度を，室温 150°C，300°C とした条件の下で，微粒子からのレーザ散乱光の強度

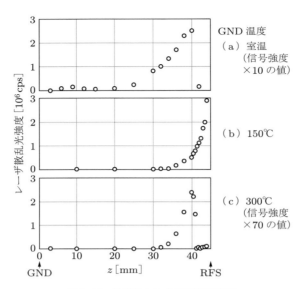

図 2.14　熱泳動力による微粒子輸送

微粒子観測法：レーザ散乱法．電極温度：RFS は室温一定，GND は室温，150°C，300°C，実験条件：ガス 100% SiH$_4$，流量 5 sccm，圧力 13 Pa，放電周波数 13.56 MHz，供給電力 8W

($\propto n_p d^6$) の空間分布を観測した結果である[6, 13]．SiH$_4$ CCP 中では，ガス流の遅い条件下では，GND が室温の場合（図 (a)）の結果に見られるように，微粒子は RFS 側 P/S 付近 ($z \approx 40\,\mathrm{mm}$) に局在して成長し，多くは電気的に中性である．GND が室温の場合，微粒子群全体に対して，RFS 側 P/S 付近からプラズマ方向とシース方向の力 $\boldsymbol{F}_{dp}$，$\boldsymbol{F}_{dH}$ がはたらき，また，負帯電微粒子群に対して，RFS 側 P/S 付近に捕捉する力である，プラズマ方向の $\boldsymbol{F}_E$ とシース方向の $\boldsymbol{F}_i$ がはたらいている．GND が 150°C の場合（図 (b)），微粒子群は，$\boldsymbol{F}_T$ によって RFS 表面付近に押しやられ，GND をさらに加熱して 300°C にすると（図 (c)），中性微粒子は放電空間から排除され，一部の負帯電微粒子のみが RFS 側 P/S 付近に，$\boldsymbol{F}_E$ と ($\boldsymbol{F}_i + \boldsymbol{F}_T$) とのつり合いによって捕捉されるようになる（図中の信号強度は，測定値の 70 倍がプロットされている）．計算によると，図 2.14 と同じ条件下で，$|\nabla T_n / T_n| = 50\,\mathrm{K/cm}$ の場合に（図 (b) の場合に近い），$d \gtrsim 2\,\mathrm{nm}$ になると，$\boldsymbol{F}_T$ が $\boldsymbol{F}_{dp}$ に打ち勝ち，微粒子が熱泳動力によって低温の RFS 側へと駆動される．

(5) ガス粘性力

ガス流が存在すると，ガス分子と微粒子との衝突による運動量交換に起因した次の

ようなガス粘性力 F_n が微粒子にはたらく.

$$F_n = n_n m_n u_n^2 \left(\frac{u_n}{u_n}\right)\left(\frac{\pi d^2}{4}\right) \tag{2.75}$$

ここに, n_n, m_n は, それぞれガス分子の密度, 質量であり, u_n および u_n は, それぞれガス流の速度と速さである. F_n は, 式から明らかなように d^2 に比例し, 微粒子がクラスタサイズまで成長すると, 拡散よりもガス流が輸送に及ぼす影響が強くなる. 図 2.14 に示した実験の場合, 材料ガスは, RFS 面に平行な方向, かつ P/S 付近に局所的に供給されており, 微粒子は, P/S 付近で発生・成長しながら, F_n の RFS 面に平行と垂直な方向の成分 $F_{n\parallel}$ と $F_{n\perp}$, および, 微粒子圧力勾配による F_d によって輸送され, 図のような微粒子空間分布が形成されていると考えられる.

(6) 重 力

重力場 (加速度 g) 中に置かれた質量 m_p の微粒子には, 次式のような重力 F_G がはたらく.

$$F_G = m_p g \tag{2.76}$$

F_G は, m_p が微粒子の体積に比例するので d^3 に比例して増加する.

RFS と GND が上下方向に配置されている場合, RFS 側 P/S 付近において $F_E + F_G = F_i$ となる微粒子は, そこで捕捉される. また, RFS 側 P/S 付近において $F_E + F_G > F_i$ となる微粒子は下降し, GND 側 P/S 付近において $F_E = F_i + F_G$ が成立する場合には, そこで捕捉され, $F_E < F_i + F_G$ となる場合には GND 面上へと落下する.

(7) 微粒子間力

帯電微粒子間にはたらく力であり, 異符号どうしの場合には次項で述べる帯電凝集による急速成長をもたらす. また, 負帯電微粒子群がある領域内に閉じ込められている場合, 微粒子間のクーロンポテンシャルエネルギーが微粒子熱運動エネルギーに比べて非常に大きくなると, 微粒子が規則正しく結晶状に配列するクーロン結晶へと移行する[14].

2.2.3 低気圧シランガス容量結合型プラズマ中の微粒子発生・成長

本節の冒頭にプラズマ中で微粒子が気相反応により発生・成長する過程 (i)～(vi) について概説したが, ここでは, その根拠となった SiH_4 CCP 中の Si 微粒子の発生・成長過程に注目する[6]. 使用する材料ガスやプラズマの種類によって, 微粒子前駆体や成長反応等は異なるものの, パーティクルサイズに至る成長の機構には, ここで述べ

る内容と共通した点が非常に多い.

まず,SiH$_4$ CCP 中の微粒子成長の典型的なサイズ・密度の時間推移の模式図を図 2.15 に示す.この図は,ガス流速が非常に遅い条件の下で,高周波供給電力密度を P,放電周波数を f として,$P \leq 0.1\,\mathrm{W/cm}^2$,$3.5\,\mathrm{MHz} \leq f \leq 28\,\mathrm{MHz}$ とした場合の結果をまとめたものである(微粒子成長が盛んな RFS 側 P/S 付近で観測)[6].図中,微粒子サイズについては,$d_0 \approx 0.5\,\mathrm{nm}$(成長開始時 $t_0 \approx 10\,\mathrm{ms}$),数 $\mathrm{nm} \lesssim d_1 \lesssim 10\,\mathrm{nm}$(急速成長開始時 $t_1 \approx 0.2 \sim 3\,\mathrm{s}$),数 $10\,\mathrm{nm} \lesssim d_2 \lesssim 150\,\mathrm{nm}$(急速成長終了時 t_2,$t_2 - t_1 \gtrsim 0.5\,\mathrm{s}$),微粒子密度については,$10^{10}\,\mathrm{cm}^3 \lesssim n_0 \lesssim 10^{12}\,\mathrm{cm}^{-3}$(成長開始時),$10^9 \lesssim n_1 \lesssim 10^{11}$(急速成長開始時),$10^8\,\mathrm{cm}^{-3} \lesssim n_2 < n_{1f} \lesssim 10^9\,\mathrm{cm}^{-3}$($n_2$ と n_{1f} は,それぞれ,サイズ d_1 の微粒子および急速成長する微粒子の急速成長終了時の密度)である[†].

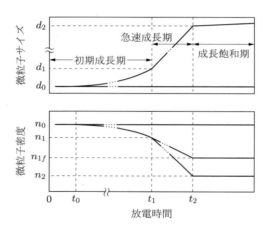

図 2.15　SiH$_4$ CCP 中に発生する微粒子の放電開始後のサイズ・密度の時間推移の模式図

図において,サイズ d_1 は,2.2.1 項で述べたクラスタとパーティクルを分ける値にほぼ対応するので,以後,$d_0 \leq d < d_1 (t_0 \leq t < t_1)$ と $d \geq d_1 (t \geq t_1)$ のサイズの微粒子を,それぞれクラスタ,パーティクルとよぶことにする.また,クラスタが成長し始めるまでの $t \leq t_0$ における高次活性粒子種は,とくに高次シランとよぶことにする($t = t_0$ における高次シランの大きさは,構成 Si,H 原子数をそれぞれ n,x とすると,Si$_n$H$_x$ ($n \approx 4$,$x \leq 10$) に相当する).図 2.15 に関連する実験条件下では,正イオン密度は $10^9\,\mathrm{cm}^{-3} \lesssim n_i \lesssim 10^{10}\,\mathrm{cm}^{-3}$ であり,クラスタの多くは電気的中性である

[†] 図中のサイズ d_2 および放電開始後の時間 t_0,t_1,t_2 は,f,P,ガス流速,希釈ガスの種類・希釈率等によって変化するので,大体の目安である.また図中,n_0 は t_2 以降一定としているが,実際には微粒子の成長よる T_e の増加によって多少増加する.

($n_i < n_0$, n_1). また，急速成長期終了時においては，パーティクル付着電子数を Z_p，サイズ d_1 のクラスタ付着電子数を 1 とすると，電気的準中性条件 $n_i \approx Z_p n_2 + n_{1f}$ が成立する．

ここでは，高次シラン・クラスタ成長期間 ($t \leq t_1$) を初期成長期，パーティクル成長期間中で，d_2 に至る期間 ($t_1 < t \leq t_2$) を急速成長期，d_2 以後の期間 ($t > t_2$) を成長飽和期とよぶことにして，それらの成長機構について述べる．

(1) 初期成長期

微粒子前駆体として，電気的中性ラジカル SiH_2 および負イオン SiH_x^- ($x \leq 3$)，クラスタ形成につながる有力な高次シラン成長反応として，SiH_2 挿入反応と負イオン反応が提案されている（ここでは，SiH_2 のような化学的活性な粒子種をとくにラジカルとよぶことにする）．これらの反応は，図 2.15 において t_1 に至るまでの時間をクラスタ成長時間 τ_c，放電空間におけるガス滞在時間を τ_g とすると[†]，それぞれ，ガス流速が非常に遅い条件 $\tau_c \ll \tau_g$，および，ガス流速が非常に速い条件 $\tau_c \gg \tau_g$ が成立する場合の実験結果を基にしている[6]．

SiH_2 挿入反応は，反応が速く寿命がきわめて短いラジカル SiH_x ($x = 0, 1, 2$) の中でもっとも発生率が高いとされる SiH_2 を起源粒子種とした，

$$SiH_2 + SiH_4 \to Si_2H_6; \quad SiH_2 + Si_2H_6 \to Si_3H_8; \quad SiH_2 + Si_3H_8 \to Si_4H_{10}$$

のように進む反応であり，次のような実験結果を基にしている．

(i) RFS と GND の間のラジカル発生率（Si, SiH の発光強度），SiH_2 密度，および，微粒子量（微粒子の密度とサイズ両方の情報を含む信号強度）の空間分布は，図 2.16 に示すように RFS 側 P/S 付近にピークをもつ類似した形状であるのに対して，SiH_x^- ($x \leq 3$) および SiH_3 密度空間分布は，電極間で平坦である[6,15,16]．

(ii) 供給電力一定の下で放電周波数 f を高くした場合，n_i 増加と T_e 低下を生じる．この結果，f の上昇に伴い，高次シラン密度および高次シランに占める負イオンの割合は増加するが，クラスタ密度 n_c は n_i ほど増加しない．

[†] 放電空間におけるガス滞在時間 τ_g は，ガス流量を G [sccm]，ガス流方向のプラズマ寸法を L [cm]，ガス流断面積を S [cm^2]，圧力を p [Pa] とすると，$\tau_g = pSL/10^5 G$ [s] で与えられる．電気的中性クラスタは，おもにガス粘性力 $\boldsymbol{F}_n$ によって輸送され，τ_g はクラスタ成長に大きな影響を及ぼす．たとえば，RFS から材料ガスを供給する場合，RFS 側 P/S 付近のラジカル発生領域におけるガス滞在時間 τ_{gps} ($\tau_{gps} < \tau_g$) が τ_c 程度までのきわめて遅いガス流速 ($\tau_{gps} \geq \tau_c$) の場合には，クラスタはおもに RFS 側 P/S 付近のラジカル発生領域で成長するのに対して，ガス流速が増加して $\tau_{gps} < \tau_c$ になると，クラスタはプラズマ領域全体で観測されるようになり，ガス流速がさらに増加して $\tau_g < \tau_c$ になると，電気的中性の多くの部分は放電空間外に流失する．

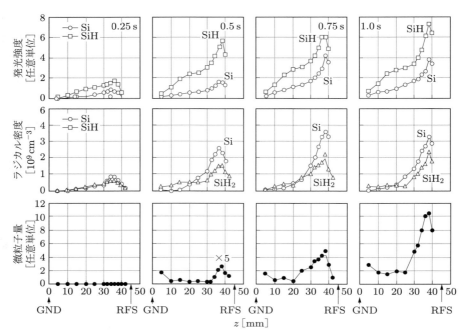

図 2.16 SiH$_4$ CCP におけるラジカル発光強度,ラジカル密度,微粒子量の空間分布の時間推移

微粒子観測法:光吸収法,実験条件:ガス (10% SiH$_4$+Ar),流量 20 sccm,圧力 13 Pa,放電周波数 6.5 MHz,供給電力 80 W

この SiH$_2$ 挿入反応により生成される高次シランは,電気的中性であり,放電領域からの拡散損失に打ち勝ってクラスタ形成へと進展するには,ある大きさまで成長した段階で負に帯電する確率が急増し,放電空間に捕捉・蓄積される必要がある.図 2.15 に示したように,高次シランが $d_0 \approx 0.5$ nm,10^{10} cm$^{-3} \lesssim n_0 \lesssim 10^{12}$ cm^{-3} ($t_0 \approx 10$ ms) にまで達するとクラスタ形成が始まることから,負帯電の確率が急増し始めるサイズは Si$_4$H$_x (x \leq 10)$ 程度であると推定される(SiH$_2$ 挿入反応で生成される Si$_4$H$_{10}$ は電子衝突により Si$_4$H$_x (x \leq 10)$ になるとしている).図 2.13 で示したクラスタの理論的電子付着率も,$k_B T_e/e \approx$ 数 V(プロセスプラズマにおける典型的値)の場合,Si 原子数 $n \approx 4$ において急増しており,上記 $d_0 \approx 0.5$ nm と一致している.これらのことから,SiH$_2$ 挿入反応が Si$_4$H$_{10}$ 程度にまで進むと,高次シランの負イオン化が急激に進むと考えられる.

負イオン反応は,SiH$_4$ の電子衝突により解離生成される負イオン SiH$_x^- (x \leq 3$ であるが $x = 3$ が主体),および,SiH$_2$ 挿入反応の最初の生成粒子種 Si$_2$H$_6$ とその解離生成粒子種への電子付着に起因した負イオン Si$_2$H$_x^- (x \leq 6)$ を微粒子前駆体とした,

$$\mathrm{SiH}_x^- + \mathrm{SiH}_4 \to \mathrm{Si}_2\mathrm{H}_x^-; \quad \mathrm{Si}_2\mathrm{H}_x^- + \mathrm{SiH}_4 \to \mathrm{Si}_3\mathrm{H}_x^-; \quad \mathrm{Si}_3\mathrm{H}_x^- + \mathrm{SiH}_4 \to \mathrm{Si}_4\mathrm{H}_x^-$$

のように進む反応であり，図 2.17 によって示される下記のような実験結果を基にしている（正イオン SiH_x^+ による高次シラン生成反応も生じるが，図のようにクラスタ生成にまでは至らない）[6, 17, 18]．

(i) SiH_x^- から $\mathrm{Si}_n\mathrm{H}_x^-$ ($n \approx 40$) までの規則正しい配列信号が検出される．
(ii) SiH_x^- の検出信号強度は，$\mathrm{Si}_2\mathrm{H}_x^-$ のものよりも小さい．

生成された負イオン SiH_x^- は，容器壁に対して正電位のプラズマ中に蓄積されやすく，高次シランの生成反応の進行が容易となる（これらの負イオンは，再結合により電気的中性となるから，プラズマ中に捕捉されるには，急速な電子再付着が必要である）．

これら $\tau_c \ll \tau_g$ および $\tau_c \gg \tau_g$ という条件下で得られた高次シラン生成反応に関する結果から，ガス流速を増加して，$\tau_c \ll \tau_g$ から $\tau_c \gg \tau_g$ へと移行させた場合には，SiH_2 挿入反応と負イオン反応によって生成される高次シランの割合が変化していくことが示唆される．

次に，高次シランに続くクラスタの成長について述べる．高次シランの議論からも明らかなように，クラスタについても，$d_1 (\approx$ 数 nm〜10 nm) にまで成長するには，放電領域に捕捉・蓄積される必要がある．SiH_4 CCP 場合，高次シランと同様，クラス

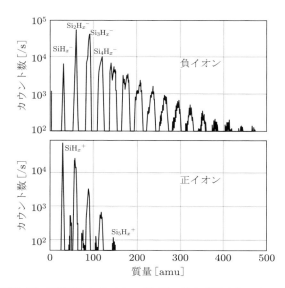

図 2.17 質量分析器を用いて観測した負イオン $\mathrm{Si}_n\mathrm{H}_x^-$ および正イオン $\mathrm{Si}_n\mathrm{H}_x^+$ の質量スペクトル
実験条件：ガス 100% SiH_4，流量 30 sccm，圧力 10 Pa，放電周波数 30 MHz，供給電力 3.5 W

タ密度も n_i より高いことから，クラスタの中で電気的中性のものが多く存在する．このような状況において，クラスタが成長に必要な期間プラズマ中に捕捉されるには，ガス流で放電領域を輸送される間に，少なくとも1回は負帯電する必要がある．このようなガス流とクラスタ成長の関係について，これまで次のような傾向が知られている[6]．

(i) ガス流が非常に遅い場合，クラスタの成長が非常に速く（SiH_2 挿入反応が支配的），電気的中性のものが占める割合が増加し，ガス流の増加とともに負帯電クラスタの割合が増加する．

(ii) RFS から GND 方向へガスが供給される方式の場合，流速が遅い場合には，n_c は RFS 側 P/S 付近にピークをもつ分布となり，ガス流が増加すると，プラズマ領域において緩やかなピークをもつ分布に移行し，さらにはガス粘性力に打ち勝つ負帯電クラスタのみがプラズマ下流領域に捕捉された分布となる．

クラスタ成長の機構が，ガス流が非常に遅い（$\tau_c \ll \tau_g$）条件下で，クラスタの密度と体積占有率（単位体積あたりのクラスタの総体積）の時間推移を調べることにより議論されている．それによると，クラスタは，成長とともに密度は低下するものの，体積占有率は増加しており，クラスタどうしの凝集のみならず，ラジカル $SiH_x (x \leq 3)$ や高次シラン $Si_nH_x (n \lesssim 4)$ の流入によっても成長している（凝集のみの成長の場合，体積占有率は一定である）[6,19]．ガス流速が増加すると，負帯電クラスタが占める割合が増加して，ラジカル・高次シランの流入によるクラスタ成長の傾向が強くなる．図2.17 で示した負イオン信号は，このようなガス流が非常に速い条件の下で，高次シランからクラスタへと成長していく過程を示す結果と考えられる．

SiH_4 ガスの希釈はクラスタの成長や構造に影響する．図2.18 は，100% SiH_4 と 20% SiH_4+H_2 の CCP の場合の RFS と GND の間のラジカル発生率（SiH），水素原子発生率（H_β），クラスタ量（レーザ散乱光強度）の放電開始後の空間分布の時間推移を示す[6,20]．100% SiH_4 の場合には，ラジカル発生率が高い RFS 側 P/S 境界付近においてクラスタの成長が顕著であるのに対して，20% SiH_4+H_2 の場合には，RFS 側 P/S 付近における成長は顕著に抑制され，クラスタ量は GND 側よりも少なくなっている．この結果は，クラスタ発生につながる高次シラン生成反応が，活性な H 原子によって抑制されることを示している．

また，通常 SiH_4 CCP 中で生成されるクラスタはアモルファス状構造をしているが，SiH_4 の水素またはアルゴンガス希釈率を非常に高めると（水素・アルゴン希釈率は 98～99% 程度以上），結晶状構造のものが得られる[6,21,22]．クラスタ結晶化の機構についての詳細は不明であるが，水素希釈の場合には結晶膜堆積の条件に近いことが明らかになっている．また，クラスタサイズ領域においては，サイズ減少とともに融

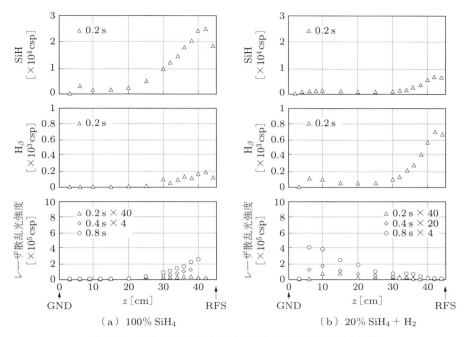

図 2.18　SiH$_4$ CCP 中クラスタ成長に及ぼす水素希釈の影響

微粒子観測法：レーザ散乱法．実験条件：(a) 流量 5 sccm，圧力 13 Pa，(b) 流量 25 sccm（SiH$_4$ 5 sccm），圧力 65 Pa

点が急激に下がることが指摘されており[6, 23]，クラスタ温度と結晶化の関係が注目される．

(2) 急速成長期

図 2.15 に示したように，クラスタが $d_1 \approx$ 数 nm～10 nm ($n_1 \approx 10^9 \sim 10^{11}$ cm^{-3}) にまで達すると急速成長を開始してパーティクルとなる．この急速成長期の成長速度は，電気的中性微粒子の熱運動凝集速度に比べて非常に速く，図 2.19 に示すような帯電凝集モデルが提案されている[6, 24]．

2.2.1 項で述べたように，パーティクルの帯電は，おもにプラズマ中の電子と正イオンの入射粒子束によって支配されるのに対して，急速成長開始時のクラスタの場合，電子と正イオンの入射粒子束の揺らぎのために，電気的中性および正帯電のものも存在し得る[6, 10]．とくに，ガス流速が遅い ($\tau_c < \tau_g$) 場合には，急速成長開始時のクラスタには電気的中性のものが非常に多く，正帯電の割合が多くなる（図 (a)）．また，ガス流速が非常に遅く，クラスタがおもに RFS 側 P/S 境界付近で成長する場合には，

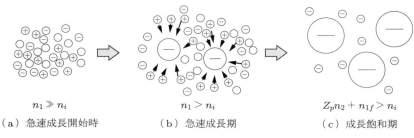

図 2.19 帯電凝集モデル

(a) 急速成長開始時 $n_1 \gg n_i$
(b) 急速成長期 $n_1 > n_i$
(c) 成長飽和期 $Z_p n_2 + n_{1f} > n_i$

シース中で加速生成される高エネルギー電子によるクラスタの衝突電離が起きやすく，正帯電の割合がさらに増加する．CCP の場合，放電周波数 f 一定の下で供給電力 P を増加するか，P 一定の下で f を下げると，シース中の伝導電流（正イオンの電極への衝突によって放出される 2 次電子による電流）が放電電流に占める割合が増加する．この 2 次電子は，シース中で高いエネルギーを獲得することから，中性クラスタの電離に大きな役割を演じる．さらに，高エネルギー電子（1 次電子）との衝突による，クラスタからの 2 次電子放出数は，クラスタ中の 1 次電子走行距離と 2 次電子放出可能立体角の積に依存し，Si クラスタの場合に，この積がサイズ d_1 付近において大きくなることも指摘されている[6]．

このような負帯電パーティクルと正帯電クラスタの共存は，クーロン引力による急速な凝集をもたらす．凝集により成長したパーティクルは，Z_p を増し，正帯電クラスタ吸引をさらに助長する．このようにして，いったん成長を始めたパーティクルは急速に成長していく（図 (b)）．図 2.20 は，急速成長期の直後において採取したパーティクルの走査型電子顕微鏡（SEM：scanning electron microscope）写真であり[6, 25]，パーティクルは 10 nm 程度のクラスタの集合であることがわかる（帯電凝集により生成されたパーティクルの場合，熱運動凝集によるものよりも，サイズのばらつきが狭いことが知られている）．

帯電凝集モデルは，f をパラメータとした実験結果からも支持される．図 2.21 は，P 一定の条件下でのパーティクル成長の f 依存性を示す[6]．f を増加すると，シースインピーダンスが減少し，P 一定の下でも，プラズマバルクに供給される電力の割合が増加して n_i が増加するとともに，正イオン衝突による電極からの 2 次電子の放出割合が減少する．このため，f の増加とともに，ラジカル発生が増加してクラスタ密度が増加し，急速成長を始める時期は早まるものの，クラスタの電子衝突電離の割合が減少して急速成長速度は減少する．

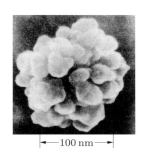

図 2.20 急速成長後に採取した
パーティクルの SEM
写真

実験条件：材料ガス (5% SiH$_4$+He), 流量 30 sccm, 圧力 80 Pa, 供給電力 40 W

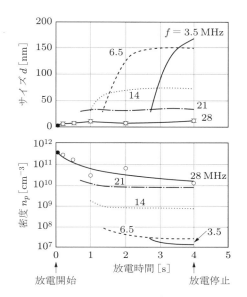

図 2.21 SiH$_4$ CCP におけるパーティクル成長の放電周波数依存性

微粒子観測法：レーザ散乱法 (3.5〜21 MHz), SEM および透過型電子顕微鏡 (28 MHz). 実験条件：ガス 10% SiH$_4$, 流量 30 sccm, 圧力 80 Pa, 供給電力 40 W

(3) 成長飽和期

図 2.15 に示したように，パーティクルの帯電凝集が進むと，微粒子（共存するパーティクルとクラスタの両方）の密度が減少して，ついには図 2.19(c) のように微粒子のほとんどが負に帯電して凝集は停止する．急速成長停止時のサイズ d_2 は，急速成長開始時の中性クラスタの割合と，クラスタの電離にかかわる高エネルギー電子数によって決まる．中性クラスタの割合が多く，高エネルギー電子が多ければ d_2 は大きくなるのに対して，負帯電クラスタの割合が多く，高エネルギー電子数が少なければ d_2 は小さくなる．

成長飽和期におけるパーティクルは，正イオン Si$_n$H$_x^+$ ($n \lesssim 5$)，ラジカル SiH$_x$ ($x \leq 3$)，高次シラン Si$_n$H$_x$ ($n = 2, 3, 4$) の流入によって緩やかに成長する．この時期のパーティクル表面には，パーティクルサイズに比べて通常非常に大きなイオンシースが形成され，正イオンのパーティクル成長への寄与を大きくする．また，パーティクル形状は，急速成長開始時には球形からずれたものが多いが，成長飽和期には，球状に近い周辺シースによる正イオン捕集と荷電粒子等の衝突に起因した回転運動とによ

り，次第に球状に近づく．

2.2.4 種々の材料ガスプラズマ中の微粒子発生・成長

これまで SiH_4 CCP を取り上げてきたが，プラズマプロセスにおいては，用途に応じて様々な材料ガスや発生方式のプラズマが用いられる．これら種々のプラズマについても，微粒子前駆体，クラスタ成長開始に至るまでの高次活性種生成反応，およびクラスタ電子付着率など，パーティクルサイズに至るまでの成長過程は異なるものの，その後の急速成長開始クラスタサイズや帯電凝集などについては，SiH_4 CCP の場合と共通している．2.2.3 項において，τ_c と τ_g の関係が，クラスタ成長過程を考えるうえで重要であることを述べたが，ガス流れがクラスタ成長領域内で一様でない場合には，ガス流れの遅い領域（よどみ領域など）の存在に注意を払う必要がある．

最近，大きな分子構造をもった材料ガスを使用してナノサイズ微粒子を作製しようとする試みがある．大きな分子構造の材料ガスは，低電圧で放電する傾向があるが，低電圧のままの放電では解離生成されるラジカル種のサイズが大きく，必ずしも意図する微粒子の生成にはつながらない場合がある．目標とする微粒子は，供給電力（放電電圧）を増加して小さなラジカル種を解離生成してはじめて得られる[26]．

2.2.5 微粒子のプラズマパラメータ，放電電圧・電流への影響

プラズマ中の微粒子が増加すると，プラズマ電子の衝突周波数が増加するとともに，負帯電微粒子と正イオンとの再結合によるプラズマ荷電粒子損失が増加し，プラズマパラメータや放電電圧・電流に影響する．

プラズマの T_e は，荷電粒子の発生と消滅で決まる．微粒子が増加して，負帯電微粒子・正イオン再結合に起因した荷電粒子の消滅が，容器壁や電極壁における再結合によるものに比べて無視できなくなると，損失を補うために T_e を上げて電離を増やす．サイズ d の微粒子の場合，その周りに形成されるシースのサイズは d に比べて非常に大きく，正イオン捕集面積は微粒子表面積 (πd^2) に比べて非常に大きくなる．このため，パーティクル電位の大きさ $|V_p|$ は，プラズマに平板が接して正イオン捕集と平板の面積がほぼ等しくなる場合の $|V_p|$ に比べて小さくなり，微粒子の荷電粒子再結合損失は，平板の場合に比べて非常に大きくなる．

また，CCP の場合，微粒子密度増加による電子密度減少は，電極に流入する電子流と正イオン流の大きさの不均衡の減少につながり，RFS の自己バイアス電圧とシースにかかる高周波電圧の低下をもたらす．この結果，シース領域においては，統計加熱による電子へのエネルギー供給が減少し，一方，プラズマバルク領域においては，シース電圧減少に伴う高周波電界の増加と微粒子増加に伴う電子の衝突周波数の増加とに

よって，ジュール加熱による電子へのエネルギー供給が増加する．

図 2.22 は，低気圧ヘリウム (He) ガス CCP の場合と，He 希釈 SiH_4 CCP の周期的間欠放電を行った場合について，微粒子量（レーザ散乱光強度 $\propto n_p d^6$）変化，自己バイアス電圧 V_{DC}，力率（$\cos\theta : \theta$ は，印加高周波の基本波の電圧と電流の位相差で，θ が減少して力率が大きくなるとプラズマへの供給電力が増加する）の時間推移を示す（図中の％で表示した数字はデューティサイクル（1 周期における放電期間の割合）D を示し，D の値が小さいほど，微粒子成長が抑制されている）[6, 27]．He のみの場合には，微粒子が発生しないために，放電開始から放電停止に至る間の V_{DC}，$\cos\theta$ のいずれも変化しないのに対して，SiH_4 を混合した場合には，微粒子成長とともに，V_{DC} 減少と $\cos\theta$ 増加が起きている．後者の $\cos\theta$ の増加は，プラズマ中の高周波インピーダンスに寄与する抵抗分（電子伝導電流分）の増加を示している．

微粒子成長は，放電電流における高調波成分の変化としても現れる．図 2.23 は，

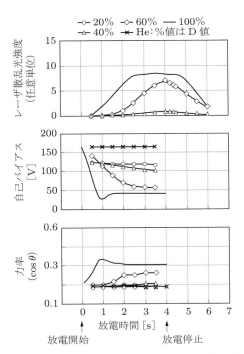

図 2.22 微粒子成長が容量結合型放電に及ぼす影響

微粒子観測法：レーザ散乱法，実験条件：ガス（5% SiH_4＋He），流量 30 sccm，圧力 80 Pa，放電周波数 6.5 MHz，変調周波数 1 kHz，供給電力 40 W，放電維持時間 4 s

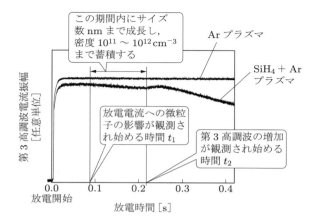

図 2.23 微粒子成長が放電周波数の高調波分に及ぼす影響

実験条件：ガス (SiH$_4$(1.2 sccm)+Ar(30 sccm))，圧力 12 Pa，放電周波数 13.56 MHz，供給電力 10 W

f =13.56 MHz で発生した Ar CCP と Ar+SiH$_4$ CCP の放電開始後の第 3 高調波 (40.68 MHz) の振幅の時間推移を示す[6, 28]．微粒子発生のない Ar のみの場合には，第 3 高調波の振幅に変化がないのに対して，SiH$_4$ 混合の場合には，振幅に変化が現れる．この変化は，$t = t_1$ ($\approx$ 70 ms) において成長を開始した微粒子（クラスタ）が，$t = t_2$ ($\approx$ 220 ms) においてサイズが数 nm（密度 $10^{11} \sim 10^{12}$ cm^{-3}）にまで到達し（2.2.3 項の初期成長期に相当），t_2 以後の変化は，急速成長期のシースとプラズマにおけるパラメータ変化に関係づけられている．

参考文献

[1] J. Reece Roth: *Industrial Plasma Engineering, Vol. 1 Principles*, Institute of Physics Publishing (1995).
[2] Michael A. Lieberman, Allan J. Lichtenberg: *Principles of Plasma Discharges and Materials Processing*, Wiley-Interscience Publication (1994).
[3] K. Kohler, J. W. Coburn, D. E. Horne, E. Kay: *J. Appl. Phys*, **57**(1), 59(1985).
[4] T. Panagopoulos, D. J. Economou: *J. Appl. Phys.* **85**(7), 3435(1999).
[5] D. Field, D. F. Klemperer, P. W. May, Y. P. Song: *J. Appl. Phys*, **70**(1), 82(1991).
[6] Y. Watanabe: *J. Phys. D: Appl. Phys.*, **39**, R329 (2006).
[7] T. Fukuzawa, M. Shiratani, and Y. Watanabe: *Appl. Phys. Lett.*, **64**, 3098 (1994).
[8] T. Matsuokas: *J. Aerosol Sci.*, **25**, 599 (1994).
[9] T. Matsuokas and M. Russel: *J. Appl. Phys.*, **77**, 4289 (1995).
[10] C. Cui and J. Goree: *IEEE Trans. Plasma Sci.*, **22**, 151 (1994).
[11] J. Perrin and Ch. Hollenstein, ed. A. Bouchoule: *Dusty Plasmas*, Chap. 2, Wiley

(1999).

[12] M. S. Barnes, J. H. Keller, J. C. Forester, J. A. O'Neil, and D. K. Coultas: *Phys. Rev. Lett.*, **20**, 313 (1992).

[13] M. Shiratani, S. Maeda, K. Koga, and Y. Watanabe: *Jpn. J. Appl. Phys.*, **39**, 287 (2000).

[14] たとえば, Y. Hayashi and K. Tachibana: *Jpn. J. Appl. Phys.*, **33**, L804 (1994).

[15] T. Fukuzawa, K. Obata, H. Kawasaki, M. Shiratani, and Y. Watanabe: *J. Appl. Phys. Technol.*, **80**, 3202 (1996).

[16] Y. Watanabe, M. Shiratani, T. Fukuzawa, H. Kawasaki, Y. Ueda, S. Singh, H. Ohkura: *Jpn, J, Vac. Sci. Technol.*, **A14**, 995 (1996).

[17] A. A. Howling, L. Sansonnens, J-L. Dorier, and Ch. Hollenstein: *J. Appl. Phys.*, **75**, 1340 (1994).

[18] A. Gallager, A. A. Howling, Ch. Hollenstein: *J. Appl. Phys.*, **91**, 5571 (2002).

[19] K. Koga, Y. Matsuoka, K. Tanaka, M. Shiratani, and Y. Watanabe: *Appl. Phys. Lett.*, **77**, 196 (2000).

[20] M. Shiratani, S. Maeda, K. Koga, and Y. Watanabe: *Jpn. J. Appl. Phys.*, **39**, 287 (2000).

[21] L. Boufendi, J. Hermann, A. Bouchoule, B. Dubrell, E. Stoffels, W. W. Stoffels, and M. L. Giorgi: *J. Appl. Phys.*, **76**, 148 (1994).

[22] K. Kakeya, K. Koga, M. Shiratani, Y. Watanabe, and M. Kondo: *Thin Solid Films*, **506-507**, 288 (2006).

[23] P. Buffat and J. P. Borel: *Phys. Rev.*, **A13**, 2287 (1976).

[24] M. Shiratani, H. Kawasaki, T. Fukuzawa, T. Yoshioka, Y. Ueda, S. Singh, and Y. Watanabe: *J. Appl. Phys.*, **79**, 104 (1996).

[25] M. Shiratani, H. Kawasaki, T. Fukuzawa, H. Tsuruoka, T. Yoshioka, and Y. Watanabe: *Appl. Phys. Lett.*, **65**, 1900 (1994).

[26] S. Nunomura, K. Kita, K. Koga, M. Shiratani, and Y. Watanabe: *J. Appl. Phys.*, **99**, 083302 (2006).

[27] Y. Watanabe, M. Shiratani, T. Fukuzawa, and H. Kawasaki: *Plasma Sources Sci. Technol.*, **3**, 355 (1994).

[28] L. Boufendi, J. Gaudin, S. Huet, G. Viera, and M. Dudemaine: *Appl. Phys. Lett.*, **79**, 4301 (1992).

第3章 プラズマ気相反応とナノ表面反応の基礎

プラズマのおもな利用目的の一つに，薄膜の形成（成膜）がある．これらの薄膜は，ビニールフィルムのように自立した膜とは異なり，何らかの基材（基板）の上に堆積される．基材がなければ自身の形を維持できないほど薄いためであるが，基板表面にその薄膜を付けることにより，もとの基板表面になかった機能を付与するということも重要な理由の一つである．このような薄膜は，表3.1に示すように，様々な用途に利用されている．本章では，プラズマを用いた薄膜形成の基礎について述べる．

表3.1　薄膜応用分野の例

機能	応用例
電子・電気・光電的機能	集積回路，太陽電池，ICカード，ディスプレイ (LCD, PDP, FED)，CCD，発光ダイオード，e-Tag など
磁気的機能	光磁気ディスク，MRAN，巨大磁気抵抗効果 (GMR)，超伝導量子干渉計 (SQUID) など
光学的機能	DVD，反射防止膜，光学フィルター，クロミックなど
機械的機能	耐摩擦コーティング，MEMS など
物理・科学的機能	親水性・はっ水性，生体適合性，触媒能力，ガスバリア性，耐腐食性，分子認識など

3.1　プラズマ固体表面反応の基礎

薄膜を形成する方法には多種多様な方法があり，それぞれに独自の特徴がある．利用する際にどれを選択するか，また，新たに開発する際には，どれと差別化を図るのか，ということは，非常に重要な検討事項となる．本節では，プラズマを用いた薄膜堆積プロセスの中でも，とくに，プラズマ化学気相堆積 (CVD) 法を中心に説明する．プラズマ CVD 法とほかの手法との違いについて簡単に触れ，薄膜をプラズマ CVD 法で形成する利点などについて述べる．

3.1.1　各種薄膜堆積法

表 3.2 に，各種の薄膜堆積法の分類を示す．薄膜堆積法は，プロセスを行う媒質の

3.1 プラズマ固体表面反応の基礎

表 3.2 各種の薄膜堆積法

分類		特徴	例
気相法	物理気相堆積 (PVD)	原料分子に含まれる元素を構成要素とする薄膜を，化学反応を伴わずに堆積する．たとえば原子の供給など．	真空蒸着，分子線エピタキシー，スパッタリング，イオンプレーティング，レーザーアブレーションなど
	化学気相堆積 (CVD)	ガス状原料の気相や表面での反応を利用して，原料分子に含まれる元素を構成要素とする薄膜を堆積する．	熱 CVD，プラズマ CVD，光 CVD など
液相法		液相法での薄膜形成全般	めっき，陽極酸化，塗布，ゾル・ゲルなど

「相」によって，液相法（ウェットプロセス）と気相法（ドライプロセス）に分けられる．液相法で使う溶媒と触れると問題のある基材への薄膜堆積には液相法は使えないため，気相法が使われる．たとえば，水に弱い有機半導体の保護膜を形成するのに，水溶液を使ったプロセスを使うことはできない．

一方，こうしたプロセス性能以外の要件に基づいて採否の判断がなされる場合もある．たとえば，液相法の場合には，気体に比べて密度の高い液相の廃棄物が排出されるため，環境への負荷が問題となる．密度の低いガス状の排気が主となる気相法の方が，環境への負荷が小さいといえる．しかし，液相法が環境負荷等を含めて総合的に優れている場合や，ほかに手立てがない場合には，液相法が利用されることになる．たとえば，大規模集積回路の配線材料のプロセスでは，配線の微細化に伴って Al から Cu に移行した．このとき，それまで採用していた気相法（スパッタリング法）では適切な膜形成ができないために，メッキ法を利用するようになった[1]．また，薄膜堆積だけではなくエッチングについても，配線材料を Al から Cu に変更した際に，それまでに採用されていたドライエッチングが困難になったため，化学的機械的研磨 (CMP：chemical mechanical polishing) 法とよばれる液相法が採用されている[2]．

気相法はさらに，物理気相堆積 (PVD：physical vapor deposition) 法と化学気相堆積 (CVD：chemical vapor deposition) 法に分けられ，プラズマ CVD 法は後者に属する．明確な区別が困難な手法もあるが，一般には図 3.1 のように，成膜過程に化学反応があるかどうかで区別されている．

PVD 法ではその原料の多くが固体であり，それを加熱により溶融・蒸発させるのが真空蒸着法や分子線エピタキシー法，レーザー照射によって蒸散させるのがレーザーアブレーション法，イオン衝撃によって飛散させるのがスパッタリング法である[3]．PVD は一般に高真空中で行われる．これは，成膜前駆体が途中でほかの粒子と衝突

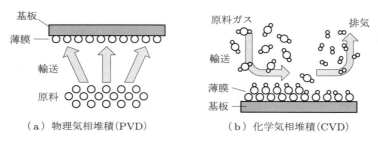

(a) 物理気相堆積（PVD）　　　（b）化学気相堆積（CVD）

図 3.1　物理気相堆積 (PVD) と化学気相堆積 (CVD)

する頻度が高いと，基板まで前駆体が到達しなくなるためである．たとえば，真空蒸着の場合には，10^{-5} Torr 以下（1 Torr $=$ 133 Pa）まで排気するが，そのときの窒素分子の平均自由行程は，おおよそ 1 m もある（後述の図 3.15 参照）．また，酸素等の反応性ガスが存在する環境では，原料の蒸発時にそれが別の物質に変わってしまう可能性もある．PVD が行われる高真空中では，前駆体はほぼ分子線に近い状態で基板に輸送される．また，前駆体が反応性の高い原子であることが多いので，それが表面に飛来すると，ほぼ 100％の確率で付着する．そのため，図 3.2 に示すように，PVD 法は陰になっている部分への成膜が困難という欠点を有している．

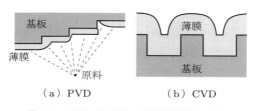

(a) PVD　　　(b) CVD

図 3.2　PVD と CVD の段差被覆性の比較

一方，CVD 法の原料はガス状の分子である．図 3.1(b) のように，堆積したい原子を含む分子を基板が置かれた容器に供給し，何らかのエネルギーを与えてその分子を解離（化学反応）させる．解離生成物のうち，堆積したい原子を含んだもの（前駆体）が付着性であれば，薄膜堆積が可能となる．CVD では，PVD ほどの真空度は必要とされず，圧力が高い環境で行われる．圧力が高い方が原料密度が高くなるため，適度に圧力を高めることには，成膜速度が向上するという優位性をもたらす．また，気相中での衝突によって原料分子の方向性がなくなるため，PVD では不可能であった凹部への原料分子の供給が可能となる．原料分子の解離と前駆体の付着が表面の直近で行われるならば，こうした性質は段差被覆性の向上につながる．また，前駆体が表面から離れた気相中で生成された場合についても，その前駆体の反応性が適度に低ければ，

気相中の衝突や凹部壁面での反射を繰り返して，図 3.3 のように凹部を均一に被覆することが可能となる．すなわち，PVD 法に比べて CVD 法は段差被覆性に優れているといえる．もちろん，反射率が 1 の前駆体しか生成されない解離反応であれば，成膜そのものが起こらない．また，化学反応によっては，付着率が 1 に近い前駆体が生成される場合もあり，その場合には，良好な段差被覆は望めない．CVD 法は，PVD 法と比較すると，段差被覆性に優れた成膜ができるポテンシャルをもつが，その可能性は，どのような化学反応を利用するかに依存する．また，PVD では粒子の輸送中に化学反応が起こらないのに対し，CVD では，原料の解離反応以外にも多数の化学反応が同時進行し，プロセス全体が複雑で見通しの悪いものになっている．しかし，適切な化学反応を見出せば，原料分子がもつ機能基なども膜に含有させることが可能となり，PVD では得られない高機能な膜を得ることが可能となる．

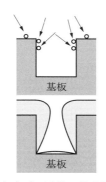 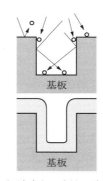

（a）高反応性の前駆体　　（b）適度な反応性の前駆体

図 3.3　付着確率と段差被覆性の関係

つまり，PVD は，成膜プロセスが簡素で理解と設計がしやすいが，できることに限界がある．一方，CVD は，複雑な化学反応を伴うため，所望の結果を得るためのプロセスの設計が難しいが，段差被覆性や様々な機能性を膜に付与することができる可能性を秘めている，といえる．

　CVD 法で用いる原料は安定な分子であるから，何らかの方法で解離する必要がある．基板を加熱し，その熱エネルギーによって原料分子を分解する方法を熱 CVD 法という．これに対しプラズマ CVD 法では，原料分子を含むプラズマ中の電子が分解のおもな担い手となる．原料分子の解離のために基板を加熱する必要がないため，プラズマ CVD 法は熱に弱い基板上への成膜が可能という特長をもつ．また，熱（振動励起）がすべての反応の原動力となっている熱 CVD が，熱平衡状態のものしか生成できないのに対し，電子励起を利用するプラズマ CVD では，熱平衡からずれた物質

を創ることが可能となる．

　もちろん，プラズマ CVD 法にも欠点がある．その一つは，プラズマ状態を維持するために必要なイオンが，堆積している膜にダメージを及ぼすことである．このイオンダメージを低減するために提案されたのが，光のエネルギーで原料分子を解離する光 CVD 法である．しかし，原料を解離できるだけのエネルギーをもつ光は，真空紫外光とよばれる波長が 190 nm 以下の光であるため，十分な成膜速度を実現するだけの強い光源がまだないという課題がある．また，CVD を行う容器（チャンバー）内に光を照射するには，窓が必要だが，その窓にも成膜するため，長時間の成膜が実用上不可能である．そのため，光を用いたプロセスは，プラズマプロセスほど普及していない．

CVD という範疇でのプラズマ CVD の特長をまとめると，以下のようになる．
- 膜堆積進行のための加熱が不要なため，熱に弱い基板を利用できる．
- 非平衡状態で膜堆積が進行するため，アモルファス物質などの準安定物質を合成できる．

　プラズマ CVD で薄膜を形成する応用事例のほとんどは，これらの両方かどちらかの特長を利用したものとなっている．たとえば，図 3.4 に示す紙やポリマーフィルムの上の超はっ水膜[4]，フレキシブルな高分子基板上へのアモルファスシリコン薄膜太陽電池[5, 6]，PET ボトルへのガスバリア膜コーティング[7, 8] は，すべて基板が熱に弱い材質であり，熱 CVD では実現することができない．しかし，その特長をうまく利用するためには，プロセス中の化学反応過程，電磁気学的過程，流体力学的過程を理解しておく必要がある．そこで以降では，こうした複数の過程が複雑に絡み合ったプ

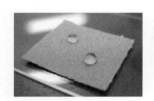
（a）紙の上の超はっ水膜

（b）高分子基板上へのフレキシブル太陽電池

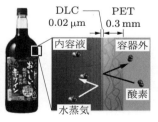
（c）PETボトルへのガスバリアコーティング

図 3.4　プラズマ CVD のもつ「低温」の効用例
（出典：(a) 名古屋大学高井研究室，(b) FWAVE 株式会社[6]，(c) キリン（株）ホームページ／三菱重工（株）／サムコ（株）[7, 8]）

ラズマ CVD プロセスを，いくつかの素過程に分解して説明する[†]．

3.1.2 プラズマ CVD の基礎

プラズマ CVD による薄膜堆積装置の概略図を図 3.5 に示す．基本的には，真空チャンバーに原料ガスを流し，プラズマを生成することでその原料ガス分子を分解し，分解生成物を基板上に堆積させることで薄膜堆積を行う．代表的なプラズマ生成方式として，容量結合型プラズマ (CCP) の例を示した．プラズマ CVD において，人間が直接操作可能なパラメータを列挙すると表 3.3 のようになる．これらのパラメータと堆積される膜の特性との間には，これから述べるプラズマ中の複雑なプロセスが関与する．

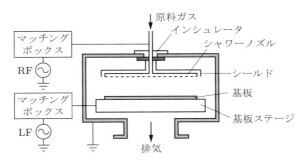

図 3.5 プラズマ CVD による薄膜堆積装置

表 3.3 プラズマ CVD における外部操作可能なパラメータ

操作対象	操作パラメータ
原料	種類，流量（比），圧力
電気	電力，周波数，波形，位相差，バイアス
基板	種類，温度，形状，距離・角度
内壁	材質，温度

プラズマを用いた薄膜の堆積過程の概略を図 3.6 に示す．1 次反応過程は原料分子と電子との衝突過程である．それにより，原料分子のイオン化，電子付着，励起，解離が起こる（多原子分子の場合，イオン化は解離を伴う場合が多い）．生成された化学種の一部は，気相での再結合などの 2 次反応過程により別の化学種に変換される．化

[†] 最近は，プラズマ CVD に関する日本語の成書や解説記事も数多く出ており，参考になる[9-12]．また，本章で例として頻繁に挙げる水素化アモルファスシリコン (a-Si:H) 膜の成膜プロセスについては，気相・表面ともに成膜過程の解明が進められ，実験結果をよく説明するモデルが松田彰久氏によって確立されている．わかりやすく解説されているのでぜひ参照されたい[13-19]．なお，洋書では，古くから知られているものに加えて，最近執筆されたものもある[16-20]．

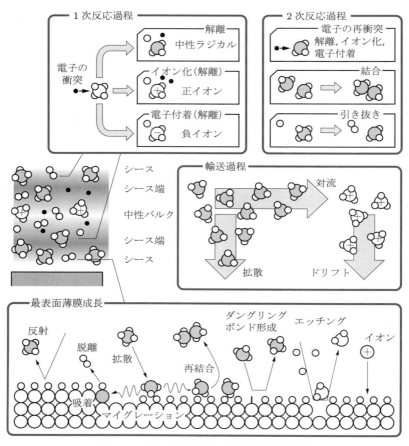

図 3.6　プラズマ CVD による薄膜の堆積過程

学的に活性な化学種（ダングリングボンドをもつなど）のうち，電極，壁，基板などの表面まで到達したものが堆積に寄与できる．

　表面への輸送の原動力は密度勾配による拡散が主である．イオンの場合は電界によるドリフトが加わるが，後述のように成膜前駆体の主役となるにはその密度が低すぎる．なお，基板表面に飛来しても，反射や表面上での再結合で安定な分子になる等の過程を経て，気相に逆戻りするものもある．また，化学種によっては，エッチングやスパッタリングを引き起こすものもある．

　プラズマ CVD では，このように表面に飛来した化学種のうち，付着可能なものが降り積もって成膜が進行する．プラズマ CVD 法は基板温度が低いことが特徴であるため，図 3.6 のように成膜前駆体が表面に吸着しても，その繰り返しが図 3.7(a) に示す

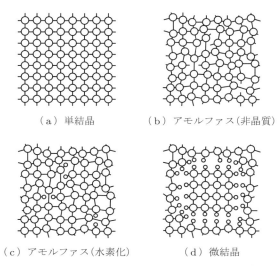

(a) 単結晶　　　　　(b) アモルファス(非晶質)

(c) アモルファス(水素化)　　(d) 微結晶

図 3.7　薄膜構成原子の配列の種類（シリコンの場合）

ようなもっとも安定な規則正しい結晶構造を形成する保証はない．一般には図 3.7(b) または (c) に示すような原子間の結合距離や角度が乱れたアモルファス構造を形成し，結合の乱れによって生じたダングリングボンドが膜内に発生する．図 3.7(c) は SiH_4 ガスを用いた場合のプラズマ CVD の場合で，図に示すようにダングリングボンドの多くが水素で終端され，欠陥密度が低いのが特徴である．また，多量の水素希釈の SiH_4 プラズマでは，図 3.7(d) のような結晶性の領域が低温でも形成される[14]．

3.1.3　ラジカルの生成と輸送

(1)　気相 1 次反応過程

図 3.6 の過程を流れ図にまとめたものが図 3.8 である．1 次反応過程となるのが，親ガスへの電子衝突によるイオン化，励起，解離，付着である．プラズマの生成・維持・内部パラメータ（T_e と n_e）の決定に大きくかかわるのがイオン化や電子付着過程であるが，成膜に寄与するラジカルの生成過程として直接関与するのは解離過程である．

プラズマ CVD における気相 1 次反応過程で重要なものは，原料分子の電子衝突解離過程である．原料分子に電子が衝突すると，分子はまず励起状態に遷移する．この状態から緩和する際に，分子内の特定の原子間距離が離れた方が安定であると，その原子間の結合が切れることになる．特殊な機能を薄膜にもたせたい場合，複雑な原料分子のある特定の箇所だけが切断されて生成される前駆体を利用したいという状況があるかもしれない．しかし，多原子分子の場合，同じエネルギーの電子が衝突した場

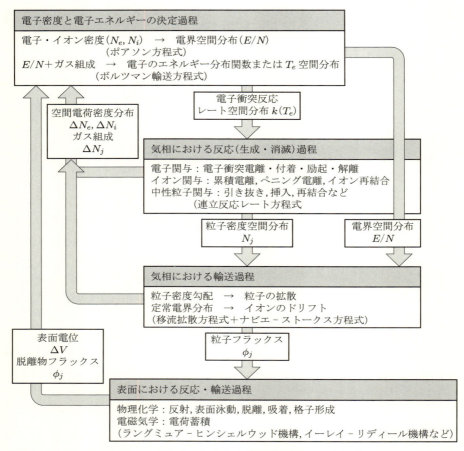

図 3.8 プラズマ CVD による薄膜堆積過程の流れ図

合であっても，異なる生成物がある分岐率で生成されてしまう．図 3.9 は，エッチングやフッ化炭素膜の成膜に用いられるシクロ C_4F_8 (c-C_4F_8) の解離生成物の電子エネルギー依存性であり[21, 22]，同じエネルギーであっても，CF，CF_2，CF_3 が生成されている．

これに加えて，プラズマ中の電子のエネルギーは，統計的な衝突過程によって支配されているため，後述のように，広いエネルギー範囲に分布している．したがって，複雑な分子の所望の化学結合だけをプラズマ中で切断するのは，かなり非現実的な要望なのである．しかし，堆積された膜の組成分析を行うと，おもに成膜に寄与したものが，原料分子の特定の結合を切断したものになっていることを示唆する結果となる場合がある（これについては (3) で後述する）．

3.1 プラズマ固体表面反応の基礎 71

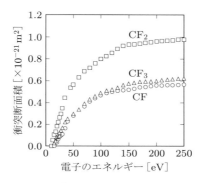

図 3.9 c-C_4F_8 の電子衝突解離による CF, CF_2, CF_3 の生成比率[21]
実際には，計測対象となったこの 3 種類の中性粒子以外にも生成されていることに注意．

 一般に，分子の化学結合を電子衝突によって解離しようとすると，衝突する電子があるしきい値以上のエネルギーをもっている必要がある．図 3.9 に示した c-C_4F_8 の電子衝突解離断面積も，あるしきい値から立ち上がっていることがわかる．このしきい値エネルギーは，一般にイオン化エネルギーと同じくらいかそれよりも若干小さい程度であり，具体的には，おおよそ 10 eV 前後である．

 原料分子の解離が起こるレートは，このしきい値を超えるエネルギーをもった電子の密度と電子衝突解離断面積の値を用いることによって，以下のように計算することができる．解離される分子の密度を N，電子密度を n_e，エネルギーを ε とすると，

$$\left.\frac{\partial N}{\partial t}\right|_{dn} = -k_{dn} N n_e = -\left[\int_0^\infty q_{dn}(\varepsilon)\left(\frac{2\varepsilon}{m}\right) f(\varepsilon) d\varepsilon\right] N n_e \tag{3.1}$$

となる．この中で，$q_{dn}(\varepsilon)$ は電子衝突解離断面積，m は電子の質量である．一例として，SiH_4 の既知の断面積データを図 3.10 に示す．$f(\varepsilon)$ は電子のエネルギー分布関数 (EEDF：electron energy distribution function) である．k_{dn} が化学反応速度論的に見たときの反応速度定数となる．この $f(\varepsilon)$ と k_{dn} の関係を示したものが図 3.11 である．プラズマ中の電子のエネルギーを議論するときに，電子温度 T_e がよく用いられるが，原料分子の解離に寄与している電子は，T_e よりもさらに高いエネルギー領域の電子であることに留意する必要がある．

 次に，解離過程の時空間分布について述べる．電子が原料分子と衝突する頻度が高くなるのは，電界によるドリフト速度が高く，かつ，電子の密度が高いシース端である．図 3.12 は，(a) 電子密度，(b) 正イオン密度，(c) 空間電荷密度，(d) 電位，(e) 電界，および (f) 励起レートの時空間分布を，COMSOL Multiphysics とよばれるマルチフィジクス有限要素法ソルバーを用いてシミュレーションしたものである．ガスは

72　第 3 章　プラズマ気相反応とナノ表面反応の基礎

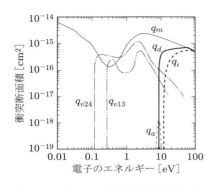

図 3.10　SiH_4 の電子衝突断面積データ

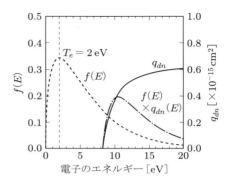

図 3.11　電子のエネルギー分布関数と衝突断面積の関係

そこから導き出される反応速度定数との関係も示している．

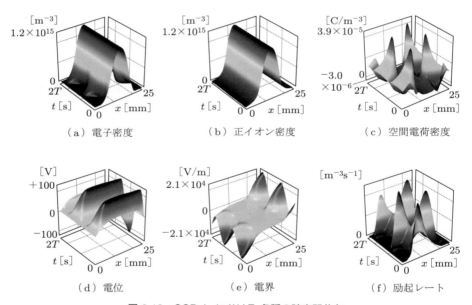

(a) 電子密度　　(b) 正イオン密度　　(c) 空間電荷密度

(d) 電位　　(e) 電界　　(f) 励起レート

図 3.12　CCP-Ar における 各種の時空間分布

簡便な Ar である．図 (f) に示した励起レートは，反応性ガスの場合には，解離レートに相当する．それがもっとも高くなるのは，ちょうど電界強度と電子密度の積が最大になる時間・場所である．電極間中央部のバルクプラズマ内では，電界強度が弱い代わりに電子密度が高い．一方，シース領域では，電子密度が低い代わりに電界強度が高い．したがって，両者の積が最大になるのは，励起化レートの図からわかるように，

シース端とよばれるバルクとシースの境界領域となる．すなわち，成膜に寄与する解離生成物はおもにシース端で生成される．

1次反応過程での電子やイオンの生成による電荷密度 ρ の空間分布の変化は，ポアソンの方程式

$$\bm{E} = -\nabla^2 V = \frac{\rho}{\varepsilon} = \frac{n_i - n_e}{\varepsilon} \tag{3.2}$$

の関係から電界分布 $\bm{E}$ の変化を引き起こし，その結果1次反応自身の速度を変える．ここで，ε は誘電率，V はポテンシャル，n_i はイオン密度，n_e は電子密度である．このように，プラズマ中の反応速度と気相中の粒子の密度は，単純な一方向の因果関係ではない．

とくに，解離度が高く，親ガスが枯渇した状況では，気相は解離生成物の雰囲気で支配され，プラズマパラメータもそれに準じることになる．たとえば，SiH_4 の場合には，解離生成物として電子衝突に対して比較的安定な水素が生成される．したがって，高解離度の SiH_4 プラズマは，もはや SiH_4 プラズマではなく，大量に水素希釈した SiH_4 プラズマとなる．EEDF などのプラズマパラメータも，SiH_4 ではなく水素の物性に支配される．具体的にその様子を図示してみよう．SiH_4 の電子衝突断面積はすでに示したが，水素の電子衝突断面積は図 3.13 のようになっている．これらを用いてボルツマン解析を行うことにより，ある換算電界強度 (E/N) における電子のエネルギー分布を計算することができる．BolSIG+[23] を用いて計算した結果を図 3.14 に示す．SiH_4 が枯渇し，代わりに水素の密度が増加すると，高エネルギー側の電子の密度が増える．これは，水素のイオン化断面積のしきい値が SiH_4 のそれよりも大きいことや，水素の各種断面積の絶対値が SiH_4 のそれよりも小さいことに起因する．したがって，プラズマ CVD の機構を考える場合，解離度 10% の場合と解離度 90% の場合とでは，

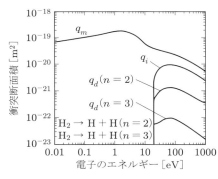

図 3.13 水素の電子衝突断面積データセット

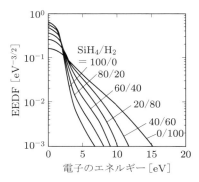

図 3.14 SiH_4/H_2 混合ガスプラズマにおける $E/N = 100\,\mathrm{Td}$ の EEDF

(2) 2次反応過程

原料分子の電子衝突解離によって励起または解離生成された化学種は2次反応過程に進む．2次反応過程を考慮する際には，生成場所から基板まで輸送される間に何回，何と衝突するか，という知見をもっておく必要がある．参考として，平均自由行程と圧力の関係を図 3.15 に示す．

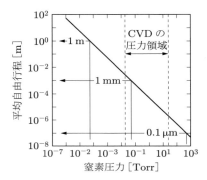

図 3.15 窒素の各種圧力領域における平均自由工程

生成箇所は，上述のとおりシース端であるから，シース端－基板間距離が平均自由工程よりも十分短いと，生成ラジカルは直接成膜に寄与することになり，逆の場合は衝突することになる．2次反応を極力抑えた成膜を設計する場合には，低圧プラズマを実現する必要が出てくる．その際には，表 3.4 に示すように圧力領域によってプラズマ生成の得手不得手が各種プラズマ源にあるため，適切なプラズマ源を選択しなければならない．

輸送中に衝突が起こる場合には，衝突相手を想定する．生成されたラジカル種は反応活性であることが多いが，親分子の解離度が小さい場合には，ラジカル種の密度は親分子の密度に比べると，数桁小さいことが多い．これは，後述の図 3.16 や図 3.17 にも見られる傾向である．そのため通常は，ラジカルの衝突相手は親ガスまたは希釈

表 3.4 各種プラズマ源の T_e, n_e と真空領域

プラズマ源	T_e[eV]	n_e[cm^{-3}]	P[Torr]
直流マグネトロン	2〜5	10^{10}〜10^{12}	0.01〜0.1
容量結合型	1〜4	10^8〜10^{10}	0.1〜5
誘導結合型	2〜5	10^9〜10^{12}	0.001〜0.05
電子サイクロトロン共鳴	2〜5	10^{11}〜10^{13}	10^{-4}〜0.01

ガスであると想定する.

放電しやすくするために大量の希ガスで希釈することもあるが，この場合には，衝突相手は親ガスではなく，希ガスになる．基底状態の希ガスは化学反応に寄与しないため，生成されたラジカルと親ガスとの2次反応過程を抑制することが可能ではある．ただし，90%以上の He, Ar, Xe 等で希釈をしている場合には，希ガスの準安定原子等による解離が電子衝突解離を超えることが報告されている[24]．準安定原子による解離は，電子衝突と比べるとエネルギーが選択されているため，使いようによっては選択的な結合の切断が可能となるが，生成されるラジカル種の寄与が高品質膜につながるとは限らない．なお，準安定原子の中でも He の準安定準位は約 20 eV と，ほかの 10～16 eV と比べると大きいため，解離ではなくイオン化にまで至る．

圧力の高い CVD 条件における定常状態の気相中の化学種密度は，1次解離におけるラジカルの生成比率だけでは決まらず，こうした2次反応過程を経て決まってくる．そのため，1次解離における生成比率が，定常状態の密度比にまったく反映されない，という状況も起こる．その例については，後ほど紹介する．

(3) 気相化学種密度

1次および2次反応過程によって生成された化学種には，荷電粒子（電子，正イオン，負イオン），中性粒子（ラジカル，励起種，安定分子）がある．平行平板型の CCP の場合の粒子の密度比率（親ガスを1としたときの）の一例を表 3.5 に示す．

それぞれについて，プラズマ CVD 過程における役割を次に述べる（エッチングやスパッタリングが同時進行する CVD の場合には，さらに表面から生成される化学種もある）．プラズマ CVD においてプロセス設計を行う際に，もっとも重要となるのが，成膜前駆体とよばれる化学種である．成膜におもに寄与している化学種を特定することは，プロセスを制御するうえできわめて重要であるが，その指標の一つが気相中で

表 3.5 平行平板型 CCP の場合の粒子密度の比率の一例

種類	バルク密度		表面フラックス	
	比率	エネルギー [eV]	比率	エネルギー [eV]
親ガス	1	0	1	kT_{gas}
ラジカル	10^{-1}	2～8	10^{-1}	kT_{gas}
電子	10^{-3}	2～5	0	0
正イオン	10^{-3}	kT_{gas}	10^{-1}	V_p
準安定	10^{-6}	>5	10^{-6}	0
負イオン	10^{-4}	2～3	0	0
光	10^{-5}	1～20	10^{-5}	1～20

の密度である.

成膜にかかる化学種密度と成膜速度の関係を，大まかに扱うと次のようになる．気相に漂う粒子が単位時間あたりに単位面積に衝突する回数 $[\mathrm{cm}^{-3} \cdot \mathrm{s}^{-1}]$ は，次の Hertz–Knudsen の式で与えられる（ただし，表面での反応がない場合）．

$$Z = \frac{N_A p}{\sqrt{2\pi MRT}} \quad (3.3)$$

ここで，$p\,[\mathrm{atm}]$ は圧力，$M\,[\mathrm{g/mol}]$ は分子量，$R = 0.082\,\mathrm{atm} \cdot \mathrm{L/(mol \cdot K)}$，$T\,[\mathrm{K}]$ は温度，$N_A = 6.02 \times 10^{23}$ 個/mol である．表面上の吸着可能なポイントの単位面積あたりの数を $N_s\,[\mathrm{cm}^{-2}]$ とすると，$1\,\mathrm{cm}^2$ を完全に被覆する時間は，$\Delta t = N_s/Z\,[\mathrm{s}]$ である．粒子 1 個の直径を $d\,[\mathrm{cm}]$ とすると，成膜速度は $d/\Delta t\,[\mathrm{cm/s}]$ となる．1 モノレイヤー（1 ML，原子・分子の単一層）の粒子を敷き詰めるために必要な粒子数は，おおよそ $N_s = 10^{15}\,\mathrm{cm}^{-2}$ 弱である（たとえば，W(411) 面の表面の原子密度は $N_s = 4.8 \times 10^{14}\,\mathrm{cm}^{-2}$ である）．表 3.6 に，各種圧力領域において，1 ML 堆積に必要な時間を示す．固体の原子間距離はおおよそ数 Å である．したがって，1〜100 Å/s の堆積速度となるには，気相中に 10^{10}〜$10^{12}\,\mathrm{cm}^{-3}$ の前駆体が必要となる．SiH_4 プラズマでは，QMA[25-27]，OES[28-30]，LIF(Si,SiH)[31-33]，IRLAS(SiH_3)[34,35]，ICLAS(SiH_2)[36] 等の各種分光法が適用され，約 10 年かかってようやく気相中のラジカルの密度が明らかにされた．それぞれの化学種の密度を図 3.16 に示す．もっとも密度が高い化学種は SiH_3 であり，おもな成膜前駆体となっている．

表 3.6 1 モノレイヤーを堆積するのに必要な時間

圧力 [Torr]	粒子密度 $[\mathrm{cm}^{-3}]$	1 ML 被覆時間 [s]	備 考
10^0	3.2×10^{16}	2.6×10^{-6}	
10^{-1}	3.2×10^{15}	2.6×10^{-5}	CVD 領域
10^{-2}	3.2×10^{14}	2.6×10^{-4}	CVD 領域
10^{-4}	3.2×10^{12}	2.6×10^{-2}	
10^{-6}	3.2×10^{10}	2.6×10^{0}	

図 3.16 に示したような化学種の密度比が何によって決定されているかを知ることは，成膜前駆体の密度を制御するうえできわめて重要なことである．ここでは，2 次反応が原因となって，1 次解離のラジカル生成分岐率が，定常状態のラジカル密度比にまったく反映されない例を紹介する．

SiH_4 の 1 次反応過程における各種ラジカルへの分岐率は，

$$\mathrm{SiH}_4 + \mathrm{e} \rightarrow \mathrm{SiH}_3 + \mathrm{H} + \mathrm{e} \quad (83\%)$$

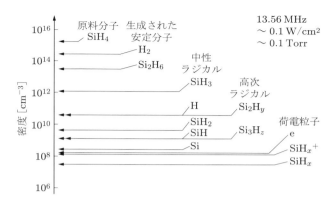

図 3.16 SiH$_4$ プラズマ中の化学種密度

$$\rightarrow \text{SiH}_2 + 2\text{H} + \text{e} \quad (10\%)$$

となっている[37]．SiH$_3$ が 83%，SiH$_2$ が 10% という数値は，図 3.16 に示した定常状態の SiH$_3$ と SiH$_2$ の密度の違いと傾向が一致している．これだけを見ると，1 次反応過程の分岐率が定常状態の密度比に反映されているように見える．しかし，じつは，1 次反応過程の分岐率を変えても，SiH$_3$ が主たる中性ラジカルになってしまうのである．

図 3.17 は，大きく異なる二つの分岐率を仮定し，代表的な 2 次反応を考慮して計算した結果である．図 (a) は実際（上記）に近い分岐率として，SiH$_3$ が 80% 生成され，残りの 20% が SiH$_2$ である，としたものである．図 (b) は実際とは異なり，SiH$_2$ が

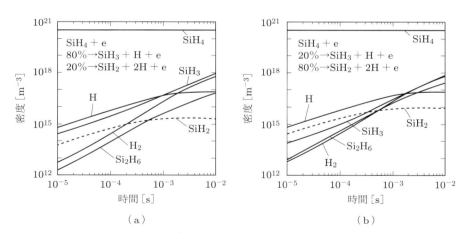

図 3.17 SiH$_4$ の解離による生成物の密度に対する初期解離分岐率の影響

電子密度は $N_e = 10^{15}\,\text{m}^{-3}$，解離反応の速度係数は $k_d = 10^{-16}\,\text{m}^3/\text{s}$ とし，仮想的に SiH$_4$ の解離生成物の分岐率を大幅に変えて計算した．

80%生成され，残りの20%がSiH_3である，としたものである．それぞれの化学種の密度の時間変化は，以下のような連立レート方程式を解くことによって得ている．

$$\left.\frac{\partial N_k}{\partial t}\right|_{\text{Reaction}} = \sum_{ij} k_{ij} N_i N_j - \sum_{j} k_{jk} N_j N_k \tag{3.4}$$

ここで，N_i は化学種の密度である．k_{ij} は i 種と j 種との衝突による反応のレート係数である．右辺の第1項は，k 種の生成項であり，電子衝突解離による生成の場合には，式 (3.1) のように計算し，その中の k_{dn} に k 種への分岐率を乗じたものを用いる．化学反応による生成と消滅については，既知の反応レート係数 k_{ij} を用い，生成ならば第1項へ，消滅ならば第2項に入れる．このとき，多岐に渡る2次反応の中から重要なものをピックアップする基準は，生成されたラジカルと親ガスとの衝突に注目することである，とすでに述べた．これに従って，生成物と親ガスとの反応をピックアップすると，以下のような反応が主たる2次反応となる．

$$SiH_4 + SiH_2 \rightarrow Si_2H_6 \quad (1.00 \times 10^{-17}\,\text{m}^3/\text{s}) \tag{3.5}$$

$$SiH_4 + H \rightarrow SiH_3 + H_2 \quad (2.67 \times 10^{-18}\,\text{m}^3/\text{s}) \tag{3.6}$$

( ) 内は反応速度係数である．この2次反応の特徴は，SiH_3 の消費過程がないことである．実際には，

$$SiH_4 + SiH_3 \rightarrow SiH_3 + SiH_4 \tag{3.7}$$

が起こるが，この反応は，SiH_3 の密度に影響を及ぼさない．

図 3.17 からわかるように，仮に SiH_2 の初期の生成比率が SiH_3 よりも大きくても，ある程度の時間（約 1 ms）が経過すると，2次反応で消費されるのが SiH_2 だけであるため，SiH_3 が主たる中性ラジカルとなってしまうのである．

これは，プロセスを理解するうえではきわめて見通しの悪いことであるが，逆に，効用と見ることもできる．本項の (1) で，プラズマ中では，電子のエネルギーが広い範囲に分布しているために，複数の化学結合で構成されている原料分子の特定の化学結合だけを切断することは不可能であると述べた．そうすると，1次生成物がそのまま成膜に寄与する場合には，特定の化学結合をもったものだけを堆積させて機能性薄膜を作ることは，プラズマ CVD 法では不可能であるということになる．しかし，上記の議論で明らかになったように，成膜に寄与するラジカルの密度比は，2次反応を経て決まる定常状態の密度比であって，1次解離の分岐率ではない．したがって，様々なエネルギーで解離されるプラズマ CVD であっても，原料分子をうまく選べば，機能性の官能基や化学結合を選択的に含有させた機能性薄膜を作ることができるといえる．

図3.18は，HMDSO（化学式 $(CH_3)_3SiOSi(CH_3)_3$）という Si–O–Si と Si–CH$_3$ を併せもつモノマーを原料にして得られた膜の赤外吸収スペクトルである[38]．Si–O–Si に加えて，原料に含まれている Si–(CH$_3$) が膜中にも含有されており，有機・無機ハイブリッド膜となっていることがわかる．ただし，高周波電力が増加すると，Si–CH$_3$ が消滅し，より無機の SiO 膜に近いものが得られている．

図3.19は，C_6F_6/C_5F_8 混合ガスプラズマを用いたフッ化炭素膜の赤外吸収スペクトルである．C_5F_8 が 100% の場合には環状構造がないのに対し，C_6F_6 を混合することにより，赤外吸収スペクトルにリング構造に起因するシャープなピークが現れ，その分子がもつ環状構造が膜に含有されていることがわかる[39]．

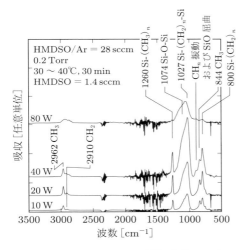

図3.18 HMDSO を用いた有機・無機ハイブリッド膜の赤外吸収スペクトル[38]

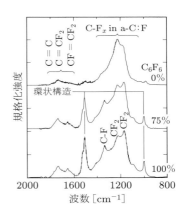

図3.19 C_6F_6/C_5F_8 混合プラズマによる CF$_x$ 混合膜の赤外吸収スペクトル[39]

(4) 輸送過程

ラジカルなどの反応活性種は，基板や側壁の表面で吸着されて消滅する確率が高い．そのため，反応活性な化学種の表面近傍での密度は小さくなる．すると，密度の高いバルク部から密度の低い表面側に向かう化学種の流れ，すなわち，次式で表現される拡散が生じる．

$$\Phi_k|_{\text{Diffusion}} = -D_k \nabla N_k \tag{3.8}$$

ここで，Φ は流れを表すフラックス，D_k は拡散係数である．したがって，k 種の化学種密度の時間変化は，化学反応による生成と消滅による式 (3.4) に，次式で表される

拡散の項が追加されたものとなる．

$$\left.\frac{\partial N_k}{\partial t}\right|_{\text{Diffusion}} = -\nabla \Phi_k|_{\text{Diffusion}} = \nabla(D_k \nabla N_k) \tag{3.9}$$

表面での付着確率 S は，それぞれの活性種の反応性に依存するため，空間分布 N やフラックス Φ も S に依存する．安定分子の場合には，表面で吸着しないため $(S = 0)$，その空間分布は一様になる $(\nabla N = 0)$．$S > 0$ の化学種の場合には，拡散フラックスは壁方向に向いており，密度の空間分布は，壁に向かって減少するような分布となる．なお，壁での消滅に比べて気相での 2 次反応による消滅がきわめて速い化学種の場合には，その密度分布は，生成レートの空間分布と相似形になる．

前節では，中性粒子の輸送現象について述べ，それが拡散によって支配されることを述べた．荷電粒子の場合には，拡散に加えて，次式で表されるドリフトも輸送にかかわってくる．

$$\Phi_k|_{\text{Drift}} = v_k N_k \tag{3.10}$$

ここで，v_k はドリフト速度であり E/N の関数となる．このドリフトフラックスによる化学種密度の変化は，

$$\left.\frac{\partial N_k}{\partial t}\right|_{\text{Drift}} = -\nabla \Phi_k|_{\text{Drift}} = \nabla(v_k N_k) \tag{3.11}$$

となり，k 種の化学種密度の時間変化は，生成・消滅，拡散に加えて，このドリフトの成分が加わることになる．

このドリフトの項がもっともよく反映されるのが質量の軽い電子の輸送過程である．図 3.12(a) を見るとわかるように，電子の密度は，図 (e) に示された電界によって揺さぶられ，電極近傍の密度が周期的に変動している．一方，質量の重いイオンについては，10 MHz という高周波には追従できないため，その輸送現象はほとんど拡散によって支配される．そのため，図 3.12(b) に示したように，イオンの密度には周期的な変動がまったく現れない．しかし，薄膜形成では，基板にバイアスが印加されたり，自己バイアスがかかる電極上に基板が設置されていたりすることが多い．そのような場合には，基板表面付近に定常的な空間電荷領域が形成され，イオンはそこに形成された定常的な電界によってドリフトし，表面に衝突する．バイアスの周波数が DC から kHz くらいまでは，重いイオンでも追従するため，各種周波数のバイアスが利用されている．強いバイアスは，成膜と逆のスパッタリングを招くが，うまく活用したものに，イオンの入射角依存性を利用してトレンチへの埋め込みに使われるバイアス CVD という方法がある[40,41]．スパッタリングはイオン入射角が適度に傾いているときが

もっとも効率がよい．これを活用すると，トレンチをコンフォーマルに成膜できずに図 3.3 のように出っ張ってくる部分を選択的にエッチングすることができ，最終的にトレンチを図 3.20 のように空隙なく埋め込むことができる[42]．最後に残る三角の突起が特徴であり，これについては，エッチバックや CMP 等で取り除くことになる．

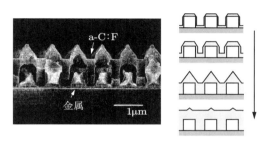

図 3.20　バイアス CVD

a-C:F 膜のトレンチへの成膜時にバイアスをかけてギャップ埋め込みを行った例[42]

また，SiN 系ではストレス制御が重要な課題であったが，低周波バイアスを印加して重いイオンを揺さぶり，適度な成膜表面への衝撃を与えることにより，成膜表面の化学結合に影響を与え，図 3.21 のように基板温度や投入電力とは独立に緻密度や膜ストレスを可変できる[43]．

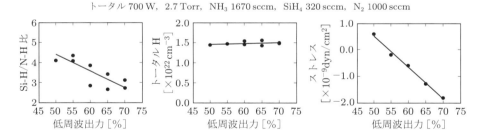

図 3.21　Dual frequency 方式によって SiN 膜のストレス緩和を行った例[43]

プラズマ CVD では，必ずガスの導入口から排気口までの間の流れというものがあり，これが膜厚や膜物性の面内分布に影響を及ぼす．たとえば，平行平板型でシャワーノズルが利用されるのは，この面内分布を均一化するのが目的である．ここでは，そうした工夫をしなかった場合に，チャンバー内の気相化学種の密度がどのようになり，成膜結果にどのような影響を及ぼすかを見てみよう．

対象とするのは，すでに紹介した比較的大きな分子構造をもつ有機シラノール系のモノマーを原料とした SiOC 膜の堆積プロセスである．具体的には，図 3.22 に示すよ

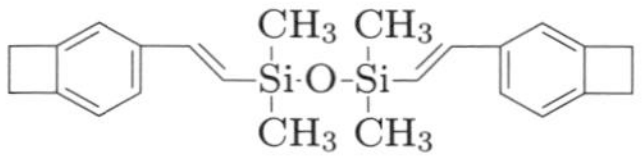

82　第3章　プラズマ気相反応とナノ表面反応の基礎

図 3.22　DVS-BCB

うな DVS-BCB とよばれる原料を用いたプロセスである．原料分子のサイズが大きいと，電子衝突解離によって生成されたものも，まだかなりの原子数をもつ巨大分子となる．したがって，その生成物が容器内に長く留まるような場合には，その生成物の電子衝突解離の頻度が，親ガスの電子衝突解離の頻度と比較して無視できなくなる．すなわち，多段階解離が生じる．

図 3.23 は，このような状況で成膜したときに，膜厚分布が生じた結果を示している．膜厚のみならず，膜の組成や電気的特性までもが，図 3.24 に示すように，面内で分布をもつことになる．

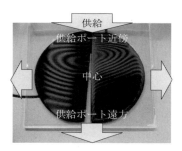

図 3.23　流れに沿って生じた薄膜の膜厚分布
干渉縞によって膜厚分布がわかる．

図 3.25 は，こうした問題を解析するために行ったチャンバーのモデル図である．上部に石英窓があり，誘導結合型プラズマ（ICP：inductively coupled plasma，4.2.2 項 (2) 参照）装置によって窓近傍に放電が誘起される．そのため，窓近傍から内部に向かって図のような電子密度の分布を想定している．原料はチャンバーの側壁から供給され，排気は基板ステージとチャンバーの側面の間からなされる．多段階解離を模擬する原料分子としては，同様のシラノール系で，もっとも構造が簡単な HMDSO を対象としている．目的とする薄膜は，CH_3 と SiO を併せもつ誘起・無機ハイブリッド膜であり，低誘電率の SiOC 膜を形成するプロセスである．現象を簡単化するために，1 回の解離で三つの CH_3 がはぎ取られるとしている．このように想定した場合の気相化学種の密度の 0 次元時間発展は，化学工学の教科書によく見かける図 3.26 のようになる．

このような電子密度分布と原料の解離過程を仮定して計算したチャンバー内の化学

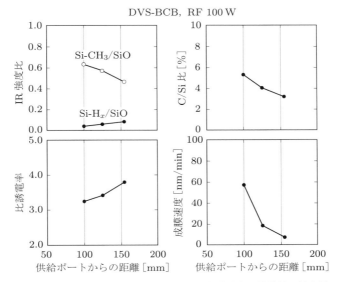

図 3.24 堆積された膜の組成,誘電率,成膜速度の堆積位置依存性

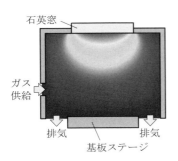

図 3.25 2次元シミュレーションに用いた電子密度分布

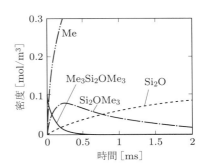

図 3.26 多段階解離生成物密度の0次元時間発展の様子

種密度の空間分布が図 3.27 である.解離度が 10^{-3} の場合には,CH_3 を含んだ前駆体の密度が,ガス導入口から遠いところで枯渇していることがわかる.一方,多段階解離の後半に生成される CH_3 が完全に取り去られた前駆体は,比較的広い範囲に分布していることがわかる.このため,ガス導入口に近い部分では,CH_3 を多く含む膜が形成されるが,遠方にいくほど,CH_3 の少ない前駆体が成膜に寄与することになる.遠方の方が誘電率が高くなるのは,このためである.このとき,解離度を1桁か2桁減少させると,図のように,CH_3 を含む前駆体と SiO のみの前駆体の分布がおおよそ同様の分布になる.当然ながら,低解離度になれば,成膜速度の絶対値が落ちることに

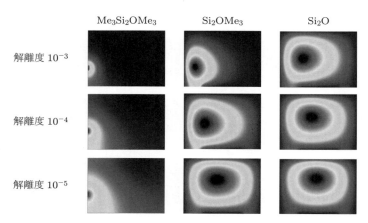

図 3.27 親ガス分子ならびに多段階解離生成物の定常状態での空間分布

なるため，堆積速度を維持するためには，放電が可能な圧力範囲で原料供給量の増量が必要となる．

3.2 最表面薄膜成長

3.2.1 下地との相互作用：吸着・マイグレーション

最終的な薄膜形成は，基板表面へ輸送されてきた反応活性種が表面に付着して固体の一部となることによって進行する．表面に飛来してから膜として取り込まれるまでには，図 3.6 に示したような過程を経るが，その概要を以下に述べる．

飛来してきた活性種の一部 $(1-S)$ はそのままの形で反射されるが，残りの S 部分は表面に吸着されて，その後の反応にかかわっていく．吸着の形態としては，分極に起因する比較的弱いファンデルワールス力による物理吸着と，解離を伴って表面と化学結合を形成する化学吸着の 2 種類に分類され，後者の方が強固な吸着である．どちらの場合も，基板温度が高いことによってその結合状態をいったん脱することができる場合には，図 3.28 のように表面上をマイグレーションする．その最中に吸着種どうしが会合して安定分子として脱離，または単独で脱離するなどの過程がある．これらを逃れたものが下地との結合に至る．

なお，反射やマイグレーションは前駆体だけで決まるものではなく，下地にも依存する．水素化アモルファスシリコン (a-Si:H) の場合には，前駆体の SiH_3 の反応性が低く，かつ最表面の Si のダングリングボンドがほとんど H で終端されていることで，反射やマイグレーションが起こっている．ダングリングボンドが全面むきだしの表面

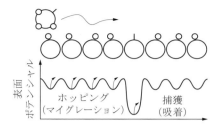

図 3.28 表面マイグレーションと吸着サイト

に飛来すると，SiH₃ であっても着地後すぐに化学吸着をする．一般に，吸着種は安定なサイトに補足されるか，活性なサイトやほかの吸着種と遭遇して，反応するまで表面をマイグレーションしている．適度に高い基板温度の設定や，イオン衝撃などによってマイグレーションを支援することにより，より安定な場所や状態で結合を形成するため，堆積される膜の特性は「よく」なる．

化学吸着可能なサイトにはダングリングボンドが必要であるが，a-Si:H の場合には，その生成は同じく SiH₃ が行い，自身は SiH₄ となって気相に戻る[44]．以上のような様子を表したものが図 3.29 である．なお，プロセスによっては，この役割を適度なイオン衝撃が担っている場合もある．

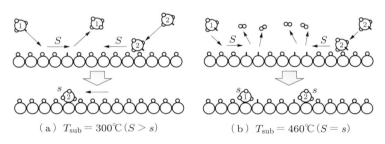

(a) $T_{sub} = 300℃ (S > s)$　　　(b) $T_{sub} = 460℃ (S = s)$

図 3.29 SiH₃ ラジカルによる a-Si:H 成膜過程[44]

3.2.2 隣どうしの相互作用：クロスリンク

プラズマ CVD における成膜前駆体の多くは，原子の状態まで解離しておらず，水素，ハロゲン，各種有機基を伴ったままで表面に飛来する．そのため，これらの付随元素がまったく不要な場合は，これらを脱離させる必要がある．a-Si:H の場合，適度な温度が与えられると，化学吸着を行った後も，隣り合った表面層内の Si–H どうしのクロスリンクが起こる（図 3.30）．このとき，H は H₂ となって脱離し，Si は Si–Si 結合を形成して，3 次元的なネットワークの形成に進展する．この様子を高感度反射型赤外吸収分光法によってその場計測した結果が図 3.31 である[45, 46]．図からわかる

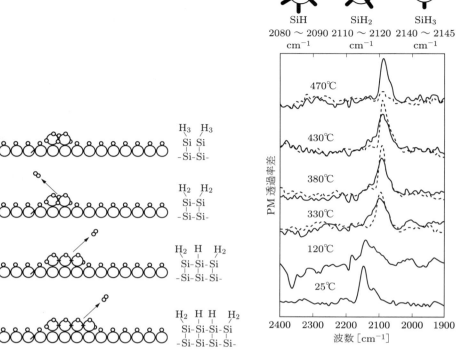

図 3.30 SiH₃ ラジカルの成膜を例にしたクロスリンクの概念図

最表面だけでこの過程が起こっているとは限らないことに注意.

図 3.31 a-Si:H 堆積表面の Si–H$_n$ 結合の基板温度依存性[45, 46]

ように，低温堆積中の表面の水素は高波数側の Si–H$_3$ 結合がメインであるが，基板温度が高くなるに従って Si–H$_2$, Si–H となっている．

　図中の実線は堆積中のその場観察結果であるが，破線は堆積が終了した後にプラズマをオフして計測を行ったものである．破線と実線のスペクトルを比較すると，430°C 以下では，放置してもスペクトル形状が変化しないのに対し，それ以上の温度で放置すると水素が熱的に脱離するため，Si–H 結合のピークは消滅する．すなわち，温度領域では，表面がダングリングボンドむき出しの状態になっている．このような状態で SiH$_3$ が飛来すると，前項で述べたように，SiH$_3$ がマイグレーションすることなく吸着し，膜の特性（たとえば結晶性等）が悪くなる[47]．

3.2.3 表面反応性と段差被覆

成膜前駆体と表面との反応性の違いは成膜時の段差被覆形状を左右する．トレンチカバレッジ法による付着確率の計測はこの現象を利用したものである．図 3.32 はトレンチ構造をもつ表面上に付着確率の異なるラジカルが飛来したときの被覆形状である[48,49]．本章の冒頭で，すでに同様のことを述べたが，ここでは，具体的な付着確率と形状の関係が示されている．付着確率の高い前駆体の場合 ($S \approx 1$) には，表面に斜め入射した前駆体が開口部側壁ですぐに吸着し，トレンチの底まで到達しないために，図のような被覆形状となる．これに対し，付着確率が低い場合 ($S \approx 0.1$) には，開口部側壁に飛来しても1回の着地では吸着せず，何度かトレンチ側壁と反射した後に吸着するため，トレンチの底まで均一に被覆できる．成膜するためには，$S = 0$ は無意味であるが，$S \approx 0.1$ 程度の成膜前駆体が寄与するプロセスが実用上は望ましいことがわかる．

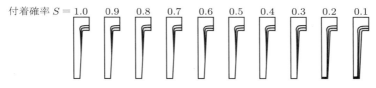

図 3.32　トレンチ被覆形状の付着確率依存性[49]

図 3.33 は，同じ原料 (C_5F_8) を用いて放電の電力だけを変えた場合の，逆テーパ構造上にフッ化炭素膜を堆積した結果である[50]．フッ化炭素分子の解離により生成される低分子量の CF_x ラジカルは，付着確率が 10^{-2} 以下ときわめて小さい[51]．そのため，イオン照射等によって表面にダングリングボンドを形成しない限り，成膜が進行しないことが報告されている[52]．図 (a) の状態は，高電力で原料分子を解離したために低分子量のラジカルが支配的となり，イオン照射のある非遮蔽部のみに成膜が起こっ

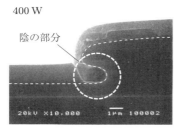
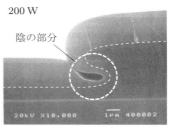

（a）陰の部分が被覆されない例　　（b）陰の部分にも被覆される例

図 3.33　逆テーパ形状の微細構造をもつ表面上への薄膜堆積の例[50]

ている．一方，図 (b) に示した低電力で解離した場合には，低分子量のものも同時に生成されるが，比較的高分子量のものも成膜に寄与し，それが適度な付着確率をもっているために，陰になった部分にも成膜が起こっていると考えられる．

参考文献

[1] V. M. Dubin, Y. Shacham-Diamand, B. Zhao, P. K. Vasudev, C. H. Ting: *J. Electrochem. Soc.*, **144**, 898 (1997).
[2] J. M. Steigerwald, S. P. Murarka, R. J. Gutmann: *Chemical Mechanical Planarization of Microelectronic Materials*, Wiley-VCH (2004).
[3] M. Ohring: *Materials Science of Thin Films 2nd Ed.*, Academic Press (2002).
[4] Y. Wu, H. Sugimura, Y. Inoue, O. Takai: *Chem. Vap. Deposition*, **8**, 47 (2002).
[5] M. Pagliaro, G. Palmisano, R. Ciriminna: *Flexible Solar Cells*, Wiley-VCH (2008).
[6] 増田淳：*Synthesiology*, **4**, 193 (2011).
[7] 上田敦士，中地正明，後藤征司，山越英男，白倉昌：三菱重工技報，**42**, 42 (2005).
[8] 渡辺俊哉，浅原裕司，坂井智嗣，山越英男，後藤征司，上田敦士，廣谷喜与士，中谷正樹，白倉昌，石原正統，田中章浩，古賀義紀：日本学術振興会プラズマ材料科学第 153 委員会第 73 回研究会資料，**73**, 32 (2005).
[9] 井上泰志，高井治：プラズマ・核融合学会誌，**76**, 1068 (2000).
[10] 長田義仁，入山裕，高瀬三男，山田勝幸，鏡好晴：低温プラズマ材料化学，産業図書 (2002).
[11] 堤井信力，小野茂：プラズマ気相反応工学，内田老鶴圃 (2000).
[12] 市川幸美，佐々木敏明，堤井信力：プラズマ半導体プロセス工学，内田老鶴圃 (2003).
[13] 松田彰久：応用物理，**68**, 57 (1999).
[14] 松田彰久：プラズマ・核融合学会誌，**76**, 760 (2000).
[15] A. Matsuda: *Jpn. J. Appl. Phys.*, **43**, 7909 (2004).
[16] M. A. Lieberman, A. J. Lichtenberg: *Principles of Plasma Discharges and Materials Processind 2nd Ed.*, John Wiley & Sons (2005).
[17] F. F. Chen, J. P. Chang: *Lecture Notes on Principles of Plasma Processing*, Plenum/Kluwer Publishers (2002).
[18] G. Franz: *Low Pressure Plasmas and Microstructuring Technology*, Springer-Verlag (2009).
[19] A. Fridman: *Plasma Chemistry*, Cambridge University Press (2008).
[20] P. M. Martin: *Handbook of Deposition Technologies for Films and Coatings - Science, Applications and Technology*, Elsevier (2010).
[21] H. Toyoda, M. Ito, H. Sugai: *Jpn. J. Appl. Phys.*, **36**, 3730 (1997).
[22] L. G. Christophorou, J. K. Olthoff: *Fundamental Electron Interactions with Plasma Processing Gases*, Kluwer Academic (2004).
[23] G. J. M. Hagelaar, L. C. Pitchford: *Plasma Sources Sci. Technol.*, **14**, 722 (2005).
[24] A. Kono, N. Koike, H. Nomura, T. Goto: *Jpn. J. Appl. Phys.*, **34**, 307 (1995).

[25] B. Drevillon, J. Huc, A. Lloret, J. Perrin, G. de Rosny, J. P. M. Schmitt: *Appl. Phys. Lett.*, **37**, 646 (1980).
[26] I. Haller: *Appl. Phys. Lett.*, **37**, 282 (1980).
[27] G. Turban, Y. Catherine, B. Grolleau: *Thin Solid Films*, **67**, 309 (1980).
[28] F. J. Kampas, R. W. Griffith: *Solar Cells*, **2**, 385 (1980).
[29] T. Hamasaki, H. Kurata, M. Hirose, Y. Osaka: *Appl. Phys. Lett.*, **37**, 1084 (1980).
[30] A. Matsuda, K. Nakagawa, K. Tanaka, M. Matsumura, S. Yamasaki, H. Okushi, S. Iizima: *J. Non-Cryst. Solids*, **35-36**, 183 (1980).
[31] J. P. M. Schmitt, P. Gressier, M. Krishnan, G. de Rosny, J. Perrin: *Chem. Phys.*, **84**, 281 (1984).
[32] Y. Matsumi, T. Hayashi, H. Yoshikawa, S. Komiya: *J. Vac. Sci. Technol. A*, **4**, 1786 (1986).
[33] K. Tachibana: *Mater. Sci. Technology B*, **17**, 68 (1993).
[34] C. Yamada, E. Hirota: *Phys. Rev. Lett.*, **56**, 923 (1986).
[35] N. Itabashi, K. Kato, N. Nishiwaki, T. Goto, C. Yamada, E. Hirota: *Jpn. J. Appl. Phys.*, **27**, L1565 (1988).
[36] K. Tachibana, T. Shirafuji, Y. Matsui: *Jpn. J. Appl. Phys.*, **31**, 2588 (1992).
[37] M. J. Kushner: *J. Appl. Phys.*, **63**, 2532 (1988).
[38] T. Shirafuji, Y. Miyazaki, Y. Nakagami, Y. Hayashi, S. Nishino: *Jpn. J. Appl. Phys.*, **38**, 4520 (1999).
[39] T. Shirafuji, A. Tsuchino, T. Nakamura, K. Tachibana: *Jpn. J. Appl. Phys.*, **43**, 2697 (2004).
[40] G. C. Smith, A. J. Purdes: *J. Electrochem. Soc.*, **32**, 2721 (1985).
[41] 前田和夫：VLSI と CVD，槙書店 (1998).
[42] K. Endo, T. Tatsumi, Y. Matsubara:*Jpn. J. Appl. Phys.*, **35**, L1348 (1996).
[43] C. W. Pearce, R. F. Fetcho, M. D. Gross, R. F. Koefer, R. A. Pudliner: *J. Appl. Phys.*, **71**, 1838 (1992).
[44] A. Matsuda, K. Tanaka: *J. Appl. Phys.*, **60**, 2351 (1986).
[45] Y. Toyoshima, K. Arai, A. Matsuda, K. Tanaka: *Appl. Phys. Lett.*, **56**, 1540 (1990).
[46] 豊島安健：電子技術総合研究所研究報告，979 (1996).
[47] A. Matsuda, K. Nomoto, Y. Takeuchi, A. Suzuki, A. Yuuki, J. Perrin: *Surf. Sci.*, **227**, 50 (1990).
[48] J. G. Shaw, C. C. Tsai: *J. Appl. Phys.*, **64**, 699 (1988).
[49] A. Yuuki, Y. Matui, K. Tachibana: *Jpn. J. Appl. Phys.*, **28**, 212 (1989).
[50] T. Shirafuji, T. Wada, M. Kashiwagi, T. Nakamura, K. Tachibana: *Jpn. J. Appl. Phys.*, **42**, 4504 (2003).
[51] N. E. Capps, N. M. Mackie, E. R. Fisher: *J. Appl. Phys.*, **84**, 4736 (1998).
[52] 堀勝，伊藤昌文，後藤俊夫：プラズマ・核融合学会誌，**75**, 813 (1999).

第4章 ナノエッチング技術

　プラズマを用いた微細加工（プラズマエッチング，あるいはドライエッチングともよぶ）は，1970年代前半に研究開発が始まり，すでに40年余りが経過している[1]．その間，1970年代後半に半導体大規模集積回路（LSI：large scale integration）デバイス作製プロセスに適用され始め，今日，LSIやマイクロマシン（MEMS：microelectromechanical system）作製など，先端科学技術分野で不可欠の微細加工手段となっている[2-4]．本章では，プラズマを用いたドライエッチング（プラズマエッチング）について，学術・実用の両面から，その原理・特徴と関連するメカニズムなど基礎的事項について説明するとともに，最近のプロセス技術と今後の課題・展望にも言及する．

4.1　ドライエッチングとは

　微細加工は一般に，リソグラフィーとエッチングから構成される[5-10]．図4.1に示すように，まず，被エッチング薄膜上に有機感光樹脂（フォトレジスト）・酸化シリコン・メタルなどの薄膜を堆積し，光や電子ビームを用いたリソグラフィーによりマスクパターンを形成する．次に，エッチングによりマスクパターンに忠実にその下の薄膜を加工し，マスクパターンを薄膜に転写する．具体的には，上部にマスクがなく露出した薄膜の部分をエッチングにより一括して取り去り，さらに残ったマスクも別のエッチングにより取り除き，マスクパターンの形に加工された薄膜のパターン構造を得る．一般に，下地薄膜が露出するまでをアンダーエッチ，下地薄膜がちょうど露出した時点をジャストエッチ，その後のエッチングの持続をオーバーエッチとよぶ．

　このようなエッチングはもともと化学薬液を用いたウエット処理で行われていたが，ウエットエッチングではエッチング反応に方向性がなく等方的であり，マスクパターン下の被エッチング薄膜の側壁に横方向のアンダーカットが生じる．デバイスの高集積化に伴い微細化が進むとともに，マスクパターンの形をより忠実に薄膜に転写して，垂直な側壁をもつ薄膜パターン形状を得る手段として，反応性ガスプラズマを用いたドライエッチング技術が開発され，エッチング反応に方向性をもつ異方的なエッチングが実現された．

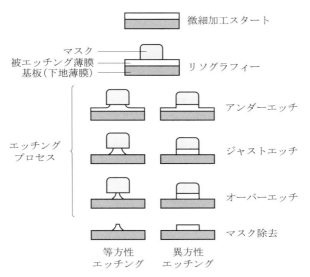

図 4.1 微細加工の模式図（リソグラフィーとエッチングによるパターン転写）

プラズマエッチング技術は，プロセスガス（反応ガス），プラズマ反応装置（プラズマリアクタ），そしてそれらを使いこなすプロセス技術（制御技術），の三つの要素からなる．反応ガスとしてはおもに，フッ素系，塩素系，臭素系のような反応性の高いハロゲン系のガスが用いられる[6, 11, 12]．ウェハ（基板）をプラズマリアクタの中の電極上に載置し，反応ガスを流しつつコンダクタンスバルブで排気速度を調節して，リアクタ内のガス圧力を数 Pa 程度に保ち（1 Pa ≈ 7.5 mTorr），高周波放電によりプラズマを発生する．プラズマプロセスにおけるプラズマの役割は，第一に，反応ガスの分子を分解し，基板表面に吸着し基板材料と反応する活性な原子・分子ラジカルを生成すること，第二に，イオンを生成し，基板表面に垂直な方向に十分な運動エネルギーをもつイオンを供給することである[13-17]．ここで，イオンは，プラズマと接触する基板上に自然に（自己整合的に）形成されるシースとよばれる空間電荷層（電場の存在する空間領域）を通して，基板方向に加速される．実際のプロセスでは，プラズマリアクタの多彩な装置パラメータ（高周波電力パワー・周波数，ガス圧力・流量などの外部制御パラメータ）を調整することによって，プラズマ特性（電子密度・温度，イオン密度・温度，プラズマ電位・シース電圧などのプラズマパラメータ），ひいては基板表面反応を制御し，様々な材料やデバイス構造に対応するプロセス特性を満足させる[11]．

4.2 ドライエッチングの基礎

4.2.1 エッチング特性

エッチングによるパターン転写には，

(i) 微細パターンの加工性（形状異方性と寸法精度，材料選択性）

(ii) 損傷性（ダメージ）

(iii) それらの微視的な均一性（パターンの寸法，アスペクト比，面密度に対する依存性）

が求められる[5-10]．さらに工業的には，

(iv) ウェハスケールでの巨視的な均一性

(v) 大口径基板に対する生産性（プロセス速度，制御性，再現性）

も求められる．本項では加工性について述べ，微視的均一性については後の 4.3.4 項，損傷性については後の 4.4 節に述べる．

(1) 形状と寸法精度

エッチング異方性は，被エッチング薄膜の横方向と縦方向のエッチング速度をそれぞれ ER_{lat}, ER_{ver} とすると，

$$A = 1 - \frac{ER_{\text{lat}}}{ER_{\text{ver}}} \quad (0 \leq A \leq 1)$$

と表され，高い異方性 ($A \approx 1 : ER_{\text{lat}} \ll ER_{\text{ver}}$) すなわち垂直なパターン側壁形状が求められる．また，マスクパターン寸法 W_m とエッチングにより薄膜に転写されたパターン寸法 W_f との差異 $\Delta W = |W_m - W_f|$ を CD ロス (critical dimension loss, $W_m > W_f$) あるいは CD ゲイン (CD gain, $W_m < W_f$) とよび，マスクパターン寸法の 10% 以下 ($\Delta W/W_m < 0.1$) に抑える必要がある．

図 4.2 に CD ロス・ゲインを，さらに，図 4.3 に異常なエッチング形状の例を模式

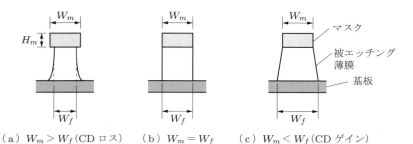

(a) $W_m > W_f$ (CD ロス)　(b) $W_m = W_f$　(c) $W_m < W_f$ (CD ゲイン)

図 4.2　CD ロス・ゲインの概念図

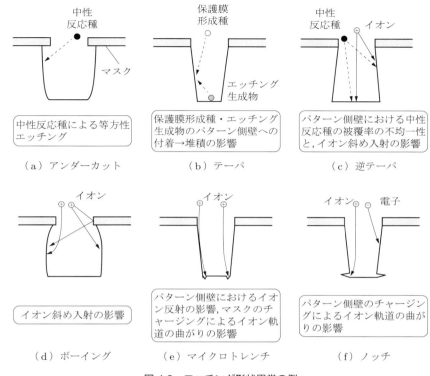

図 4.3 エッチング形状異常の例

的に示す.パターン側壁のアンダーカット,順テーパ(単にテーパともよぶ),逆テーパ,ボーイング,パターン底面の側壁近傍におけるマイクロトレンチ,パターン側壁の底面近傍におけるノッチなどがある.パターン形成では,このような形状異常がない高精度の異方性エッチングが必要であり,垂直に近いパターン側壁形状と,高い加工寸法精度,つまり小さい CD ロス・ゲインが求められる.

(2) 材料選択性

さらに,被エッチング薄膜のその下地薄膜および上のマスクに対する高いエッチング選択性(エッチング速度の比:$S_{\mathrm{underlay}} = ER_{\mathrm{film}}/ER_{\mathrm{underlay}}$, $S_{\mathrm{mask}} = ER_{\mathrm{film}}/ER_{\mathrm{mask}}$)が求められる.たとえば,図 4.4(a) に示すように,下地薄膜が露出した時点(ジャストエッチ)でパターン側壁の形状がテーパ(加工寸法増すなわち CD ゲイン)の場合,テーパを削って側壁を垂直にするためエッチングを持続(オーバーエッチ)する必要がある.ジャストエッチ時点で被エッチング薄膜の残さが残っている場合も,残さ除去のためオーバエッチが必要である.また,段差部をもつ立体的な

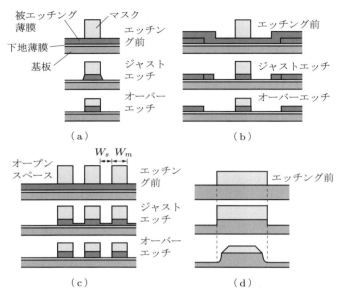

図 4.4　エッチング選択性が必要な例

パターン構造では，図 (b) に示すように，平坦部の下地薄膜が露出（ジャストエッチ）した後も，段差部の被エッチング薄膜を除去するまでオーバーエッチする必要がある．ジャストエッチ時点でエッチング深さや側壁形状がアスペクト比（マスクパターンの高さと開口部寸法との比 $AR = H_m/W_s$）の異なるパターン間で異なる場合も，図 (c) に示すように，均一にするためにオーバエッチが必要である．したがって，このようなオーバーエッチ時に下地薄膜のエッチングが進行しないように，また，エッチング時にマスクが後退しないようにエッチング選択性が重要となる．マスクが後退すると，図 (d) に示すように，被エッチング薄膜のパターン寸法が細る（加工寸法減すなわち CD ロス）．このほか，マスクとの選択性は，表面段差のためマスク膜厚が薄くなった領域でも十分なエッチングマスクであるためにも必要である．

4.2.2　プラズマエッチング技術の要素

プラズマエッチング技術をなす三つの要素について，以下に説明する．

(1) 反応ガス

表 4.1 に，種々の材料（Si, SiO_2, Al, C_xH_y）に対する反応ガスの例を示す[6, 11, 12]．反応ガスとしてはおもに，ハロゲン系のガスが用いられる．ハロゲン原子（F, Cl, Br）など反応活性種との化学的な反応（自発反応）によるエッチングは，

表 4.1 プラズマエッチングに用いる反応ガスの例

被エッチング材料	反応種	反応ガス	添加ガス [1]	形状	特徴
単結晶 Si, 多結晶 Si	F	CF_4, SF_6, NF_3	—	等方性 [2]	高速エッチング
		CF_4, SF_6	O_2		対 SiO_2 選択性 [3]
		CF_4	H_2	異方性	
		CHF_3	—		
		SF_6	C_4F_8		側壁保護
	Cl	Cl_2	—	異方性 [4],[5]	対 SiO_2 選択性
			O_2, HBr/O_2		
			CF_4, CHF_3, $SiCl_4$		側壁保護
	Br	HBr	—	異方性 [4],[5]	対 SiO_2 選択性
			O_2		
SiO_2	F	CF_4, SF_6, NF_3	—	等方性 [6]	高速エッチング
		CF_4	O_2		
		NF_3	NH_3, H_2O		対 Si 選択性
		CF_4, C_2F_6	H_2	異方性	対 Si 選択性
		C_3F_8, C_4F_8	—		
		C_3F_6, C_4F_6, C_5F_8	O_2		
		CHF_3	O_2		
			CO, CO/C_4F_8		対 Si_3N_4 選択性
Si_3N_4	F	CF_4	O_2, O_2/N_2	等方性	対 SiO_2 選択性
		NF_3	Cl_2		
		CF_4	H_2	異方性	対 Si 選択性
		CHF_3	—		対 Si, SiO_2 選択性
			O_2		
Al	Cl	Cl_2	—	等方性	
			BCl_3, $CHCl_3$, $SiCl_4$	異方性	側壁保護
フォトレジスト C_xH_y	O	O_2	—	等方性	プロセス安定性
			CF_4		
		O_2, NF_3	H_2O		高速エッチング

[1] He, Ar などの希ガスを含めて複数の添加ガスを用いることも多い.
[2] フッ素系プラズマによる Si エッチングの場合, 基板温度低下により異方性形状が得られる.
[3] イオン入射エネルギーが低い条件下で, 高い Si/SiO_2 選択性が得られる.
[4] 塩素系および臭素系プラズマによる Si エッチングの場合, 無添加 (non-doped) Si や p 型 (B-doped) Si では異方性形状が得られるが, n 型 (P-, As-doped) ではパターン側壁にアンダーカットが入りやすい.
[5] n^+ 型 Si で異方性形状を得るには, 基板温度低下あるいは側壁保護が必要である.
[6] フッ素系プラズマによる SiO_2 エッチングの場合, イオン入射エネルギーが高く, ガス圧力が低い条件下では, 異方性形状が得られる.

(i) 反応活性種（ラジカル）の基板表面への吸着
(ii) 吸着反応種の表面層への侵入と，それに続く基板原子との反応層の形成
(iii) 安定で揮発性の高い反応生成物の熱的な脱離

のステップを経て進行する．詳細は被エッチング材料と反応種により異なるが，反応種の電気陰性度，原子半径，および基板原子との結合エネルギー，反応生成物の揮発性に依存する．自発反応はさらに，基板の表面温度，不純物ドーピングレベルにも影響される．また，主エッチングガスに，別のハロゲンガスや酸素あるいは希ガスなど，種々のガスを添加することも多く，複数の添加ガスを用いることもある．反応活性種の密度制御，重合膜堆積種の密度制御，自然酸化被膜の除去のほか，放電の安定化，表面の酸化など，添加ガスの効果は多様である．

表 4.2 に反応種と基板原子との結合エネルギーの例を示す[18]．たとえば，Si 基板における Si 原子間 (–Si–Si–) の結合エネルギー（共有結合）は $E_{Si-Si} \approx 2.3\,eV$ 程度であり（孤立 2 原子分子 Si–Si の結合エネルギー 3.38 eV より小さい），一方，Si 原子とハロゲン原子や水素原子との間 (Si–Ha) の結合エネルギーは，Ha = F, Cl, Br, I, H に対してそれぞれ $E_{Si-Ha} =$ 5.73, 4.21, 3.81, 3.04, 3.10 eV である．したがって，いずれの Ha 原子に関しても $E_{Si-Si} < E_{Si-Ha}$ であり，Si 基板表面に吸着した Ha 原子は基板の Si–Si 結合を切って Si 原子との結合 Si–Ha を形成することができ，表面において F 原子がもっとも $SiHa_x$ 化合物を形成しやすい．また，SiO_2 基板における Si–O 原子間 (–Si–O–) の結合エネルギー（共有結合）は $E_{Si-O} \approx 4.8\,eV$ 程度であり（2 原子分子 Si–O の結合エネルギー 8.28 eV より小さい），$E_{Si-O} < E_{Si-F}$ であるが，$E_{Si-O} > E_{Si-Ha}$ (Ha = Cl, Br, I, H) であり，SiO_2 基板表面に吸着した F 原子は基板の Si–O 結合を切って Si 原子との化合物 $SiHa_x$ を形成することができるが，Cl, Br, I, H 原子は基板の Si–O 結合を切れず Si 原子との化合物を形成できない．

さらに，表 4.3 に化合物（エッチング反応生成物）やエッチングガスの揮発性（原料ガスの蒸気圧 1 気圧下での沸点 T_b）の例を示す[18]．たとえば，Si 原子とハロゲン原子や水素原子との飽和化合物 $SiHa_4$ の揮発性は，Ha = F, Cl, Br, I, H に対してそれぞれ，$T_b =$ −86, 57.6, 154, 287.3, −111.9°C であり，フッ素化合物 SiF_4，水素化合物 SiH_4 がもっとも揮発しやすい．これらより，Si 基板は F, Cl, Br, I, H 原子いずれも自発的なエッチングが可能であるが（F がもっともエッチング反応性が高い），SiO_2 基板は F 原子のみエッチング可能であり Cl, Br, I, H 原子によるエッチングは難しいといえる．実際，表 4.1 にあるように，Si エッチングには F, Cl, Br 原子を含むフッ素系，塩素系，臭素系ガスが，一方，SiO_2 エッチングには F 原子を含むフッ素系ガスが用いられる．

上に述べた基準は，Al のエッチングを考えると理解が深まる．Al 基板における Al

表 4.2　2 原子分子結合エネルギーの例[18]

分　子	結合強度 [eV]	分　子	結合強度 [eV]	分　子	結合強度 [eV]
Si–Si	3.38	Al–Al	1.38	F–F	1.64
Si–Al	2.37	Al–S	3.87	F–Cl	2.65
Si–C	4.67	Al–O	5.30	F–Br	2.90
Si–S	6.46	.Al–N	3.08	F–I	≤2.81
Si–B	2.99			Cl–Cl	2.51
Si–O	8.28	Al–F	6.87	Cl–Br	2.25
Si–N	4.87	Al–Cl	5.30	Cl–I	2.19
		Al–Br	4.45	Br–Br	1.99
–Si–Si–[1)]	2.3	Al–I	3.82	Br–I	1.85
–Si–O–[1)]	4.8	Al–H	2.94	I–I	1.57
Si–F	5.72	S–S	4.41	H–H	4.51
Si–Cl	4.21	S–O	5.40	H–F	5.90
Si–Br	3.90	S–N	4.81	H–Cl	4.47
Si–I	3.04	S–F	3.55	H–Br	3.79
Si–H	≤3.10	S–Cl	2.87	H–I	3.09
		S–H	3.57		
C–C	6.29			O–O	5.16
C–S	7.40	B–B	3.08	O–F	2.30
C–O	11.15	B–C	4.64	O–Cl	2.79
C–N	7.82	B–S	6.01	O–Br	2.44
C–F	5.72	B–O	8.37	O–I	2.58
C–Cl	4.11	B–N	4.03	O–H	4.43
C–Br	2.90	B–F	7.85	O–N	6.33
C–I	2.17	B–Cl	5.55	N–N	9.79
C–H	3.51	B–Br	4.10	N–F	3.56
		B–I	2.28	N–Cl	3.45
		B–H	3.52	N–Br	2.86
				N–I	1.65
				N–H	≤3.51

[1)] 基板

原子間 (–Al–Al–) の結合エネルギー（金属結合）は $E_{\text{Al–Al}} < 1.38\,\text{eV}$ 程度と考えられるが，一方，Al 原子とハロゲン原子や水素原子との間 (Al–Ha) の結合エネルギーは，Ha = F, Cl, Br, I, H に対してそれぞれ $E_{\text{Al–Ha}} = 6.87, 5.30, 4.45, 3.82, 2.94\,\text{eV}$ である．したがって，いずれの Ha 原子に関しても $E_{\text{Al–Al}} < E_{\text{Al–Ha}}$ であり，Al 基板表面に吸着した Ha 原子は基板の Al–Al 結合を切って Al 原子との結合 Al–Ha を形成することができ，表面において F 原子がもっとも AlHa_x 化合物を形成しやすい．しかし，表 4.3 において，Al 原子とハロゲン原子や水素原子との飽和化合物 AlHa_3

表 4.3 エッチング反応生成物，エッチングガスの揮発性の例（1気圧下での沸点）[18]

分　子	沸点 [°C]	分　子	沸点 [°C]	分　子	沸点 [°C]
Al	2519	Si	3265	S	444.60
Al_2O_3	～3000	SiO_2	2950	SO_2	-10.05
AlF_3	1276	Si_3N_4	1900 (dec)[1]	SO_3	45
$AlCl_3$	> 180 (dec)[1]	SiF_4	-86	SF_4	-40.45
$AlBr_3$	255	$SiCl_4$	57.65	SF_6	-63.8 (sp)[2]
AlI_3	382	$SiBr_4$	154	SF_5Cl	-19.05
AlH_3	> 150 (dec)[1]	SiI_4	287.35	SF_5Br	3.1
		SiH_4	-111.9	SCl_2	59.6
B	4000	Si_2H_6	-14.3		
B_2O_3	1680	$SiHF_3$	-95	H_2	-252.87
BF_3	-101	SiH_2F_2	-77.8	H_2O	100
B_2F_4	-34	SiH_3F	-98.6	H_2O_2	150.2
BCl_3	12.6			HCN	26
BBr_3	91	$SiHCl_3$	33	HF	20
BI_3	210	SiH_2Cl_2	8.3	HCl	-85
		SiH_3Cl	-30.4	HBr	-66.38
CO	-191.5	$SiHBr_3$	109	HI	-33.55
CO_2	-78.4	SiH_2Br_2	66		
C_3O_2	6.8	SiH_3Br	1.9	F_2	-188.1
COF_2	-85.47	$SiHI_3$	220 (dec)[1]	Cl_2	-34.0
$COCl_2$	8	SiH_2I_2	150	ClF_3	11.7
$COBr_2$	64.5	SiH_3I	45.6		
C_2N_2	-21.1	SiF_3Cl	-70.0	Br_2	58.8
		$SiCl_3F$	12.25	BrF	～20
CCl_4	76.8	$SiCl_3Br$	80.3	BrF_3	1125.8
CF_4	-128.0	$SiCl_2F_2$	-32	BrF_5	40.76
CHF_3	-82.1	$SiBr_3Cl$	127	BrCl	～5
C_2F_6	-78.1				
C_3F_8	-36.6	N_2O	-88.48	I_2	184.4
C_2F_4	-75.9	NO_2	21.15	IF_5	100.5
C_4F_8	-5.9	NF_3	-128.75	IF_7	4.8
CH_4	-161.1	NCl_3	71	ICl	100 (dec)[1]
C_2H_4	-103.7	NOF	-59.9	ICl_3	64 (dec)[1]
		NOCl	-5.5	IBr	116 (dec)[1]
O_2	-183	NOBr	～0		
N_2	-195.79	NH_3	35.7		
NO	-151.74	N_2H_4	113.55		

[1] 分解 (decompose)，[2] 昇華点 (sublimation point)

の揮発性は，Ha = F, Cl, Br, I, H に対してそれぞれ，T_b = 1276, 180, 255, 382, > 150 (dec) °C であり，フッ素化合物 AlF_3 がもっとも揮発しにくい．これらより，F 原子は Al 基板表面で化合物 AlF_x を形成しやすいが，化合物は Al 表面から揮発すなわち脱離しにくく，エッチングは難しいといえる．実際，Al はフッ素系ガスではエッチングできず，表 4.1 にあるように，Al エッチングには塩素系ガスが用いられる．

また，Si_3N_4 エッチングにはフッ素系ガスが，フォトレジスト (C_xH_y) エッチングには酸素ガスが用いられる．前者は，SiO_2 と同様，Si_3N_4 基板における Si–N 原子間 (–Si–N–) の結合エネルギーの大小関係 $E_{Si-N} < E_{Si-F}$，およびフッ素化合物 SiF_4 の揮発性に基づく．一方，後者の C_xH_y 基板では，C–H 原子間の結合エネルギー $E_{C-H} = 3.51\,eV$ に比べて C 原子と O 原子との間の結合エネルギー $E_{C-O} = 11.16\,eV$ の方が大きいこと，C 原子と O 原子との化合物 CO, CO_2 の揮発性がいずれも T_b = −191.5, −78.4°C と高いことから理解できる．

このように，化学的な反応（自発反応）によるエッチングには，結合エネルギーの関係と化合物の揮発性の両方を満足する必要があり，新しい材料に対するエッチング反応ガスの候補を選ぶ際の考え方として有用である．なお，ハロゲン系ガスに関しては，近年，地球上層大気におけるオゾン層破壊や地球温暖化など地球環境問題に関連して，使用規制が進んでいることにも注意が必要である．表 4.1 では，CF_4, C_2F_6, C_4F_8, SF_6, NF_3 などが地球温暖化にかかわる規制対象である．

(2) プラズマ反応装置

プラズマエッチングには，高周波 (RF) やマイクロ波 (MW) を励起源とした低圧グロー放電プラズマが用いられる[13-17]．反応ガスを流しつつコンダクタンスバルブで排気速度を調節して，リアクタ内のガス圧力を 10^{-4}〜数 Torr に保ち，イオン密度 10^9〜$10^{12}\,cm^{-3}$，電子温度 2〜10 eV 程度のプラズマを発生する．高周波放電では周波数 13.56 MHz，マイクロ波放電では 2.45 GHz が多く用いられる．

図 4.5 にプラズマ反応装置の動向を示す[11, 17]．初期の円筒（バレル）型高周波放電プラズマ装置の動作ガス圧力は 0.1〜数 Torr であり，基板へのイオン入射エネルギーはプラズマ電位程度と低く（$E_i = e\phi_p$），中性の反応活性種との自発的な化学反応がエッチングを支配し，エッチング形状は等方的である．デバイスの高集積化・微細化に伴い，その後，図 4.6(a) に示すような平行平板電極をもつ容量結合型高周波放電プラズマ (CCP: capacitively coupled plasma) を用いた反応性イオンエッチング (RIE: reactive ion etching) 装置が開発され，異方性エッチングが可能になった．動作圧力は 10^{-2}〜10^{-1} Torr．被エッチング基板を高周波電極上に配置し，直流自己バイアス電圧（V_{DC}，一般に負の値）により基板表面上のシース電圧 ($V_{sh} = \phi_p - V_{DC}$) の増

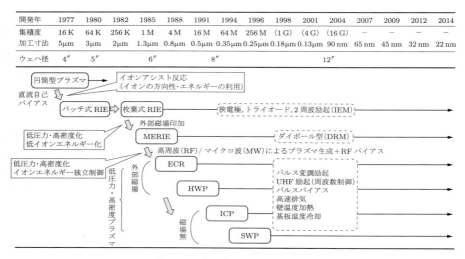

図 4.5 プラズマ反応装置の変遷

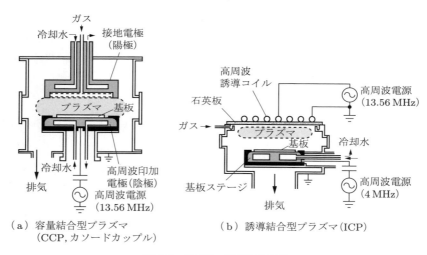

図 4.6 プラズマ反応装置の例

大を図り,イオン入射エネルギーの増大 ($E_i \approx eV_{sh}$),ひいては高い方向性をもつイオン入射が実現された.基板表面では中性活性種とイオンの相乗効果によるイオンアシスト反応が支配的である.多くの材料薄膜がこの RIE でドライエッチングされ,今日の技術の基本となっている.

しかし,その後もより高度な微細加工性能が求められ続けた.エッチングの高異方性および高選択性・低損傷性というトレードオフの関係が強い要求を両立させるには,基

板表面に入射するイオンの方向性の向上と低エネルギー化を同時に実現する必要がある．これに対して，低ガス圧力で動作し，イオン入射エネルギーが低く，しかもプラズマ密度が高い装置が開発され，今日に至っている．RIE 装置の電極表面に平行な外部磁場を印加したマグネトロン RIE (MERIE：magnetically enhanced RIE)，外部磁場＋マイクロ放電による電子サイクロトロン共鳴 (ECR：electron cyclotron resonance) 励起プラズマ，外部磁場＋高周波放電によるヘリコン波励起プラズマ (HWP：helicon wave-excited plasma) などであり，動作圧力は $10^{-4} \sim 10^{-2}$ Torr と低い．

さらに，基板の大口径化に対応して均一なプラズマ，ひいては均一なプロセスを実現するにあたり，電磁コイルの大型化などが問題となる．そこで外部磁場を用いない高周波放電が見直され，図 4.6(b) に示すような誘導結合型プラズマ (ICP：inductively coupled plasma) 装置が開発され，また，無磁場のマイクロ波放電による表面波励起プラズマ (SWP：surface wave-excited plasma) 装置も注目された．ECR, HWP, ICP, SWP などは低圧力・高密度プラズマ（あるいは単に高密度プラズマ）と総称されるが，いずれも，リアクタ外部から高周波やマイクロ波エネルギーを誘電体を通して入射し，プラズマを生成・維持する．基板ステージには高周波バイアスを別途印加し，イオンフラックスとイオンエネルギーの独立制御を可能にしている．

低ガス圧力のプラズマエッチング装置の特徴は，次のような点である．
(i) シース内でのイオン散乱が無視できる
(ii) 基板表面に入射する中性活性種とイオンのフラックス比 (Γ_n^0/Γ_i^0) が小さい
(iii) 高プラズマ密度によりイオン入射フラックス (Γ_i^0) を増大しエッチング速度を補う

デバイスの一層の高集積化・微細化に伴い，これら低圧力・高密度プラズマにも種々の問題が顕在化し，適宜それぞれの改善・最適化が行われた．今日では，おもに，平行平板型 RIE（二周波励起を含む），ICP，および ECR の改良型の超高周波 (UHF：ultra high frequency) 帯 ECR が，中程度の圧力（$\sim 10^{-2}$ Torr）で用いられることが多い．

(3) プロセス制御

図 4.7 に示すように，実際のプロセスでは，プラズマリアクタの多彩な装置パラメータ（外部制御パラメータ）を調整することによってプラズマ特性（プラズマパラメータ）を制御し，基板表面に入射するイオンや中性活性種など反応粒子の特性を最適化して，様々な材料やデバイス構造に対応するプロセス特性を満足させる[11]．これまで数多くのプラズマ反応装置が開発され，プロセスに適用されてきたが，装置パラメータとプロセス特性の相関関係は必ずしも一対一対応ではなく，複雑である．中間にプラズマ特性の診断・評価・シミュレーションやプラズマプロセスのモデルシミュレー

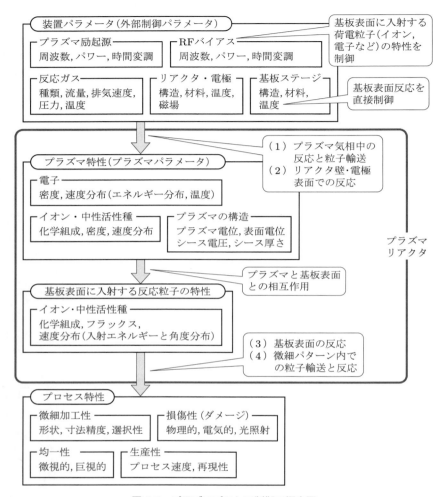

図 4.7　プラズマプロセス制御の概念図

ションを介することにより，装置パラメータとプラズマ特性，およびプラズマ特性とプロセス特性の相関を把握し，プラズマエッチングにかかわる反応過程の理解を進めることが今後ますます重要である．

　こうしたアプローチにより，近年，とくに低圧力・高密度プラズマに対して装置パラメータ制御に関する研究が精力的に行われ，プラズマエッチング技術の高精度・高性能化に貢献している[17, 19, 20]．パルス変調励起[21]，UHF 励起[22]，パルスバイアス[23]，高速排気（滞在時間制御）[24]，壁温度加熱[25]，基板温度冷却[26] などであり，多彩な装置パラメータの精密制御により，新しい反応系の構築に至ることもある．

4.2.3 ドライエッチングにおけるプラズマの役割

プラズマプロセスにおけるプラズマの役割について，以下に述べる．

(1) 反応粒子（イオン，ラジカル）の生成と輸送

プラズマ反応装置（プラズマリアクタ）の中を空間的に眺めると，図4.8に示すように，プラズマプロセスにかかわる物理的・化学的機構は，

(i) プラズマ気相での反応過程（電子衝突，イオン・分子反応，原子・分子反応など）と粒子輸送
(ii) プラズマと接触したリアクタ壁や電極表面での反応過程（再結合，吸着・堆積，イオンの中性化，スパッタリングによる不純物発生など）
(iii) 基板表面での反応過程（吸着・反応・脱離，自発反応，スパッタリング，イオンアシスト反応，保護膜形成など）

に大別でき，さらに基板表面では，

(iv) 微細パターン構造内での粒子輸送と表面反応過程（シャドーイング，チャージアップ，表面反射（再放出）など）

がプロセス特性を決定づける[27, 28]．これら四つのカテゴリーの粒子輸送と反応過程は相互に絡み合い複雑ではあるが，近年多くの実験的・理論的研究が進み，理解も深まっている．

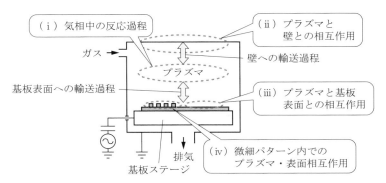

図4.8 プラズマリアクタにおける気相・表面反応過程の概念図

反応ガスは，おもにプラズマ気相中の電子衝突過程によって励起，解離，電離され，生成されたイオンおよび中性の反応活性種は，未分解のガス分子とともに基板近傍に輸送されて基板表面に入射する[29, 30]．また，リアクタ壁や電極表面は，イオンや中性活性種の消滅にかかわる主要なフィールドであり，気相中の反応粒子の組成と密度に大きく影響を及ぼす．なお，プラズマエッチングに用いられるハロゲン系ガスは，いわゆる負性ガス (electronegative gas) であり，イオンとして，正イオンと負イオンの

両方が存在する．

(2) シースによるイオンの加速

図 4.9 に，リアクタにおけるプラズマ構造の模式図を示す[27, 28]．プラズマは，電子とイオンの密度がほぼ等しく ($n_e \approx n_i$) 電気的に中性で，大きな電位差や電界のない状態に保たれるが，プラズマと接触する基板や電極・リアクタ壁など固体表面上には，空間電荷層であるイオンシースが形成される．この場合，表面の電位 (ϕ_s) はプラズマ電位 (ϕ_p) に対して負になり，電子は減速あるいは追い返される一方，イオンが加速され，シース内ではイオンが過剰となって電気的中性状態が崩れている．表面近傍のガス分子や中性活性種など中性の反応粒子は，シースの影響を受けず，熱運動速度のまま表面に等方的に入射し，そのフラックスは $\Gamma_n^0 \approx (n_n/4)\sqrt{8k_BT_n/\pi m_n}$ と表される．ここで，n_n, T_n, m_n はそれぞれ中性粒子の密度，温度，質量，k_B はボルツマン定数である ($T_n \approx 500 \sim 1000 \, \text{K}$)．

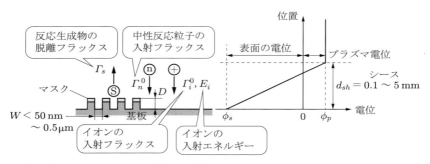

図 4.9 プラズマリアクタにおける固体表面（基板，電極，リアクタ壁）近傍のプラズマ構造の模式図

一方，表面近傍の正イオンはシース内の電場で加速され，シース内でのガス分子との衝突が無視できる低圧力下では，表面にほぼ垂直に入射する（プラズマ中での熱運動に起因して，シース内でガス分子との衝突がない場合でも，完全に垂直ではなく入射角度分布をもつ）．イオンの入射フラックスとエネルギーは，それぞれボーム・シース規準 (Bohm sheath criterion) と，シースにおける電位降下（シース電圧 V_{sh}）により $\Gamma_i^0 \approx 0.6 n_i \sqrt{k_B T_e/m_i}$，$E_i \approx eV_{sh} = e(\phi_p - \phi_s)$ 程度と表される ($E_i \approx 50 \sim 1000 \, \text{eV}$)．ここで，$n_i, m_i$ はそれぞれプラズマのイオン密度，質量，T_e は電子温度，e は素電荷である．また，シースの厚み (d_{sh}) は電子デバイ長 $\lambda_D = \sqrt{\varepsilon_0 k_B T_e / e^2 n_e}$ の数倍程度であり，エッチング対象である基板表面の微細パターンの寸法 W や深さ（高さ）D と比べ $10^3 \sim 10^5$ 倍ほどと非常に大きい．ここで，ε_0 は真空の誘電率を表す．したがって，イオンは主としてパターンの底の部分に，一方，中性粒子は底部のみなら

ず側壁部分にも入射する.さらに,基板表面では,エッチング反応生成物の脱離フラックス $\Gamma_s \approx \rho_s ER$ が存在する.ここで,ρ_s は基板の原子密度,ER はエッチング速度である(反応生成物は基板原子1個を含む分子と仮定).なお,ハロゲンガスプラズマの場合,電気的中性は,電子+負イオン密度が正イオン密度と等しいことによって得られる.負イオンと電子はプラズマの構造にかかわる.負イオンに関しては最近,表面反応への効果も注目されるが,電子は表面反応自体には寄与しないと考えられる.

図 4.10 に,CCP リアクタにおける Ar プラズマと基板表面への荷電粒子 (Ar^+, e^-) 入射に関する粒子シミュレーション (PIC/MC:particle-in-cell/Monte Carlo) の例を示す[31, 32].シミュレーションでは,接地された円筒形容器(内径 25 cm,高さ 4 cm)の一端に高周波電極(直径 10 cm)が設置され,電極には,ブロッキングコンデンサ(容量 $C_B = 500\,\mathrm{pF}$)を介して,高周波電源(電圧 $V_s = V_0 \sin\omega t$,周波数 $f = \omega/2\pi = 13.56\,\mathrm{MHz}$)が接続されている.また,Ar ガスは容器内に一様に分布すると仮定して,ガスの流れは考慮せず,Ar^+ イオンと電子の荷電粒子に関して,静電

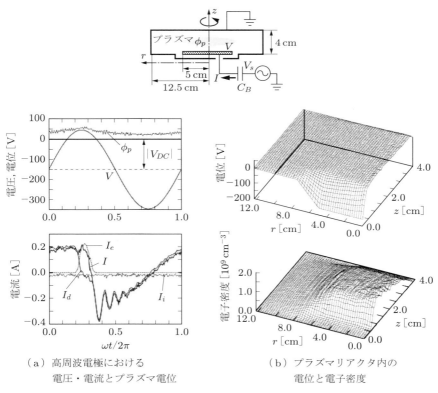

(a) 高周波電極における
電圧・電流とプラズマ電位

(b) プラズマリアクタ内の
電位と電子密度

図 4.10 CCP リアクタの PIC/MC のシミュレーションの一例

場の存在下でPIC/MC法を用いて解析を行う（計算への入力パラメータは，電圧振幅 $V_0 = 200$ V，ガス圧力 $P_0 = 200$ mTorr，温度 $T_0 = 300$ K）．図(a)において，以下のことなどがわかる．

(i) 高周波電極電圧は $V \approx V_{DC} + V_0 \sin \omega t$ であり，非対称電極（高周波電極面積 < 接地電極面積）に起因して直流自己バイアス電圧が生じる（$V_{DC} \approx -150$ V）

(ii) プラズマ電位も $\phi_p \approx (\phi_p)_{DC} + (\phi_p)_0 \sin \omega t$ と時間変動する（図中 $r = 0, z = 1$ cm における ϕ_p，$(\phi_p)_{DC} \approx 30$ V）

(iii) 電子電流 I_e はプラズマ電位 ϕ_p と電極電位 V との差が最小になる時間あたり（$\omega t / 2\pi \approx 0.25$）で電極に流入する

(iv) イオン電流 I_i は時間的にほぼ一定に電極に流入する（イオン電流密度 ≈ 0.08 mA/cm^2）

(v) 電極の全電流 $I = I_e + I_i + I_d$ に変位電流 I_d が占める割合が大きく，電源とプラズマのマッチングが十分でない（プラズマへの入力パワーの時間平均は約 5 W，C_B の値に依存）

(vi) 電極上のシース厚みの時間変動に起因して，電流 I，I_d には周期的な時間変動が重畳する

さらに，図(b)のプラズマリアクタ内の電位 Φ と電子密度 n_e の空間分布（高周波1周期の時間平均）を見ると，高周波電極やリアクタ壁近傍のシース構造がわかる．

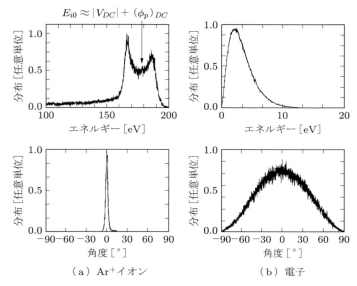

図4.11 入射エネルギーと入射角度の分布

図 4.11 に,図 4.10 の条件下で,シースを通過して高周波電極表面 ($r=0, z=0$) に入射する Ar^+ イオンと電子の入射エネルギーと入射角度の分布(高周波1周期の時間平均)を示す[31]. イオンは表面にほぼ垂直に入射し,入射エネルギーの分布は $E_{i0} \approx |V_{DC}| + (\phi_p)_{DC}$ を中心として二つのピークをもつ.一方,電子は表面にほとんど等方的に入射し,入射エネルギーの平均は気相での電子エネルギーの平均 $\langle \varepsilon_e \rangle \approx 3.4\,\mathrm{eV}$ 程度である.

4.2.4 ドライエッチングにおける表面反応過程

基板表面,および微細パターン内の被エッチング表面での反応過程は,まず,表面に入射する反応粒子(イオンや中性の反応活性種)の化学組成,およびそれらの表面入射フラックスと速度分布(入射エネルギーと角度分布),さらに表面温度によって決まる.

(1) 表面反応過程の分類と特徴

プラズマエッチングにかかわる表面反応過程は,
 (i) 中性の反応活性種による自発的な化学反応(詳しくは 4.2.2 項 (1) 参照)
 (ii) イオンによる物理的スパッタリング
 (iii) イオンと中性活性種の相乗効果によるイオンアシスト反応
 (iv) 保護膜形成(重合膜堆積,表面酸化・窒化)
に大別できる[6, 28, 33, 34].熱運動速度で表面に等方的に入射する中性粒子のみによる化学反応 (i) は,選択性に優れるが,エッチング表面反応に方向性がなく,マスクパターン下のアンダーカットが大きい等方的なエッチング形状を与える.エッチング形状の異方性と材料選択性を両立させるには,図 4.12 に示すように[11, 12, 28],シースで加速

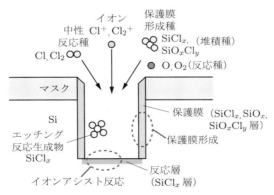

図 4.12 イオンアシスト反応と側壁保護による異方性エッチングの概念図

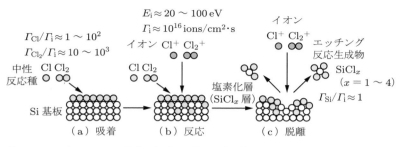

図 4.13 イオンアシスト反応の概念図（Cl_2 プラズマによる Si エッチングの場合）

され，表面にほぼ垂直に入射するイオンがかかわるイオンアシスト反応 (iii) がもっとも重要な反応過程となる．イオンアシスト反応は，図 4.13 に示すように，(a) 反応活性種の基板表面への吸着，(b) 吸着活性種の表面層への侵入とそれに続く基板原子との反応による反応層の形成，および (c) 反応生成物の脱離，の三つのステップを経て進行する．たとえば，塩素系プラズマによる Si エッチングでは，Cl 原子あるいは Cl_2 分子が表面に吸着し（Cl_2 は解離吸着），表面吸着・反応層（塩素化合物 $SiCl_x$ 層）が形成される．この表面 $SiCl_x$ 層にイオンが入射すると，反応生成物 $SiCl_x$ が脱離してエッチングが進行する．ここで，十分な運動エネルギーをもち高速で表面に入射するイオンが，ステップ (b) の促進に影響を及ぼす場合を化学スパッタリング（あるいは物理支援化学スパッタリング），一方，ステップ (c) の促進に影響を及ぼす場合を物理スパッタリング（あるいは化学支援物理スパッタリング）とよぶ[33]．なお，イオンのみによる物理的スパッタリング (ii) は，優れた形状異方性を与えるが，選択性に乏しい．

保護膜形成 (iv) によるパターンの側壁保護は，中性活性種あるいは斜め入射イオンの側壁アタックの効果を抑制し，その結果，パターン底面でのイオンアシスト反応による縦方向のエッチングが優勢となり（$ER_{lat} \ll ER_{ver}$），エッチング形状の異方性が向上する．さらに，側壁への重合膜堆積を積極的に利用してテーパ形状を得ることもでき，またパターン底部の下地材料膜表面やマスク表面に材料選択的に堆積した重合膜は，中性活性種やイオン入射の効果を抑制し選択性に寄与する．表面に付着・堆積して重合膜を形成しエッチング反応抑制に至る粒子としては，エッチング反応生成物・副生成物やスパッタされたマスク物質，およびそれらの分解種（フラグメント）が対応する（エッチングガスに $SiCl_4$, BCl_3, C_2F_6, C_4F_8 のような堆積性ガスを含む反応系ではガス分子の分解種なども含まれる）．なお，保護膜形成のプロセスは必ずしも重合膜堆積を必要とせず，微量の酸素や窒素との反応により形成される薄い表面酸化層や窒化層などもエッチング反応を抑制し，類似の役割を果たす．たとえば，塩素/Si 系では，反応生成物がかかわる重合膜堆積として，塩素化合物 $SiCl_x$ のほか，

微量の酸素（不純物，あるいは添加ガス）との反応による酸化物 SiO_x，あるいは酸塩化物 SiO_xCl_y の寄与もある．さらに，微量酸素の影響による薄い表面酸化層（SiO_x，SiO_xCl_y 層）の形成も重要である．このような保護膜形成過程は，エッチングの加工形状や寸法精度，選択性，およびそれらの微視的均一性にきわめて重大な影響を及ぼすため，イオンアシスト反応とともに，その機構の理解と制御が高精度エッチングには不可欠である．

なお，プラズマから基板表面に入射する短波長（紫外 (UV)，真空紫外 (VUV)）光について，後の4.4.3項に述べるように，ダメージへの影響が最近注目されている．同様に，エッチング表面反応へのかかわりも推測されるが，表面に入射する反応粒子の影響と峻別しての報告はまだ見あたらない．

(2) 表面反応過程とエッチング特性

以下に，表面反応過程とエッチング特性に関する考え方を述べる．これらは基本的に，ほかのエッチング反応ガスと材料との組み合わせに対しても同様である．

(a) Si エッチング

フッ素系プラズマ（SF_6，CF_4 など）では，F 原子の Si 表面における自発的な化学反応が支配的で，F 原子は容易に Si 基板内部に侵入して数モノレイヤー（ML：monolayer）以上の比較的厚い表面吸着・反応層（SiF_x 層）が形成され，揮発性の高い反応生成物分子（SiF_4）が表面から脱離してエッチングが進む[33]．

$$Si(s) + 4F(s) \rightarrow SiF_4(g)$$

ここで，(s) は表面の原子分子，(g) は気相の原子分子（プラズマ気相から表面に入射する原子分子，表面から脱離する原子分子）を表す．この場合は一般に，$0.5 \sim 1\,\mu m/min$ 程度の高いエッチング速度が得られるが，マスク下のパターン側壁にアンダーカットが入り，エッチング形状は等方的である．一方，塩素系（Cl_2 など）・臭素系（HBr など）プラズマによる Si エッチングでは，Cl，Br 原子の Si 表面における自発化学反応確率すなわち反応性が小さく，Cl，Br 原子の吸着により形成される表面反応層（$SiCl_x$，$SiBr_x$ 層）は 1 ML 程度に留まり，反応生成物（$SiCl_4$，$SiBr_4$）の揮発性も比較的低く，表面での $SiCl_4$，$SiBr_4$ の形成 → 脱離は生じにくい．したがって，多くの場合，自発的エッチング

$$Si(s) + 4Cl(s), 4Br(s) \rightarrow SiCl_4(g), SiBr_4(g)$$

は進行せず，反応活性種の化学的作用と入射イオンの物理的作用が相乗するイオンアシスト反応

$$\mathrm{Si(s) + 4Cl(s), 4Br(s) + Cl^+, Br^+ \rightarrow SiCl_4(g), SiBr_4(g)}$$

の下，数 ML 以上の厚い表面反応層（$SiCl_x$, $SiBr_x$ 層）が形成され[33]．エッチング速度は 0.2～0.3 μm/min 程度と低いが，側壁は垂直で異方性形状が得られる．さらに，Cl，Br の SiO_2 に対する反応性が Si より小さく，SiO_2 に対する高いエッチング選択性が得られる（$ER_{Si}/ER_{SiO_2} > 10$）．なお，イオン入射エネルギーが低い場合（$E_i < 50\,\mathrm{eV}$），Si エッチング開始には，Si 表面を覆う自然酸化膜（SiO_2）を除去するプロセス（ブレークスルー）が必要になる．また，塩素/Si 系，臭素/Si 系における自発反応の速度は，Si 基板の不純物（ドーパント）の種類と濃度に大きく依存する[6]．リン（P）やヒ素（As）をドープしたn型 Si は，無添加 Si に比べて著しく高い速度でエッチングされるが，ホウ素（B）をドープしたp型 Si は，エッチング速度が幾分低い．さらに，n 型の場合，シート抵抗が低いほど（高いドーパント濃度ほど）エッチング速度が増大し，パターン側壁にアンダーカットが入りやすい．一方，p 型は逆の傾向を示し，抵抗が高いほど（低ドーパント濃度ほど）エッチング速度が増大する．なお，フッ素/Si 系でのドーピング依存性は小さい．

　フッ素系プラズマによる Si エッチング，および塩素系・臭素系プラズマによる n$^+$ 型 Si エッチングにおいて，アンダーカットのない異方性形状を得るには，基板冷却や側壁保護が必要となる．基板表面温度が低下すると，反応活性種との自発反応が抑制され，また，反応生成物の堆積が促進される．パターン側壁における自発反応抑制により，フッ素系プラズマでは $-100°C$ 以下の低温，塩素系では $-10\sim-50°C$ 以下の中低温，臭素系では室温以下の温度で垂直形状が得られる[26]．また，反応生成物堆積などによりエッチング中のパターン側壁に形成される保護膜は，側壁における横方向のエッチングを抑制し，エッチング形状の異方性向上に至る．

　塩素系・臭素系プラズマによる Si エッチングでは，酸素を添加した Cl_2/O_2，HBr/O_2，$Cl_2/HBr/O_2$ などのガス系を用いることも多い[34-36]．O_2 添加により，Si 表面の酸化および反応生成物 $SiHa_xO_y$（Ha = Cl, Br）堆積による薄い（< 数 nm）側壁保護膜形成が促進されて，高い異方性と寸法精度が得られ，また，表面酸化による Si エッチング速度の低下より SiO_2 表面の酸化促進による SiO_2 エッチング速度の低下の方が顕著で，高い対 SiO_2 選択性が得られる．なお，Cl_2 に O_2 を微量（< 数%）添加すると，プラズマ気相中の反応過程

$$\mathrm{Cl_2 + O \rightarrow ClO + Cl}$$

により，Cl_2 分子の解離が促進されて Cl 原子密度が増え，Si エッチング速度が増大するとともに，イオン入射エネルギーが低い場合，等方的なエッチング形状に至る．

(b) SiO_2 エッチング

フッ素系プラズマにおいて，F 原子と SiO_2 表面との自発化学反応確率すなわち反応性は Si より小さい（F 原子との自発的反応による SiO_2 エッチング速度は，室温で Si の < 1/10 程度）．したがって，イオン入射エネルギーが高い場合，自発的エッチング

$$SiO_2(s) + 4F(s) \rightarrow SiF_4(g) + O_2(g)$$

より，入射イオンの物理的効果の下，強い Si–O 原子間結合が切断あるいは弱められ，F 原子との反応が促進されるイオンアシスト反応が優勢となり[33]，0.1～1 μm/min 程度のエッチング速度と，異方的なエッチング形状が得られる．しかし，F の SiO_2 に対する反応性が Si より小さく，Si に対するエッチング選択性は低い（$ER_{SiO_2}/ER_{Si} < 0.1$）．

フッ素系プラズマによる SiO_2 の異方性・高選択エッチングには，CF_4, CHF_3, C_2F_6, C_4F_8, C_5F_8 などフルオロカーボンガスが，また，添加ガスとして H_2, O_2, CO などが用いられる[37-40]．たとえば，CF_4/H_2 ガス系では，H_2 を添加すると Si のエッチング速度は急激に低下し，H_2 添加量 > 50%でエッチング速度はほぼゼロとなるのに対し，SiO_2 のエッチング速度は緩やかに低下するだけであり，Si に対する高選択性が得られる（$ER_{SiO_2}/ER_{Si} \gg 10$）．この選択エッチングの機構は，$SiO_2$ および Si 表面における F 原子によるエッチング反応と，CF, CF_2 分子によるフルオロカーボン重合膜（C と F からなる高分子膜）堆積との競合による．フルオロカーボンプラズマに H_2 を混合すると，プラズマ気相中の H と F との反応（H + F → HF）により F 原子密度が減り，その結果，CF_x の再結合反応

$$CF_x + (4-x)F \rightarrow CF_4$$

が抑制されるとともに，H と CF_{x+1} との反応

$$CF_{x+1} + H \rightarrow CF_x + HF$$

も生じ，CF_x 分子の密度が増える．SiO_2 表面では，SiO_2 のエッチング反応

$$SiO_2(s) + 4F(s) \rightarrow SiF_4(g) + O_2(g)$$

から発生する酸素により，表面の吸着・付着 CF や CF_2 を除去する反応

$$CF_{1,2}(s) + O_2(g) \rightarrow CO(g), CO_2(g), COF(g), COF_2(g)$$

が進み，重合膜が形成されにくい．しかし，Si 表面では，エッチング反応

$$Si(s) + 4F(s) \rightarrow SiF_4(g)$$

による酸素の供給がないため，CF や CF_2 が除去されず重合してフルオロカーボン重合膜が堆積し，F 原子によるエッチングが抑制される．したがって，SiO_2 の対 Si 高選択性エッチングには，C リッチな C_4F_8/H_2 ガス系などが用いられることが多い．なお，フルオロカーボンプラズマに O_2 を混合すると，プラズマ気相中の O と CF_x との反応過程

$$CF_x + O \rightarrow CO + xF$$

により F 原子密度が増え，Si, SiO_2 ともエッチング速度が増大し，多くの場合，エッチング選択性向上につながらない（$ER_{SiO_2}/ER_{Si} \approx 1$）．

フルオロカーボンプラズマによる SiO_2 エッチングにおけるイオンアシスト反応の機構は，SiO_2 表面における F 原子の吸着・反応，CF_x 分子の吸着・付着と重合膜堆積，および入射 CF_x^+ イオンがかかわる反応が競合し，複雑である[37-40]．F 原子，CF_x 分子吸着により形成される数 ML 程度の表面反応層（$SiC_xF_yO_z$ 層，ミキシング層ともよぶ）の上に，フルオロカーボン重合膜（C_xF_x 層，ポリマー層ともよぶ）が形成され，入射反応粒子（CF_x^+, F, CF_x），脱離反応生成物（SiF_x, CO_x, COF_x）はこのポリマー層を通過して SiO_2 表面に出入りする．イオン入射エネルギーが低い領域では，SiO_2 上への重合膜堆積が生じるが（重合膜堆積領域，$E_i < 50\,\mathrm{eV}$），エネルギーを高くするとイオンの物理的スパッタリングによる重合膜の除去効果が顕著になり，エッチングが始まる（堆積抑制領域 $50 < E_i < 100\,\mathrm{eV}$）．さらにイオンエネルギーを高くすると，$CF_x^+$ イオンがかかわるイオンアシスト反応

$$SiO_2(s) + 4F(s) + CF_x^+ \rightarrow SiF_4(g) + CO(g), COF(g)$$

が進む（酸化膜反応性スパッタリング領域，$E_i > 100\,\mathrm{eV}$）[37]．ここで，Si–F 原子間結合（$E_{Si-F} = 5.73\,\mathrm{eV}$）のみならず，C–O 結合（$E_{C-O} = 11.15\,\mathrm{eV}$）も SiO_2 基板の Si–O 結合（$E_{Si-O} \approx 4.8\,\mathrm{eV}$）より強く，F のみならず C 原子も SiO_2 表面の Si–O 結合の切断（酸化に対し還元ともよぶ）と，脱離反応生成物 SiF_x, CO_x, COF_x の形成に寄与する．

(c) Al エッチング

塩素系プラズマにおいて，Cl 原子，Cl_2 分子と Al 表面との自発的な化学反応が支配的で，表面を覆う自然酸化膜（Al_2O_3）が除去され Al 表面が露出すると，およそ 1 μm/min を超える速い速度で等方的なエッチングが進む．

$$2\text{Al(s)} + 3\text{Cl}_2\text{(s)} \rightarrow \begin{cases} \text{Al}_2\text{Cl}_6\text{(g)} & \text{(室温)} \\ 2\text{AlCl}_3\text{(g)} & (>200°\text{C}) \end{cases}$$

ここで，Al のエッチング速度は，入射するイオンのエネルギーによらない[41,42]．このようにイオンアシストエッチングが観測されない反応系として，塩素/Al 系のほかに水素/Si 系が知られる．塩素系プラズマによる Al の異方性エッチングには Cl_2/BCl_3 混合ガスが多く用いられ，反応ガスの分解種 (BCl_x) やエッチング反応生成物 (AlCl_x)，スパッタされたレジストマスク物質との混合物 (BCl_xC_y, AlCl_xC_y) などの付着・堆積による重合膜の側壁保護効果によりアンダーカットのない異方性形状を得る．なお，Al エッチングでは，比較的高いイオン入射エネルギーで速いエッチング速度を得るため，レジストに対するエッチング選択性は低く ($ER_\text{Al}/ER_\text{PR} < 2$)，厚いレジスト膜厚が必要になる．また，エッチング後の Al 表面に残留する Cl, Cl_2 が大気中の水蒸気と反応して HCl を生じ，Al を溶かすことに起因する Al の腐食を抑制するため，表面の残留塩素を除去するための後処理（加熱，フッ素系プラズマ暴露など）が不可欠である．

(d) Si_3N_4 エッチング

Si_3N_4 エッチングには，SiO_2 と同様，フッ素系プラズマが用いられ[43-45]，とくに，異方性・高選択性エッチングにはハイドロフルオロカーボン（CHF_3 など）プラズマあるいは水素を添加したフルオロカーボンプラズマが用いられる．Si_3N_4 基板における Si-N 結合の強さは Si, SiO_2 基板の中間にあり ($E_\text{Si-Si} \approx 2.3\,\text{eV} < E_\text{Si-N} \approx 3.0\,\text{eV} < E_\text{Si-O} \approx 4.8\,\text{eV}$)，F 原子と Si_3N_4 表面との自発化学反応確率すなわち反応性，CF_x, CHF_x 分子の表面への付着・堆積による重合膜形成の速度，および高い入射エネルギーの CF_x^+, CHF_x^+ イオンがかかわるイオンアシスト反応の速度，ひいてはエッチング速度とも Si, SiO_2 の中間である ($ER_\text{Si} > ER_{\text{Si}_3\text{N}_4} > ER_{\text{SO}_2}$)．

(e) C_xH_y エッチング

酸素 (O_2) プラズマによるフォトレジスト (C_xH_y) エッチングは，パターン形成エッチングの後のレジスト除去であり，等方的エッチングプロセス・装置で対応する．また，レジストは，パターン形成に際して，エッチングマスクとして用いられるため，塩素系・臭素系プラズマやフルオロカーボンプラズマとの相互作用や表面反応過程の理解の下，エッチング中のレジストマスクの変形（後退，側壁ラフネス・リップルの形成・発達）を抑制する必要がある[46]．

4.3 ドライエッチングによる微細加工

4.3.1 基板表面に入射する反応粒子

表 4.4 に，プラズマエッチングにかかわる反応粒子を，塩素 (Cl_2) プラズマによる Si エッチングを例として示す（Cl_2/O_2 プラズマの場合も同様）[11, 27, 47]．表には，反応粒子を，その発生源（反応ガス，反応生成物，壁からの不純物，マスク物質）と，表面反応での役割（イオン，中性の反応活性種，保護膜形成種（堆積種および反応種））の観点から分類して示している．実際のプロセス時のプラズマ中には，反応ガス分子とその分解種の中性活性種やイオンのほか，基板からのエッチング反応生成物，壁からの不純物，マスク材料からの物質などが含まれ，基板表面へ入射し，吸着・付着・堆積などの過程を通じてエッチング表面反応に影響を及ぼす．このような反応ガス以外に起源をもつ反応粒子の存在は，実際のプロセスにおいて重要である．

表 4.4 プラズマエッチングにかかわる反応粒子

表面反応過程での役割		発生源			
		反応ガス	反応生成物・副生成物	壁・窓からの不純物	マスク物質
	イオン	Cl_2^+, Cl^+	$SiCl_x^+$ [1)]	O_2^+, O^+	
	中性反応活性種	Cl_2, Cl			
保護膜形成種	堆積種		$SiCl_x$, SiO_x SiO_xCl_y		C_xH_y [2)]
	反応種			O_2, O	

注) Cl_2 プラズマによる Si エッチングの場合．Cl_2/O_2 プラズマの場合も同様（反応ガスに酸素が含まれる）．
1) Si^+, $SiCl^+$, $SiCl_2^+$ は堆積性，$SiCl_3^+$, $SiCl_4^+$ は反応性イオン．
2) レジストマスクの場合であり，ハードマスク（酸化膜マスク）の場合は，Si，Si 塩素・酸素化合物，酸素が相当する．

4.3.2 微細パターン内の粒子輸送

図 4.14 に，エッチング中の微細パターン（無限に長い 2 次元トレンチ構造）の概念図を示す[11, 27, 47]．エッチング加工形状進展のモデルは，微細パターン構造内における

(i) 反応粒子の輸送
(ii) 被エッチング表面での反応過程

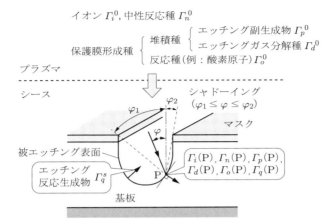

図 4.14　エッチング中の微細パターンの概念図

(iii) 被エッチング表面・界面の時間進展（エッチング形状進展）
の三つのモジュールからなる．プラズマからシースを通過して，エッチング中の基板表面には，イオン，中性の反応活性種，保護膜形成種（エッチング副生成物由来の堆積種，エッチングガス由来の堆積種，および反応種（酸素原子など））が流入し（それぞれのフラックス Γ_i^0, Γ_n^0, Γ_p^0, Γ_d^0, Γ_o^0），パターン内を輸送されて被エッチング表面に到達する．さらに，パターン内の表面からは新たに入射粒子と基板原子との反応生成物（エッチング反応生成物）が脱離してエッチングが進むとともに（脱離フラックス Γ_q^s），パターン内を保護膜形成堆積種として輸送されて別の表面位置に到達する（Γ_q）．

微細パターン内の被エッチング表面（底面や側壁）に入射する粒子フラックス（Γ_i, Γ_n, Γ_p, Γ_d, Γ_o）は，プラズマから基板表面への入射フラックスに比べて減少し不均一になる（同一パターン内の底面と側壁，および異なるアスペクト比のパターン内表面の間での不均一性）．微細パターンの影響として，図 4.15 にその概要を示すように，

(i) パターン構造の幾何学的形状による粒子軌道の制限（幾何学的シャドーイング：基板表面に入射するイオンや中性の反応粒子の方向性，すなわち入射フラックスの角度分布に起因して，パターン内での粒子軌道が制限される）

(ii) パターン内表面での粒子の反射（中性粒子の反射（再放出），イオンの反射（散乱））

(iii) パターン内表面の電荷蓄積（局所的チャージアップ：イオンと電子の入射角度分布の差異に起因して，同一パターン内表面に局所的な電荷蓄積が生じ，パターン内でのイオン軌道が曲がり，局所的な形状異常に至る．電子シェーディング：同様の機構により，異なるアスペクト比のパターン内表面の間で電位差が生じ，

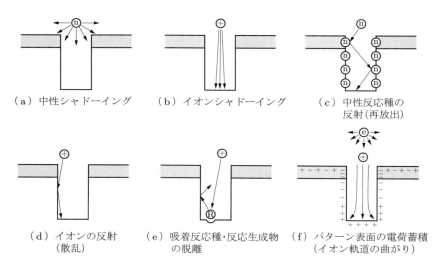

図 4.15　粒子輸送に関する微細パターンの影響

下地絶縁膜の劣化あるいは破壊に至る）
などが挙げられる．

　イオンは，シース内の電場で加速され，基板表面にほぼ垂直に入射し，おもにパターン底部に到達するが，熱運動（イオン温度 T_i）による速度分布の広がりは残るため，側壁への入射フラックス（斜め入射イオン）が存在し，図 4.16 に示すように，底面に入射するフラックスはアスペクト比 $(AR = D/W)$ が大きいパターンほど減少する[27, 48]．一方，ガス分子や中性活性種など中性の反応粒子は，熱運動速度のまま基板表面に等方的に入射するため，基本的に，パターン底部より側壁（とくに上部側壁）への入射フラックスの方が高く，アスペクト比が大きいほどパターン底部への入射フラックスは減少し，パターンのシャドーイング効果はイオンと比べて顕著である．しかし，中性粒子に対するシャドーイング効果は，表面での反射（再放出）の効果により抑制される（図中，S_n：中性粒子の表面吸着・付着確率，$(1 - S_n)$：反射（再放出）確率）．

　なお，プラズマから基板表面には，電子や光も入射する．電子は，シース電場により減速され，シース端で基板方向に高いエネルギーをもつ電子のみが，熱運動による横方向の大きな速度分布の広がりのまま，基板表面にほぼ等方的に入射する．したがって，中性粒子と同様，電子は，パターン側壁（とくに上部側壁）への入射フラックスが高く，アスペクト比が大きいほどパターン底部への入射フラックスは減少し，上に述べたように，イオン入射フラックスとの局所的差異により，パターン内表面の電荷蓄積に至る．

　一方，光も，基本的に基板表面に等方的に入射し，パターンの幾何学的シャドーイ

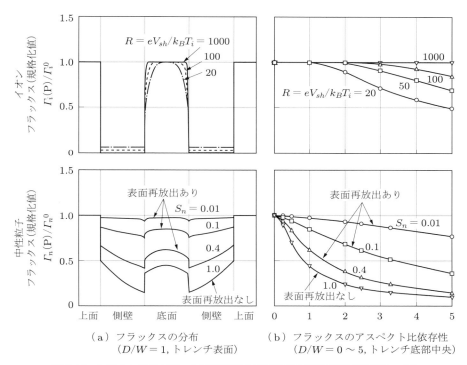

図 4.16 短形トレンチパターンの底部および側壁に入射する粒子のフラックス

ングに従って，パターン内表面に到達する．4.2.4 項 (1) にも少し述べたが，プラズマから基板表面に入射する短波長（紫外 (UV)，真空紫外 (VUV)）光について，ダメージへの影響，エッチング表面反応へのかかわりとも，シャドーイング効果に注目した報告はまだ見あたらない．

4.3.3 微細パターン内の表面反応過程

表 4.5 に，実際の Cl_2，Cl_2/O_2 プラズマによる Si エッチングにかかわる種々の表面反応過程を例として示す[47, 49]．エッチング表面反応は，

(i) 中性の反応活性種による自発的な化学反応（表中の反応 (1) を伴う (2)）
(ii) イオンによる物理的スパッタリング（反応 (3)，$x = 0$）
(iii) イオンと中性活性種の相乗効果によるイオンアシスト反応（反応 (1) を伴う (3)）
(iv) 保護膜形成（表面酸化：反応 (9) を伴う (5)，(8)，重合膜堆積：反応 (3)，(9) を伴う (10)，(11)）

に大別できる．エッチング形状の異方性と材料選択性・低損傷性を両立させるには，

4.2.4 項 (1) で述べたように，イオンアシスト反応 (iii) がもっとも重要な反応過程となる．なお表には，これら4種類のエッチング反応にかかわる，中性活性種の表面吸着（反応 (1)），吸着活性種のイオン衝撃による脱離（反応 (4), (7)），中性活性種の不飽和酸化表面への吸着（反応 (6)），酸化表面のイオンによるエッチング・スパッタリング（反応 (9)）などの過程も示している．

関連する表面反応係数（吸着・付着確率，脱離率，エッチング・スパッタリング収率など）は，種々の粒子ビーム（ガス，イオン）を用いての表面反応のモデル実験，古典的分子動力学 (MD：molecular dynamics) シミュレーション，種々のプラズマ実験（プラズマ・表面診断，モデリング）などにより求められる[47,49]．ここで，脱離率およびエッチング・スパッタリング収率は，それぞれ，入射イオン1個あたり表面から脱離する吸着原子数，および基板原子数を指す．しかし，種々の被エッチング材料と反応粒子の組み合わせに対するデータがすべてそろっているわけでなく，新材料のエッチングや新しい反応ガスによるエッチングを考える場合には，新たに，関連する反応係数の収集・創出が必要となる．

4.3.4　エッチングの微視的均一性

エッチング特性の微視的な均一性 (microscopic uniformity) とは[50]，たとえば，チップ内の中心と周辺回路部との均一性，またセル内のライン・アンド・スペース (L&S：line and space) パターンにおける最外部と内部パターンとの均一性などであり，微細パターンの幾何学的構造やパターン密度の局所的な差異にかかわる．微視的均一性はさらに，パターンの寸法，アスペクト比，密度への依存性の三つに分類される[27,50,51]．ここで，パターン寸法はマスクパターンの開口部寸法（溝幅や孔径，W_s），アスペクト比はマスクパターンの高さと開口部寸法との比 ($AR = H_m/W_s$)，パターン密度はマスク開口部すなわち被エッチング領域の局所的な面密度を表す（図4.4参照）．

類似の用語として，マイクロローディング (microloading) 効果，アスペクト比依存エッチング (ARDE：aspect-ratio dependent etching) がある．最近では，マイクロローディング効果はパターン密度に対する依存性に限定され，中性の反応活性種の消費量の増減に起因する現象とされる．一方，ARDE は，パターンの幾何学的構造に依存して生じる現象であり，プラズマからマスク開口部を通して微細パターン内に入射したイオンや中性の反応活性種・保護膜形成種，ならびにパターン内の被エッチング表面から脱離したエッチング生成物などの反応粒子に関して，パターン内を輸送されて被エッチング表面（パターン内の底面や側壁）に入射するフラックス（単位時間・面積あたりの個数）が，4.3.2 項に述べたように，パターンのアスペクト比に依存することに起因する．

表 4.5 Cl_2, Cl_2/O_2 プラズマによる Si エッチングにおける表面反応過程

表面反応	反応過程 [1]	反応係数 [2]
(1) 中性反応種の吸着	$Si(s)+xCl(s)+Cl(g) \rightarrow Si(s)+(x+1)Cl(s)$　$(x=0\sim 3)$	$S_n = 1-x/4$
(2) 自発的な化学エッチング	$Si(s)+3Cl(s)+Cl(g) \rightarrow SiCl_4(g)$	$\alpha_{Si/Cl}(T_s)$
(3) イオンアシストエッチング	$Si(s)+xCl(s) \xrightarrow{Cl^+} SiCl_x(g)$　$(x=1\sim 4)$	$(x/4)Y_{Si/Cl^+}(E_i,\theta)$
(4) 吸着反応種のイオン誘起脱離	$Si(s)+xCl(s) \xrightarrow{Cl^+} Si(s)+(x-1)Cl(s)+Cl(g)$　$(x=1\sim 4)$	$Y_n = 4Y_{Si/Cl^+}(E_i,\theta)$
(5) 酸化	$Si(s)+xO(s)+O(g) \rightarrow Si(s)+(x+1)O(s)$　$(x=0,1)$	$S_o = 1-x/2$
(6) 部分酸化表面の塩素化	$Si(s)+O(s)+xCl(s)+Cl(g) \rightarrow Si(s)+O(s)+(x+1)Cl(s)$　$(x=0,1)$	$S_n = 0.5(1-x/2)$
(7) 部分酸化表面からの吸着反応種のイオン誘起脱離	$Si(s)+O(s)+xCl(s) \xrightarrow{Cl^+} Si(s)+O(s)+(x-1)Cl(s)+Cl(g)$　$(x=1,2)$	$Y_n = 4Y_{Si/Cl^+}(E_i,\theta)$
(8) 塩素化表面の酸化	$Si(s)+xCl(s)+O(g) \rightarrow Si(s)+xCl(s)+O(s)$　$(x=1,2)$ $Si(s)+xCl(s)+O(g) \rightarrow Si(s)+2Cl(s)+O(s)+(x-2)Cl(g)$　$(x=3,4)$ $Si(s)+xCl(s)+O(s)+O(g) \rightarrow Si(s)+2O(s)+xCl(g)$　$(x=1,2)$	$S_o = 1$ $S_o = 1$ $S_o = 0.5$
(9) 酸化表面のエッチング・スパッタリング	$SiCl_x(s)+O(s) \xrightarrow{Cl^+} SiCl_xO(g)$　$(x=1,2)$ $Si(s)+xO(s) \xrightarrow{Cl^+} SiO(g)+(x-1)O(g)$　$(x=1,2)$	$Y_{Si/O^+}^{sp}(E_i,\theta)$
(10) エッチング生成物の再堆積（パターン表面から）	$SiCl_x(g) \rightarrow Si(s)+xCl(s)$　$(x=1\sim 4)$ $SiO_y(g) \rightarrow Si(s)+yO(s)$　$(y=1,2)$ $SiCl_xO_y(g) \rightarrow Si(s)+xCl(s)+yO(s)$　$(x=1,2,y=1)$	$S_q = 0.002\sim 0.1$
(11) エッチング副生成物の堆積（プラズマから）	$SiCl_2(g) \rightarrow Si(s)+2Cl(s)$ $SiCl_2O(g) \rightarrow Si(s)+2Cl(s)+O(s)$	$S_p = 0.1\sim 0.5$

1) (s)：表面の原子分子，(g)：気相の原子分子（プラズマ気相から表面に入射する原子分子，表面から脱離する原子分子）．
2) S_j ($j=n,o,q,p$)：吸着・付着確率，$\alpha_{Si/Cl}$：反応確率，Y_{Si/Cl^+}：エッチング収率，Y_n：脱離収率，Y_{Si/O^+}^{sp}：スパッタリング収率（ここで，T_s：表面温度，E_i：イオン入射エネルギー，θ：イオン入射角度）

図4.17にARDEの例を模式的に示す．図(a)のように，狭いパターン（AR大）のエッチング深さ（エッチング速度）が，広いパターン（AR小）に比べて小さい，あるいは逆に，図(b)のように，狭いパターンのエッチング速度の方が大きい現象があり，それぞれRIEラグ (reactive-ion-etching lag) および逆RIEラグ (inverse RIE lag) とよばれる．さらに，エッチング形状に関して，図(c)テーパ（AR小のパターン側壁），(d)テーパ（AR大のパターン側壁），(e)マイクロトレンチ，(f)ノッチのアスペクト比依存性も知られる．たとえば，トランジスタのゲート電極エッチングにおいて，このようなARDEは，オーバーエッチング時の局所的なゲート酸化膜厚の減少・突き抜けや，ゲート電極幅ひいてはトランジスタのチャネル長のばらつきなど，トランジスタ動作上重大な問題に至る場合がある．したがって，パターン形成では，このよ

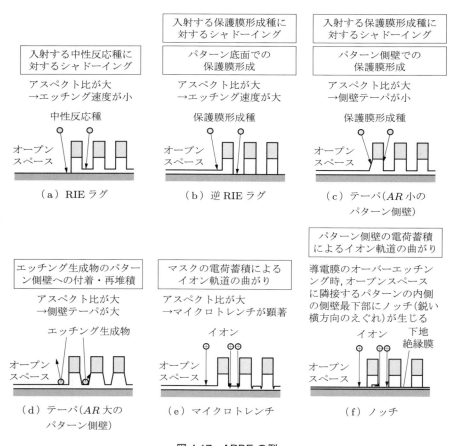

図4.17　ARDEの例

うな ARDE のない高精度の異方性エッチングが求められる．

いずれにせよ，本項で述べたエッチングの微視的均一性や，4.2.1 項 (1) で述べたエッチング形状異常は，プラズマからマスク開口部を通して微細パターン内に入射したイオンや中性の反応活性種・保護膜形成種，パターン内の被エッチング表面から脱離したエッチング生成物などの反応粒子のパターン内での輸送に起因して生じる．

4.3.5 微細加工形状進展

4.2 節「ドライエッチングの基礎」，および本 4.3 節「ドライエッチングによる微細加工」でここまでに述べた基礎的諸事項に基づくエッチング加工形状進展のモデリングシミュレーション（形状シミュレーション）は，基礎事項の一層の理解と，その実際のエッチングプロセスへの展開に有用である．形状シミュレーションは，4.3.2 項で述べたように，

(i) 基板表面への反応粒子の入射と，微細パターン構造内での反応粒子の輸送
(ii) パターン内の被エッチング表面での反応過程
(iii) 被エッチング表面・界面の時間進展（エッチング形状進展）

の三つのモジュールからなる[47,52]．モジュール (ii), (iii) には，経験的・現象論的モデルと，古典的分子動力学 (MD) モデルがある．

(1) 原子スケールセルモデル (ASCeM)

図 4.18 に，経験的・現象論的モデルの一つである 2 次元原子スケールセルモデル (ASCeM-2D：two-dimensional atomic-scale cellular model) を用いた Cl_2 プラズマによる Si エッチング形状シミュレーションの一例を示す[53]．模擬した構造は，種々の寸法の L&S パターンで（ライン幅 100 nm，スペース幅 30, 50, 70, 100, 200, 500 nm，Si 膜厚 200 nm/SiO_2），マスク（高さ 50 nm）は不活性でエッチング中の変化はないとした．エッチングはほぼジャストエッチであり（下地 SiO_2 近辺までエッチング），形状進展は 10 s ごと，また 500 nm スペースのエッチング速度 ER も示している．計算において，基板表面への入射反応粒子は表 4.4 に準じ，イオン入射エネルギー $E_i = eV_{sh} = 100$ eV，イオンの入射エネルギーと熱運動エネルギーとの比 $R = eV_{sh}/k_B T_i = 200$ ($k_B T_i = 0.5$ eV)，イオン入射フラックス $\Gamma_i^0 = 1 \times 10^{16}$ cm$^{-2}\cdot$s^{-1}，中性の反応活性種とイオンの入射フラックス比 $\Gamma_n^0/\Gamma_i^0 = 100$（圧力 10 mTorr 台の中・高密度プラズマの場合に相当），中性粒子温度 $T_s = 500$ K，基板表面温度 $T_s = 300$ K，Si 中の不純物（ドーパント）密度 $N_e = 1 \times 10^{18}$ cm^{-3}（ほぼノンドープ Si），および，酸素入射ゼロ ($\Gamma_o^0 = 0$) を仮定した．また，考慮した表面反応過程は表 4.5 のとおりであり，表面・界面の進展には離散的なセルリムーバル法を用いている（シミュレーション領

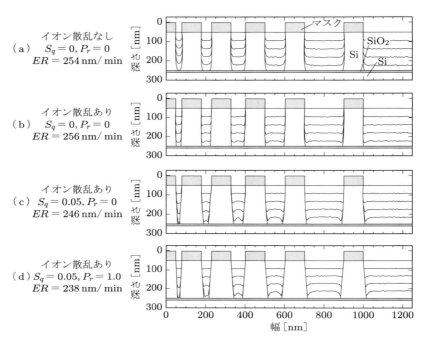

図 4.18 ASCeM-2D を用いた Cl_2 プラズマによる Si エッチング形状シミュレーション

域は1辺 2.7 Å の立方体セルの 2 次元配列からなる).

　パターン内表面から脱離するエッチング生成物の影響がなく ($S_q = 0$), またプラズマからのエッチング副生成物の流入もない ($\Gamma_p^0 = 0$, $P_r = 0$) として, 表面でのイオン散乱を考慮しない場合 (図 (a)) と考慮した場合 (図 (b)) を比較すると, パターン側壁でのイオン散乱により, 側壁に隣接したパターン底面にマイクロトレンチが形成され, 時間とともに (エッチング深さが深くなるとともに) 発達することがわかる. また, イオン散乱を考慮しない場合には, 中性粒子に対する微細パターンの幾何学的シャドーイング (中性シャドーイング) 効果に起因する RIE ラグ (狭いパターンほどエッチング深さが浅い) が見られるが, イオン散乱の効果を入れると逆 RIE ラグ (狭いパターンほどエッチング深さが深い) が生じる. この一見奇異な現象は, 中性活性種の入射が少ない場合 ($\Gamma_n^0/\Gamma_i^0 = 100 \to 10$) には見られず, イオン散乱を考慮した場合でも, RIE ラグのままであるとともに, マイクロトレンチも形成されない. これらのことは, パターン側壁でのイオン散乱により, 側壁に隣接したパターン底面では, 入射イオンフラックスが増大し, 中性活性種が十分存在する場合 (Γ_n^0/Γ_i^0 が大きい場合), イオンアシスト反応によるエッチング速度が増大し, マイクロトレンチ形成と逆

RIE ラグに至ることを示唆する（狭いパターンでは，両側壁に隣接した底面のマイクロトレンチが合体し，実質的なエッチング深さが深くなる）．

パターン内表面から脱離したエッチング生成物の側壁への再入射 → 付着・再堆積を考えると（図 (c), 付着確率 $S_q = 0.05$），側壁形状はテーパになるが，テーパ形状の裾引きが生じ（底面に近いほど側壁テーパが顕著），マイクロトレンチもより顕著になることがわかる．前者は，パターン底面から脱離した生成物が，底面近くのパターン側壁に再堆積すること，一方後者は，垂直な側壁に比べてテーパ側壁の方が，側壁でのイオン散乱により側壁隣接底面での入射イオンフラックスが増大することに起因する．さらに，プラズマから（パターン上方から）のエッチング副生成物の流入も考慮すると（図 (d), $P_r = 1.0$, 付着確率 $S_p = 0.1$），パターン側壁上部への堆積が顕著になり，テーパ形状がより一層顕著になるが，裾引きは目立たなくなる．ここで，P_r は，再入射確率 (returning probability) とよぶパラメータであり，パターン内表面から脱離してプラズマ中（パターン外）にいったん出たエッチング生成物が，パターン方向に戻る確率を表す．したがって，反応副生成物の流入フラックスは，エッチング生成物のパターン外へ抜けるフラックスを $(\Gamma_q^s)'$ とすると，$\Gamma_p^0 = P_r(\Gamma_q^s)'$ と表され（平坦な基板表面では $\Gamma_q^s = (\Gamma_q^s)'$），図の計算において，フラックス比は $\Gamma_p^0 / \Gamma_i^0 \approx 0.51$ 程度である．

図 4.19 に，同じく ASCeM-2D モデルを用いた Cl_2/O_2 プラズマによる Si エッチング形状シミュレーションの一例を示す[53]．計算条件や図の表示法は，図 4.18 と同じである．ただし，下地 SiO_2 膜は存在せず，プラズマからの反応副生成物も考えていない（$P_r = 0$ すなわち $\Gamma_p^0 = 0$）．これらは，図 4.18(c) の状況から出発して，プラズマからの酸素流入量を徐々に増やしたものであり（$S_q = 0.05, \Gamma_o^0 / \Gamma_i^0 = 0 \to 0.1 \sim 20$），形状進展の描写は 10 s ごとである（図中，ET はエッチング時間）．パターン内表面では，表面酸化により，底面のエッチング反応が抑制され，エッチング速度が低下する．また，酸素の中性シャドーイング効果のため，逆 RIE ラグがより顕著になる（図 (a), $\Gamma_o^0 / \Gamma_i^0 = 0.1$）．酸素の量が増えると，パターン底面の局所表面酸化により SiO_2 マイクロマスクが生じ，残渣（マイクロピラー）が広いパターン底面でとくに顕著になる（図 (b),(c), $\Gamma_o^0 / \Gamma_i^0 = 0.5, 2.0$）．酸素流入量がさらに増大すると，パターン底面の表面酸化がさらに促進され，残渣は消え，底面全体がイオンによる酸化膜エッチング・スパッタリングの様相を呈し，エッチング・スパッタリング速度がさらに低下する．また，イオンに対する微細パターンの幾何学的シャドーイング（イオンシャドーイング）効果は中性シャドーイングと比較して小さく，エッチング深さのパターン依存性が消える（RIE ラグ，逆 RIE ラグとも目立たなくなる）（図 (d), $\Gamma_o^0 / \Gamma_i^0 = 20$）．このようなマイクロピラーは，パターン底面の局所表面酸化により SiO_2 マイクロマスクが生じ，マイクロパターン側壁でのイオン散乱の効果が相乗して成長する．

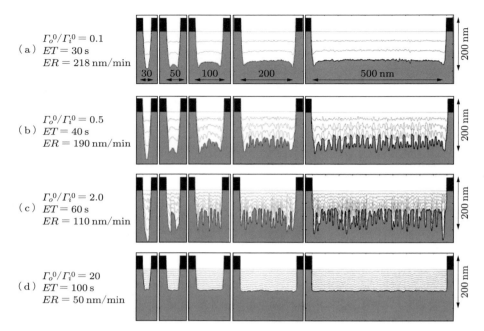

図 4.19　ASCeM-2D を用いた Cl_2/O_2 プラズマによる Si エッチング形状シミュレーション

(2) 古典的分子動力学 (MD) モデル

図 4.20 に，MD をベースとしたエッチング形状シミュレーションの一例を示す[54]．ここで，ターゲット Si は $163 \times 22 \text{Å}^2$ のシミュレーションセル中に配置され，(100) 結晶構造をもつ．表面層 1 ML は 240 個の Si 原子を含み（$= 6.7 \times 10^{14}$ atoms/cm^2），セルは計算開始時に深さ 20.8 Å とし，16 ML（3840 個）の Si 原子を含む（形状進展とともに，シミュレーションセル底部に原子層を加え，深さを深くしていく必要がある）．また，トレンチエッチングを模擬するため，シミュレーションセル最上部の Si 原子層には，マスク開口部 $50 \times 22 \text{Å}^2$（トレンチ幅 50 Å）を設け，マスク原子層はシミュレーション中固定としている．計算では，エネルギー $E_i = 100\,\text{eV}$ の F, Cl, Br ビームをマスク開口部上方から開口部表面に垂直に入射し，5000 ショット以上に渡り Si 表面形状の時間変化（形状進展）を追跡した．このような MD では，上の経験的・現象論的なモデルと異なり，表面反応過程と反応係数，および表面・界面進展に関する個別のモジュールは必要なく，入射原子と基板表面原子との間の相互作用ポテンシャルのみが必要になる（たとえば Si/Cl では，Si–Si, Si–Cl, Cl–Cl 原子間ポテンシャル）．図において，Si/F, Si/Cl のエッチング深さは Si/Br と比較して大きいこと，反応層厚さは Si/F が Si/Cl, Si/Br と比較して大きいこと，側壁テーパは

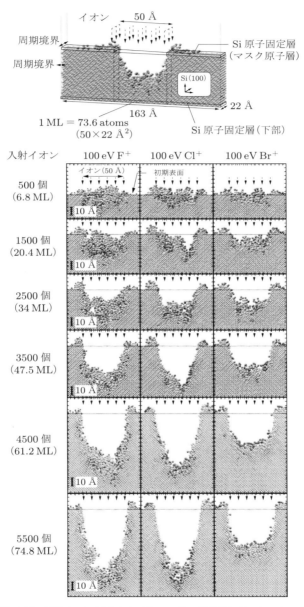

図 4.20 MD をベースとした Si エッチング形状シミュレーション

Si/F, Si/Cl が Si/Br と比較して大きいことなどがわかる.

4.3.6 表面ラフネス

プラズマエッチングによって基板表面のラフネスは増大する[55-58]. ナノスケールではプラズマから基板表面に入射する反応粒子の数が少ない. たとえば, 表面 $A = 1\,\mathrm{nm}^2$ を深さ $D = 1\,\mathrm{nm}$ 加工する際に表面に入射するイオンは, 典型的なエッチング条件 (イオン入射フラックス $\Gamma_i^0 = 1 \times 10^{16}\,\mathrm{cm}^{-2}\cdot\mathrm{s}^{-1}$, エッチング速度 $ER = 100\,\mathrm{nm/min}$, エッチング時間 $\Delta T = D/ER$) において $\Gamma_i^0 A \Delta T \approx 60$ 個程度であり, ナノスケールの表面においてイオン入射は時間・空間的に不均一である. 一方, 中性の反応種はイオンの $10^2 \sim 10^3$ 倍程度多く入射するが, プラズマエッチングにおける主要な表面反応であるイオンアシスト反応では, 表面へのイオン入射がエッチング反応の生起を決定づける. したがって, ナノスケールのプラズマエッチングにおいて, イオン入射の時間・空間的不均一性 (揺らぎ, 変動ともいえる) が, エッチング表面反応, ひいては表面の微細形状の時間・空間的な揺らぎを生じ, ラフネス形成に至る. いい換えれば, プラズマ・表面相互作用の時間・空間的な揺らぎがナノスケールの加工精度に影響を及ぼすと考えられる.

図 4.21 に, 3 次元原子スケールセルモデル (ASCeM-3D) を用いた Cl_2 プラズマによる Si エッチングの 3 次元形状シミュレーションの一例を示す ($0 \leq t \leq 20\,\mathrm{s}$)[55-57]. ここで, シミュレーション領域は 1 辺 2.7 Å の立方体セルの 3 次元配列からなり, イオンの基板表面への入射角度 $\theta_i = 0°$ はパターン底面や上面の状況, $\theta_i = 45°, 75°, 80°$ はパターン側壁の状況に対応する. また, 計算条件は図 4.18 と同じである. 微細凹凸表面 (マイクロラフネス表面) から脱離した反応生成物 ($SiCl_x$) のマイクロラフネス側壁や底面への再入射 → 付着・堆積は, 付着確率 $S_q = 0.05$ として考慮し, プラズマから基板表面への酸素や反応副生成物の流入はないとしている ($\Gamma_o^0 = 0, \Gamma_p^0 = 0$). なお, 基板の初期状態 ($t = 0$) は, $50 \times 50\,\mathrm{nm}^2 \times$ 深さ $630\,\mathrm{nm}$ ($185 \times 185 \times 2333 \approx 8 \times 10^7$ セル) であり, 平坦表面をもつ. 図において, 次のようなことがわかる.

(i) エッチング開始直後の微小な表面ラフネスは, いずれの入射角度 θ_i においてもランダムな凹凸である.

(ii) 時間の経過とともに, $\theta_i = 0°$ (垂直入射) ではランダムな凹凸が発達する (平坦基板表面あるいはパターン底面や上面のラフネスに対応)

(iii) $\theta_i = 45°$ では, $t > 5\,\mathrm{s}$ あたりからイオン入射に直交する方向に伸長する凸構造が現れ, 時間とともにリップル状 (波状) の周期構造が顕著になる (リップルの波長は $10\,\mathrm{nm}$ 程度)

(iv) $\theta_i \geq 75°$ (斜入射) では, 比較的早い時間から ($t > 1\,\mathrm{s}$) イオン入射に平行な

方向に伸長する細かいリップルが現れ，時間とともに顕著になる（後の 4.5.2 項で述べるパターン側壁のライン端ラフネス LER(line edge roughness)，ライン幅ラフネス LWR(line width roughness) に対応）

(v) さらに，このような表面ラフネスの大きさや形状ならびに周期構造は，① イオン入射角度 θ_i と ② エッチング時間（プラズマ暴露時間）$t = \Delta T$ のみならず，③ イオン入射エネルギー E_i，④ 中性反応種とイオンの入射フラックス比 Γ_n^0/Γ_i^0，⑤ 酸素とイオンの入射フラックス比 Γ_o^0/Γ_i^0，⑥ 反応副生成物とイオンの入射フラックス比 Γ_p^0/Γ_i^0，および ⑦ イオン入射角度分布 $\Delta\theta_i$ に依存するが，⑧ イオン入射エネルギー分布 ΔE_i にはほとんどよらない．さらに，⑨ 基板表面温度 T_s，⑩ イオンの表面散乱（微細凹凸表面（マイクロラフネス表面）でのイオン散乱），および ⑪ 反応生成物の表面付着確率 S_q にも依存する．

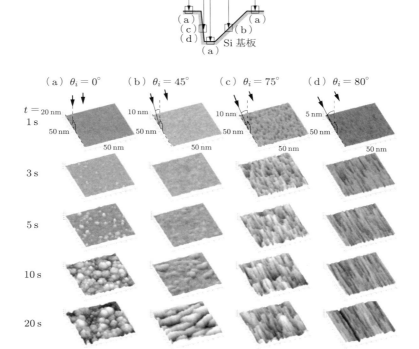

図 4.21　ASCeM-3D を用いた Cl$_2$ プラズマによる Si エッチング形状シミュレーション

4.4 プラズマダメージ

ナノスケールデバイスの代表例である最先端の半導体集積回路製造において，プラズマプロセスはその製造工程のかなりの部分を占めている[59]．しかし近年，加工される側である半導体集積回路の各デバイス，とくに金属酸化膜半導体電界効果型トランジスタ (MOSFET：metal-oxide-semiconductor field-effect transistor) の立場から，新たな問題が指摘されてきた．それはプラズマとデバイスとの望ましくない相互作用，すなわちプラズマダメージ (PID：plasma process-induced damage) である．PID は，デバイス表面・界面において，プラズマとの電気的・物理的・光学的相互作用によりデバイス特性・信頼性が劣化する現象のことである．

PID はその劣化要因となる欠陥の形成機構から，① 高エネルギーイオンなどの粒子衝突による物理的ダメージ (PPD：plasma-induced physical damage)，② プラズマからの荷電粒子流れによる電気的ダメージ (PCD：plasma-induced charging damage)，③ プラズマからの高エネルギーフォトン照射による光照射ダメージ (PRD：plasma-induced radiation damage) に分類される[60]．注意すべきことは，これらダメージは，通常の透過型電子顕微鏡 (TEM：transmission electron microscope) などによる断面観察では判別しにくく，材料の品質（あるいはデバイス特性）が劣化するような電気的・光学的特性変動をもたらす点である．

PID の歴史を振り返ると，② の，MOSFET が動作不能となるゲート酸化膜の絶縁破壊現象である PCD がここ 20 年ほど精力的に研究されてきた[61, 62]．詳細は後で述べるが，PCD メカニズムの代表であるアンテナ効果は[63-65]，PID の最大課題として認識され，プラズマ源・プロセスの改善とともに，アンテナ比という新しいデバイス設計指標を導入するきっかけとなった．また，近年では，MOSFET の高誘電率ゲート絶縁膜 (high-k 膜) 導入に伴う PCD 増大も問題視されている[60, 66]．一方，プラズマ中に存在するイオンがプラズマとデバイスの境界に自己整合的に形成されるシース領域で加速され[16]，高い運動エネルギーでデバイスに衝突・侵入し，微視的な"欠陥"を形成する PPD が，近年半導体デバイスの微細化に伴い顕在化してきた．この PPD が問題視され始めた理由は，デバイスのスケールが PPD のスケールに近づいてきたことによる．さらに，プラズマ中での電子のエネルギー準位間の遷移過程で放出される高エネルギーフォトン照射による PRD も，誘電率などの材料物性を劣化させる要因として，最近再び研究されてきている．これらの発生機構の様子を図 4.22 に示す．図では三つの PID 発生機構を示している．以下では，① 物理的ダメージ (PPD)，② 電気的ダメージ (PCD)，③ 光照射ダメージ (PRD) の三つの発生機構について，そ

4.4 プラズマダメージ

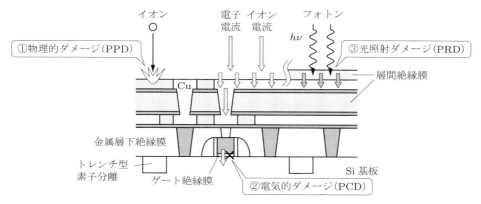

図 4.22 プラズマダメージ (PID) 発生機構の概念図

れぞれ詳細に説明する．

4.4.1 物理的ダメージ (PPD)

プラズマとデバイスとの間には，シースとよばれる領域が必ず形成される．シース内に形成される電界は，正イオンをデバイス表面に向けて加速する．一般に数百 W〜数 kW の電力を投入するプラズマエッチング装置においては（投入する電力の周波数にも依存するが），実効的には数百 V の電位差 (V_{DC}) がシース内に発生している．したがって，シース内でのイオンとほかの粒子との衝突が無視できる場合，基板に到達するイオンのエネルギーは平均で数百 eV に達することになる．そのような状況においては，加速されたイオンは，表面反応層だけでなく，デバイス内部深くまで侵入する．たとえば，MOSFET の製造工程のうち，ゲート電極[67]とよばれる構造を形成する際にもプラズマプロセス（プラズマエッチング）が用いられる．そのプラズマエッチング時には，Si 基板表面が暴露されるステップが存在する．そのときに発生する PPD 発生の様子を図 4.23 に示す．図の左は，ゲート電極の周りを覆うオフセットスペーサとよばれる絶縁膜のエッチング時の様子に対応している．図で示すように，オフセットスペーサのエッチング時には，ゲート電極横の領域（通常，ソースドレイン[67]とよばれる領域で，とくにこの領域はソース・ドレインエクステンション (SDE：source/drain extension) として区別される）において，Si 基板表面がプラズマに対して暴露されている．シース領域で加速されたイオンは，表面近傍の Si 原子と衝突を繰り返しながら，基板深くまで侵入する．この入射したイオンは，Si 原子と衝突する際，失うエネルギーの大きさに依存してさまざまな形態の "欠陥"（格子間原子 (interstitial)，空孔 (vacancy)，変位 Si(displaced Si) など）を形成する．イオンの進入深さや生成した

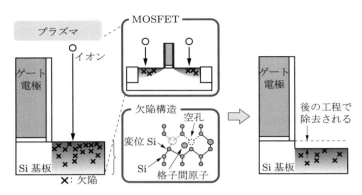

図 4.23　PPD による Si 基板損傷

欠陥密度プロファイルはダメージ層厚さを決定する．その後，このプラズマ暴露により形成されたダメージ層の一部は，ウエットプロセスにより除去される．その際，ダメージ層厚さに依存して，ウエット除去される Si 量が決定される．その結果，除去された Si（Si ロス）の分だけ Si 表面が周りよりも掘れ下がった形（リセス）になる．この最終的な構造は Si リセスとよばれる[68,69]．さらに図でも示すように，ウェットプロセス後においても，残留欠陥が存在する．これら欠陥の一部は，後の熱処理などで回復するが，物理的な構造（Si リセス）や回復しきれなかった残留欠陥は最後まで存在し，MOSFET 特性劣化の要因として問題視されている．

次に，これら欠陥を含んだ層（ダメージ層）がどのようなメカニズムで形成されるのか，あるいは，このようなダメージ構造が MOSFET 特性をどの程度劣化させるのかについて説明する．

(1) ダメージ層形成モデル

シースで加速されたイオンは，Si 原子と衝突しながらその運動エネルギーを失い，やがて静止する．その行程は，結果としてできるダメージ層の厚さと相関がある．進路に沿った単位長さあたりに失う運動エネルギーは，イオン種とイオン–Si 間のポテンシャルで決定される[70]．高周波バイアスが印加されるプラズマエッチングのように，ある分布関数に従ったさまざまなエネルギーをもつ入射イオン群に対しても，いわゆる古典的 2 体衝突モデルを適用することができる．その場合，イオンの進入深さの中心値 R_p は，イオンの平均エネルギー E_ion と

$$R_p = A_p \cdot (E_\mathrm{ion})^\alpha \tag{4.1}$$

の関係にあることがわかっている[71]．ここで，A_p はガス種，被エッチング材料に依存したパラメータである．たとえば Ar プラズマの場合，イオンエネルギーが小さく，

4.4 プラズマダメージ

Si–Ar系がMoliere型ポテンシャルで記述できるとすると，バイアス周波数にあまり依存することなく，$A_p = 0.35$，$\alpha = 0.32$ と算出されている[71]．次に，同定されるダメージ層の厚さ・構造であるが，それらはSiと進入イオンとの相互作用によって決定される．イオン衝突による変位Si，空孔，格子間原子がある濃度以上になると，"Siではない領域（= ダメージ層）"と判断する．上記のモデルを基に，欠陥密度分布およびその統計的広がりを加味し，ダメージ層厚さ $d_{\rm dam}$ を求めると，

$$d_{\rm dam} = \bar{A}_p \cdot (E_{\rm ion})^{\bar{\alpha}} \tag{4.2}$$

と書けることが知られている[72]．ここで，$\bar{A}_{\rm p}$，$\bar{\alpha}$ は式 (4.1) に対応した，系に依存するパラメータである．よって，ダメージ層厚さはおもにイオンエネルギーに依存するとされている．

図 4.24 に実験による報告例を示す[71]．図では，ICPにSi基板を暴露し，構造変化した表面層の厚さを，分光エリプソメトリにより解析した結果である[73]．縦軸はダメージ層厚さ，横軸は平均イオンエネルギーである．なお，プラズマはArガスにより形成し，ウェハステージに印加するバイアス周波数はそれぞれ 13.56 MHz と 400 kHz である．実験からも，ダメージ層厚さは周波数に関係なく，おおむね，式 (4.2) で示した平均イオンエネルギーのべき乗則に従っていることがわかっている[71, 72]．

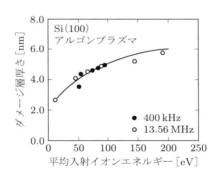

図 4.24　PPDによるSi基板のダメージ層形成の例

(2) ダメージ構造による MOSFET 特性劣化モデル

図 4.25 に，Arプラズマに暴露したSi基板のTEMによる観測結果例を示す．それぞれ高周波電源から基板ステージに投入される電力を変化させた場合の結果である．電力と併記している電圧は，実効的にシース領域に印加されるバイアス電圧に対応しており，それぞれ入射イオンの平均エネルギーの違いに対応している．図から，表面の荒れた層と界面近傍の周りに，コントラストと結晶構造の違う領域が確認できる．

132　第4章　ナノエッチング技術

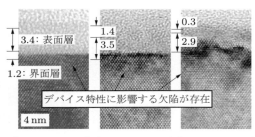

（100 W, −130 V）（300 W, −280 V）（400 W, −400 V）

図 4.25　TEM による観察

図 4.26　MD による計算

これらがプラズマ暴露により形成されたダメージ層と考えられる．Ar イオン入射による Si 基板表面・界面の変化の様子を，MD により計算した結果を図 4.26 に示す[74]．Si 表面近傍のアモルファス化したような変位した Si からなる広範囲のダメージ層や，Si 基板奥深くに局所的な欠陥が形成されている．これらダメージ層や欠陥は，前で述べたように，後工程のウェットプロセスや熱処理などにより除去・回復するが，Si リセス（深さ d_R）や欠陥（密度 n_{dam}）は，最終的に MOSFET 特性を劣化させる．

次に，これらダメージ層構造とデバイス特性の重要なパラメータ（MOSFET のしきい値電圧 V_{th} および駆動力に対応するドレイン電流 I_d）劣化の変動について説明する．図 4.25 に示したように，ダメージ層の一部は後のウェットプロセスで除去され，Si リセス（深さ d_R）が発生し，また，除去しきれない欠陥（密度 n_{dam}）が深部に形成される．Si リセス構造をもつ MOSFET に対してチャージシェアモデルを適用すると[67]，d_R は V_{th} に影響することがわかっている[75]．たとえば，ダメージのないデバイスとダメージのあるデバイスのしきい値電圧シフト（ΔV_{th}）の定量的相関は，

$$\Delta V_{th} \approx -\frac{qN_{ch}W}{C_{ox}L_g}\left(\frac{W}{\sqrt{X_j^2 + 2WX_j}}d_R\right) \tag{4.3}$$

と書ける．ここで，q は電荷素量，X_j は接合深さ，W は空乏層厚，L_g は冶金学的（metallurgical）チャネル長[67]，N_{ch} はチャネルドーズ量，C_{ox} はゲート絶縁膜容量である．すなわち d_R が決まると，各ゲート長に対してダメージによる ΔV_{th} は一意的に決まる．

一方，除去し切れなかった潜在欠陥 n_{dam} はデバイスの駆動力を劣化させる．報告されているモデルによると[68]，プラズマダメージにより形成されたダメージ層では寄生抵抗が増大すると考えることにより，抵抗値を決定づける n_{dam} を導入する．その結果，劣化したドレイン電流は

$$I_d^{\mathrm{dam}} \approx I_d^0 \left(1 - B \cdot n_{\mathrm{dam}}\right) \tag{4.4}$$

と書けることが報告されている[76]．ここで，B はデバイス構造に依存する定数，I_d^0 はダメージのない MOSFET のドレイン電流である．なお，n_{dam} はそれぞれ潜在欠陥密度のピーク濃度とダメージ深さに依存する．式 (4.4) から，I_d^{dam} は n_{dam} の増加とともに線形に減少すると理解できる．

PPD による MOSFET の動作特性の変化を，デバイスシミュレーションにより予測した結果を図 4.27 に示す．縦軸は動作速度を決定するドレイン電流（駆動電流），横軸は印加するゲート電圧である．d_R 増加に伴い，特性曲線が左側にシフトしていることがわかる．このシフト量が ΔV_{th} に対応し，図の結果は，式 (4.3) で示される関係の妥当性を示唆している．また，高いゲート電圧領域 (>1.0 V) において，ドレイン電流が減少していることが確認できる．詳細な解析からも，式 (4.4) の妥当性が確認されている．

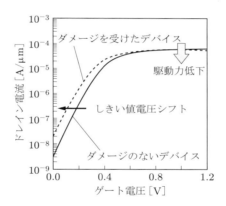

図 4.27　PPD による特性変動のデバイスシミュレーション結果

4.4.2　電気的ダメージ（PCD）

PCD は，プラズマからの電子・イオン電流による効果であり，これらの伝導電流によってデバイス内に電流ストレスが誘発される現象である．この電流ストレスにより，MOSFET のゲート酸化膜 (SiO_2) 中や SiO_2/Si 基板界面に存在する Si–O，Si–H，Si–OH などの結合が切断される．切断された結合は電荷の捕獲準位になり，巨視的には絶縁体としての特性を劣化させる．その様子を図 4.28 に示す．一般に，PCD により電気的な信頼性寿命劣化が誘発され[62]，またそれらの準位に捕獲された電荷によって，MOSFET 動作のしきい値電圧 V_{th} が変動するとされている．1990 年代はじめに

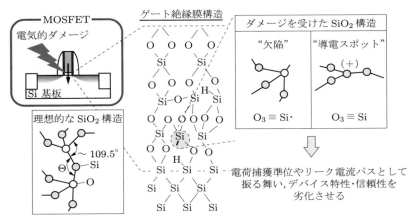

図 4.28 PCD による SiO_2 膜中での欠陥形成機構

は，金属配線長に依存したアンテナ効果が注目された[63-65]．アンテナ効果の議論では，アンテナ比 r（= プラズマに暴露される金属配線面積/ゲート面積）がその程度を示す指標とされる．さらに，1994 年にはアスペクト比に依存した電子シェーディング効果が報告され[77]，デバイス特性・信頼性を劣化させる大きな課題として PCD は注目されることとなった．以下，そのモデルについて説明する．

プラズマからの伝導電流によるストレス電流 (I_{stress}) は，アンテナ比 r や電子シェーディング効果などを決定する構造因子 k を用いて，

$$I_{stress} = kr(I_i - I_e) \tag{4.5}$$

と書ける．ここで，I_i, I_e はそれぞれプラズマからのイオン電流，電子電流の大きさである．一方，ゲート酸化膜を流れるトンネル電流は，Fowler–Nordheim(F–N) 伝導や直接トンネル伝導過程で記述され，上記の I_{stress} は，プラズマからの伝導電流とゲート絶縁膜の伝導電流により構成される閉回路（電位差で考えることが多い）を考えて計算される．さらに，PCD により形成されたゲート絶縁膜中の捕獲電荷準位は，MOSFET の V_{th} を変動させる．典型的なアンテナ効果の場合，ΔV_{th} は，アンテナ比 r を用いて，

$$\Delta V_{th} = B_{PCD} r^\beta \tag{4.6}$$

と書けることがわかっている[78]．ここで，B_{PCD}, β はプラズマパラメータ，デバイス構造・材料に依存するパラメータである．

一方，PCD による MOSFET 信頼性劣化解析への取り組みであるが，従来は経時的

絶縁破壊 (TDDB：time-dependent dielectric breakdown) というゲート絶縁膜信頼性指標が中心であった[65, 79]．しかし，2000 年頃から，SiO$_2$/Si 基板界面特性劣化現象である負バイアス温度不安定性 (NBTI：negative bias temperature instability) というデバイス信頼性指標が中心に議論されるようになってきた[81]．さらに最近では，high-k ゲート絶縁膜のダメージも報告されている[60, 66]．high-k デバイスにおいては，デバイス特性変動が SiO$_2$ の場合と異なり複雑な様相を示すことが確認されている．

これら PCD の対策としては，プロセス側，デバイス側および回路設計側からのアプローチがなされる．プロセス側からは，プラズマパラメータ均一性の向上や，電子シェーディング効果対策として電子温度の低減が取り組まれている．デバイス設計側からは，プラズマからの伝導電流を回避する保護ダイオード搭載が進められている[81]．また，回路設計側からは，最大許容アンテナルールを規定したアンテナルールが導入されている．

4.4.3　光照射ダメージ (PRD)

PRD は，プラズマからのフォトン照射によるダメージに対応し，近年再び注目されている．とくにバックエンド工程で導入されている低誘電率材料は，その膜中内部に結合エネルギーの比較的小さい OH 基，CH 基を含んでおり，これらが高エネルギー（短波長）の光子により遊離する．形成された膜中の欠陥は，低誘電率材料の誘電率の変化（増加）をもたらす．誘電率の変化は，MOSFET の信号遅延などを誘発する．これらプラズマからの高エネルギーフォトン照射により発生する絶縁膜中の光誘起伝導機構 (photoconduction mechanism)[82, 83] や欠陥形成機構[84, 85] が，PRD としてここ数年注目されている．たとえば，光誘起伝導機構は，本来絶縁体である材料がプラズマ処理中にフォトンのアシスト（光照射）により導電体として振る舞う現象のことである．L だけ離れた二つの電極に挟まれた絶縁体を流れる電流 J_{ph} は

$$J_{ph} \propto F \frac{V}{L^2} \tag{4.7}$$

と書ける．ここで，F は光子フラックス (photon flux)，V は絶縁膜にかかる電位差である．Cacciato らは，Si$_3$N$_4$ 膜がプラズマ処理中に導電体として振る舞うことを実験的に見出している[83]．また，Cheung らも，プラズマ処理時の絶縁体を通した伝導機構を報告している[82]．式 (4.7) から，今後，配線間距離の縮小とともに J_{ph} が増大することが予想される．このこと，すなわちプラズマ処理中の光誘起伝導機構による絶縁体の導電率上昇は，前述したアンテナルールの複雑化を意味する．電気伝導による欠陥形成は，PCD の経験から明らかなように，デバイス信頼性劣化に直結し，その

メカニズム解明と制御・抑制方法の確立が重要課題として認識されている.

最後に，三つの PID について特徴をまとめたものを表 4.6 に示す．プラズマプロセスの本来の使命であるデバイス製造において，デバイス高性能化実現のためには，PID の可能な限りの抑制・最適化が必須である．そのためには，そのメカニズムの理解とモデル化が重要である．また，モデル化のためにはそれらダメージの評価・解析，とくにダメージ量の定量化技術が望まれている．表に示すように，これらメカニズムを決定するパラメータやその対象など，一つひとつ定量的に相関づけることが重要である．プラズマのどのパラメータが所望のデバイス特性に影響するのか，課題解決にはどのパラメータを制御すればいいのか，あるいは，量産歩留まり向上のために管理すべきプラズマパラメータはどれかなど，基礎的なモデルの理解が必要である．また，それらのモデリングや実際の評価・解析・管理のための定量的モニター技術も重要である．

表 4.6 PID の分類とその対象となる項目一覧

カテゴリー	物理的ダメージ (PPD)	電気的ダメージ (PCD)	光照射ダメージ (PRD)
発生行程	FEOL[1]（STI[5], ゲート）BEOL[2]	FEOL（ゲート）BEOL	BEOL
ダメージを受ける材料	Si 基板 ILD[3]	ゲート絶縁膜 ILD	ILD
メカニズム	イオン衝撃	電流ストレス（電子，正孔）	高エネルギー光照射
ダメージを受けた構造	原子間結合切断 電荷捕獲準位 格子間原子	原子間結合切断 電荷捕獲準位 界面準位	原子間結合切断 電荷捕獲準位
評価・解析方法	種々の物理特性 電気特性	アンテナデバイスの電気特性・信頼性	光学的解析 電気特性・信頼性
影響を受ける特性	V_{th}[4] ドレイン電流 リーク特性 信頼性寿命	V_{th} リーク特性 信頼性寿命	誘電率 配線遅延

1) フロントエンド行程 (FEOL：front-end-of-line)
2) バックエンド行程 (BROL：back-end-of-line)
3) 層間絶縁膜 (ILD：interlayer dielectric)
4) しきい値電圧 (V_{th}：threshold voltage)
5) トレンチ型素子分離 (STI：shallow trench isolation)

4.5 先端ナノ加工

4.5.1 ナノ加工の動向

シリコンをベースとした半導体集積回路デバイス (Si-LSI) は高集積化・高速化が進み，デバイスの素子や回路パターン寸法（溝幅，線幅，孔径，柱径など）は現在数十 nm 以下のレベルにあるが，今後数年の間に 10 nm レベルとなり，10 年後には数 nm のデバイスも視野に入る[59]．たとえば，トランジスタ形成にかかわるプロセスにおいて，10 nm 幅のゲート電極に許容される加工寸法精度は 1 nm 以下である．また，厚さ 2 nm 以下と薄い下地ゲート絶縁膜を削らない高い選択性も求められ，さらに，ゲート絶縁膜の下に広がる半導体基板の変質（ダメージ）層も 1 nm 以下に抑える必要がある．このように，10 nm レベルのエッチングには，原子 1～数個の原子層レベルの高い加工精度が求められる[86]．

プラズマエッチングには今後も引き続き，① 微細パターンの加工性（形状異方性と寸法精度，材料選択性），② 損傷性（ダメージ）とともに，それらの ③ チップサイズ・セルサイズレベルでの微視的な均一性（パターン寸法・アスペクト比・密度依存性），④ ウェハスケールでの巨視的な均一性，および ⑤ 大口径基板に対する生産性（プロセス速度，制御性，再現性）の観点から不断の技術開発・改善が求められ[87]，最近ではさらに，フィン型トランジスタ（FinFET：fin-type field effect transistor, 3 次元立体構造の電界効果型トタンジスタ），高誘電率 (high-k) ゲート絶縁膜やキャパシタ絶縁膜，メタル電極，低誘電率 (low-k) 層間絶縁膜など，新しいデバイス構造[88, 89]や材料[90-93]への対応も求められる．

一方，MEMS プロセスにおいて求められる微細加工性能も，半導体プロセスとほぼ同じである[94, 95]．ただ，パターン寸法は現状サブミクロン程度とやや緩いものの，加工深さは一般に数十～数百 μm であり，半導体プロセスと比較して数十～数百倍深く，アスペクト比（加工深さとパターン寸法との比）は大きい．さらに，デバイスの 3 次元的な立体構造もより複雑であり，材料に関してもより多彩である．したがって，MEMS プロセスではとくに，⑥ 深い加工技術，いい換えれば速い加工速度が重要となり，⑦ 3 次元微細構造体を創り出す加工技術や，⑧ 有機・バイオ材料などを加工する技術も求められる．

さらに今後，トップダウン微細加工技術であるプラズマエッチングと，ボトムアッププロセス（自己組織化によるナノ構造形成）[96]との融合による新しいナノ加工技術の開発も期待される．

4.5.2 Si エッチング

Si-LSI デバイスの製造工程において，Si エッチング技術は，フロントエンド (FEOL: front-end-of-line) プロセスに不可欠である．ここで，FEOL とは，Si ウェハにトランジスタやキャパシタを形成するプロセス（いい換えれば，配線工程前までのプロセス）を指し，Si エッチングは，MOSFET 形成における多結晶 Si (poly-Si) ゲート電極加工，およびトレンチ素子分離やトレンチキャパシタ形成における単結晶 Si (c-Si) 基板のトレンチ（溝）加工，に用いられる（図 4.22 参照）[2, 4, 6]．図 4.29 に，poly-Si ゲート電極加工プロセスフローの例を示す[47]．ゲート電極加工では，フォトレジストや CVD 酸化膜をマスクに（後者はハードマスクともよばれる），厚さ $0.1 \sim 0.2\,\mu m$ の poly-Si 膜（あるいは WSi_x/poly-Si のような積層構造のポリサイド膜を），ゲート長に相当する $50 \sim 100\,nm$ 以下の線幅に加工する．① 高い異方性（パターン側壁の垂直形状），② 高い寸法精度（側壁のボーイング・テーパ，側壁裾部のテーパ（裾引き），底面に隣接した側壁下部のノッチ，側壁に隣接した底面のマイクロトレンチなどを抑制し，マスク幅と加工電極幅との差を最小化），③ オーバーエッチングに際して露出する厚さ $2 \sim 5\,nm$ 未満の薄い下地ゲート絶縁膜（熱酸化膜・熱酸窒化膜など）に対する高い選択性，および ④ ゲート絶縁膜や Si 基板に対する低ダメージがとくに求められる．また，最近の 3 次元立体構造の FinFET 形成における Si 基板のフィン加工も同様であり[88, 89]，① 高異方性，② 高寸法精度，③ 基板に対する低ダメージが求められる．

一方，近年の素子分離の主流である浅いトレンチ素子分離 (STI: shallow trench isolation) のための Si 基板のトレンチ加工（STI 加工）では，Si 基板上に窒化膜を形成後，トランジスタの活性化領域に相当するスペースをあけて，窒化膜をマスクに，深

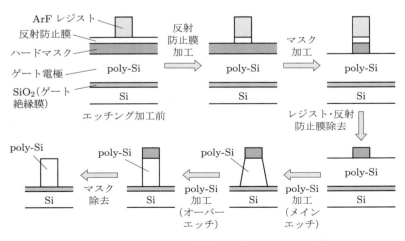

図 4.29　poly-Si ゲート電極加工プロセスフローの例

さ 0.2〜0.3 μm，幅 0.1〜0.2 μm 程度の浅い溝を形成する．ここで求められるエッチング加工特性（とくに形状）は，上に述べたゲート電極の場合とはやや異なる．① 側壁テーパ（垂直でなくテーパ形状），② 側壁上部・下部コーナーのラウンドネス（四角でなく丸みがかった形状），③ エッチング深さの精密制御（パターン底面の均一深さ），および ④ Si 基板に対する低ダメージなどが求められる．STI では，Si 基板のトレンチ加工の後，溝に CVD 酸化膜のような誘電体を埋め込むため，埋め込みやすい（いい換えれば，溝への CVD 酸化膜堆積に際して空隙のできない）溝形状が必要となる．

このような poly-Si ゲート電極加工，および Si 基板のフィン加工，STI 加工では，形状・寸法制御性，さらにゲート電極加工の場合には下地ゲート絶縁膜との選択性の観点から，塩素系 (Cl_2)・臭素系 (HBr) プラズマが主として用いられる．エッチング表面反応過程の観点からいえば，イオンアシスト反応をベースに，パターン側壁および底面における保護膜形成を相補的に発現させる工夫を加えて，エッチングの高異方性および高選択性・低損傷性というトレードオフの強い要求を同時に満たす．

ナノスケールの微細トランジスタにおいて，パターン底面のラフネスは底面の不均一性を生じ，底面のラフネスが大きいと，基板リセスやダメージによってトランジスタ間の特性ばらつきを生じる．一方，パターン側壁のラフネスは，ゲート電極側壁などにリップル状のライン端ラフネス (LER) を生じ，LER が大きいと，ライン幅ラフネス（LWR：ライン幅の奥行き方向の変動）が大きくなり，ライン幅すなわちゲート長に関してトランジスタ間の加工寸法ばらつき，ひいては，しきい値電圧などについてトランジスタ間の特性ばらつきを生じる[88]．さらに，3 次元立体構造の FinFET では，フィンの上面と側壁表面にトランジスタのチャネル（導電層）を形成するため，ゲート電極のみならずフィンの LER，LWR も問題となる[88]．

パターン側壁の LER は，リソグラフィー工程におけるエッチングマスクの加工精度や（マスク側壁端の凹凸が被エッチング薄膜や基板のパターン側壁に転写される）[46]，被エッチング薄膜の結晶粒界（パターン側壁に露出した結晶粒界がエッチングされ，その凹凸がパターン側壁底部に転写される）に依存する．塩素系 (Cl_2)・臭素系 (HBr) プラズマによる poly-Si ゲート電極加工や c-Si 基板のフィン加工[89] において，堆積性ガス (CF_4) を添加したり，反応生成物の堆積性が比較的強いエッチングガス (HBr) の添加量増大により側壁保護効果を増大して側壁ラフネス減少に至る．一方，LER など表面ラフネスは，プラズマと被エッチング表面との直接的な相互作用にも要因があると考えられるが，プラズマエッチングにおける表面ラフネス形成のメカニズムの理解は十分でない．パターン側壁では，とくにマスク起因のラフネスとの峻別が難しい．

MEMS 製造の分野でも，イオンアシスト反応と保護膜形成を積極的に制御するエッ

チング技術が開発されている．微小な電気機械構造体を実現するマイクロマシニングでは，深くエッチングする技術（高速エッチング技術）が不可欠であり，深堀り RIE (deep RIE) とよばれる技術が開発されて，高アスペクト比の Si 構造体が作製できるようになった（バルクマイクロマシニング）[3,94,95]．代表的な技術にボッシュ (Bosch) プロセスがあり，図 4.30 に示すように，SF_6 プラズマによる等方性エッチング（低いイオン入射エネルギー）→ C_4F_8 プラズマによる重合膜堆積（側壁保護）→ SF_6 プラズマによる異方性エッチング（高いイオン入射エネルギー）→ SF_6 プラズマによる等方性エッチングのサイクルを繰り返し，10 μm/min 程度の高速・異方性エッチングを実現している[3,94,95]．なお，このような深堀り RIE は，最近の 3 次元積層型 LSI（3 次元 LSI）デバイス製造における Si 貫通電極（TSV：through silicon via）形成のための Si 基板のビアホール (via hole) 加工にも不可欠である[3]．

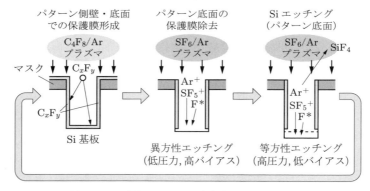

図 4.30　Si 深堀り RIE の例（ボッシュプロセス）

4.5.3　SiO_2，Si_3N_4 エッチング

SiO_2 は，素子と配線や配線間の層間絶縁膜（ILD：interlayer dielectrics，図 4.22 参照）として用いられる．デバイスにおける多層配線構造，および配線形成におけるダマシン (damascene) 法の普及とともに，SiO_2 エッチングは工程の多いプロセスであり，基本的に，フルオロカーボン（C_2F_6，C_4F_8，C_5F_8 など）プラズマが用いられる[2,6,39,40]．たとえば，ILD の下に位置する Si 基板に形成された拡散層やゲート電極への配線のためのコンタクトホール (contact hole) 加工は，高アスペクト比エッチングの代表例の一つであり，高さ 0.3 μm 程度のフォトレジストをマスクに，厚さ D が 1〜2 μm の SiO_2 を，孔径 $W < 20$〜50 nm に加工する（アスペクト比 $AR = D/W > 50$）．① 高い異方性（垂直に近いテーパ形状：加工の後，孔に配線金属を埋め込むため），② 高い寸法精度（レジスト後退による上部孔径の拡がり，側壁上部のネッキングとよば

れる局所的な孔径の狭まり，側壁のボーイング，エッチストップなどの抑制），③ レジストマスクに対する高い選択性，④ オーバーエッチングに際して露出する Si（基板，ゲート電極）に対する高い選択性，および ⑤ Si 基板の拡散層に対する低ダメージなどが求められる．また，セルフアラインコンタクト (SAC：self-aligned contact) 構造では，⑥ ゲート上のスペーサ (Si_3N_4 膜) がエッチストッパーとなり，SiO_2 コンタクトホール加工において，高い対 Si_3N_4 選択性も求められる．

なお，最近の層間絶縁膜には，SiO_2 膜（CVD や塗布酸化膜，$k=4.3\sim3.9$）に代わり，low-k ($k<3$) 絶縁膜が多く用いられるが[93]，依然，最下層（トランジスタ直上）および最上層の ILD には，信頼性の観点から，SiO_2（後者は SiO_2/Si_3N_4 の 2 層膜）が用いられる．無機系 low-k 膜は SiO_2 をベースにした材料が多く（SiOF, HSQ, SiOC, MSQ など），エッチング加工プロセスは SiO_2 に準じると考えてよい．

Si_3N_4 は，MOSFET では，Si, SiO_2 と同様に基本的な材料であり，上に述べたように，ILD のほか，ゲート電極のスペーサとして用いられる．Si_3N_4 スペーサ加工では，① 高異方性とともに，② Si（Si 基板拡散層）と SiO_2（ゲート絶縁膜）の両方に対する高い選択性，③ Si 基板の拡散層に対する低ダメージなどが求められる[45]．ハイドロフルオロカーボン (CHF_3 など) プラズマやフルオロカーボンプラズマによるエッチング速度，一般に，$ER_{Si} > ER_{Si_3N_4} > ER_{SiO_2}$ であり，選択性 $ER_{Si_3N_4}/ER_{Si}$, $ER_{SiO_2} > 1$ を得るには，プラズマ条件や添加ガス種の工夫が必要である．

4.5.4 高誘電率材料，メタル材料のエッチング

ゲート絶縁膜の薄膜化が限界に近づいている現在，SiO_2 膜（熱酸化膜，$k=3.9$）や SiON 膜 ($k=7\sim8$) に代わり，さらに高い比誘電率 (high-k, $k>20$) のゲート絶縁膜を用いることによって，ゲート容量を確保しつつ物理的膜厚を厚くしてゲートリーク電流を抑制することができる[90]．high-k ゲート絶縁膜としては，リーク電流，移動度，耐熱性，膜中・界面欠陥，不純物拡散などの観点から，金属酸化物 HfO_2, ZrO_2, およびそれらのシリケート ($HfSi_xO_y$, $ZrSi_xO_y$)，さらに Al_2O_3 やその複合酸化物 ($Hf_{1-x}Al_xO_y$, $Zr_{1-x}Al_xO_y$) などが候補になる．いずれも Hf 系の膜がもっとも有力であり，一部実用に供されている．一方，ゲート電極には，まず従来の poly-Si が適用されるが，poly-Si の空乏化によるゲート容量低下，B の（p 型 poly-Si ゲート電極から）ゲート絶縁膜を通過しての Si 基板への侵入，また high-k ゲート絶縁膜との界面におけるフェルミレベルのピニングの影響を排除するため，メタルゲート電極が求められる[91]．メタル電極としては，Ti, Ta, Pt, Ir, Ru, W, 導電性窒化物 TiN, TaN, およびそれらの積層構造などが候補になり，Ti, Ta 系の電極が一部実用に供される．

これら high-k 絶縁膜材料の多くとメタル電極材料の一部 (Pt, Ir) は，難エッチング

材料として知られる[92,97-99]．high-k はその金属−酸素原子間結合強度，メタルはそのハロゲン化合物の揮発性の低さに起因する（4.2.2項 (1) 参照）．high-k ゲートプロセスにおいて，ゲートスタック形成後，コンタクト形成のため，トランジスタのソース・ドレイン領域上の high-k 絶縁膜をエッチングにより除去する必要がある．現状ではフッ酸などによるウエットプロセスに頼っているが，ドライエッチング技術が望まれ，下地 Si 基板に対する高選択性 (high-k/Si $\gg$ 1) が求められ，塩素系，とくに BCl_3 をベースとしたプラズマを用いることが多い[91,97-99]．ここで，high-k/Si の選択性は，SiO_2/Si 選択性と同様，high-k と Si 表面における重合膜堆積（保護膜形成）速度の差異による（たとえば，BCl_3 プラズマによる HfO_2 エッチングでは，堆積性ガス BCl_3 の分解種 BCl_x や，その酸素との反応生成物 BO_y, BO_xCl_y などが重合膜堆積に寄与し，HfO_2 と比較して Si 表面への重合膜堆積が顕著）．また，high-k 膜のドライエッチングは，high-k ゲートプロセスのみならず，high-k 膜成膜装置 (CVD や原子層堆積 (ALD) など) における in-situ チャンバークリーニングにも不可欠である．

high-k ゲートスタックプロセスにおけるゲート電極エッチングには，塩素系 (Cl_2)・臭素系 (HBr) プラズマを用いることが多く[97-99]，求められる加工特性は，従来のpoly-Si ゲート加工と基本的に変わらない．図 4.31 に，トランジスタ (MOSFET) の

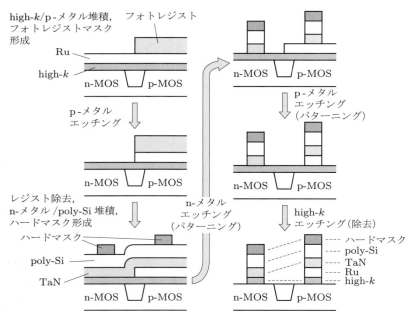

図 4.31　high-k 絶縁膜をもつデュアルメタルゲート構造の加工プロセスフローの例

しきい値電圧 (V_{th}) 制御の観点から，n-MOS，p-MOS に対して別々の仕事関数をもつメタル電極材料を選択した場合の，デュアルメタルゲート構造の加工プロセスフローの例を示す（デュアル high-k・デュアルメタル構造の加工プロセスもほぼ同様）[97]．なお，メタルゲート電極の形状と寸法精度に関しては，ゲート電極加工時のみならず，その後に続く high-k 絶縁膜エッチング除去プロセスにおいても注意が必要であり，電極形状と寸法に変化を及ぼさないことが肝要である．

なお，このような high-k 材料，メタル材料のエッチングは，high-k キャパシタ形成に際しても同様に用いられる．

参考文献

[1] *Proceedings of the 1st−38th International Symposium on Dry Process (DPS)* (IEEJ/JSAP, Tokyo, 1979−2016).

[2] H. Abe, M. Yoneda, and N. Fujiwara: *Jpn. J. Appl. Phys.*, **47**, 1435 (2008).

[3] B. Wu, A. Kumar, and S. Pamarthy: *J. Appl. Phys.*, **108**, 051101 (2010).

[4] V. M. Donnelly and A. Kornblit: *J. Vac. Sci. Technol. A*, **31**, 050825 (2013).

[5] ed. D.M. Manos and D.L. Flamm: *Plasma Etching: An Introduction*, Academic, 1989.

[6] 徳山巍編：半導体ドライエッチング技術，産業図書 (1992).

[7] Y. J. T. Lii: *ULSI Technology*, edited by C. Y. Chang and S. M. Sze, Chap. 7, pp.329-370, McGraw-Hill (1996).

[8] 応用物理学会／徳山巍編，堀池靖浩，林俊雄：超微細加工技術，第 7 章，pp.201-246, オーム社 (1997).

[9] 原央編，関根誠：ULSI プロセス技術，第 2 章，pp.25-58，培風館 (1997).

[10] J. D. Plummer, M.D. Deal, and P.B. Griffin: *Silicon VLSI Technology: Fundamentals, Practice and Modeling*, Chap. 10, pp.609-680, Prentice Hall (2000).

[11] 斧高一：表面技術，**51**，785 (2000).

[12] 日本表面科学会編，斧高一：新改訂・表面科学の基礎と応用，第 3 編，第 1 章，第 3 節，第 6 項，pp.958-968, エヌ・ティー・エス社 (2004).

[13] ed. M. H. Francombe and J. L. Vosscn: *Plasma Sources for Thin Film Deposition and Etching*, Academic (1994).

[14] ed. R.J. Shul and S.J. Pearton: *Handbook of Advanced Plasma Processing Techniques*, Springer (2000).

[15] F. F. Chen and J. P. Chang: *Lecture Notes on Principles of Plasma Processing*, Plenum (2003).

[16] M.A. Lieberman and A.J. Lichtenberg: *Principles of Plasma Discharges and Materials Processing, 2nd ed.*, Wiley (2005).

[17] 電気学会放電ハンドブック出版委員会編，斧高一：放電ハンドブック，上巻，第 2 編，第 2 部，第 4 章，第 4.2 節，pp.472-482, 電気学会 (1998).

[18] ed. D.R. Lide: *CRC Handbook of Chemistry and Physics, 79th ed.*, CRC Press

(1998).
- [19] 関根誠：応用物理, **70**, 387 (2001).
- [20] 関根誠：プラズマ・核融合学会誌, **83**, 319 (2007).
- [21] S. Samukawa and K. Terada: *J. Vac. Sci. Technol. B*, **12**, 3300 (1994).
- [22] S. Samukawa, V. M. Donnelly, and M. V. Malyshev: *Jpn. J. Appl. Phys.*, **39**, 1583 (2000).
- [23] M. Schaepkens, G. S. Oehrlein, and J. M. Cook: *J. Vac. Sci. Technol. B*, **18**, 856 (2000).
- [24] K. Tsujimoto, T. Kumihashi, N. Kofuji, and S. Tachi: *J. Vac. Sci. Technol. A*, **12**, 1209 (1994).
- [25] H. Sugai, K. Nakamura, Y. Hikosaka, and M. Nakamura: *J. Vac. Sci. Technol. A*, **13**, 887 (1995).
- [26] S. Tachi, K. Tsujimoto, and S. Okudaira: *Appl. Phys. Lett.* **52**, 616 (1988).
- [27] 斧高一：応用物理, **68**, 513 (1999).
- [28] 斧高一：プラズマ・核融合学会誌, **75**, 350 (1999).
- [29] 電気学会技術報告第481号「プラズマリアクタにおける活性種の反応過程とその応用」, 電気学会 (1994).
- [30] 電気学会技術報告第679号「放電プラズマ化学における反応粒子とそのエネルギー」, 電気学会 (1998).
- [31] 斧高一：プラズマ・核融合学会誌, **80**, 909 (2004).
- [32] Y. Takao, K. Matsuoka, K. Eriguchi, and K. Ono: *Jpn. J. Appl. Phys.*, **50**, 08JC02 (2011).
- [33] H.F. Winters and J.W. Coburn: *Surf. Sci. Rep.*, **14**, 161 (1992).
- [34] 管野卓雄・川西剛監修, 斧高一：半導体大事典, A3.4.3項, pp.362-375, 工業調査会 (1999).
- [35] M. Tuda and K. Ono: *Jpn. J. Appl. Phys.*, **36**, 2482 (1997).
- [36] M. Tuda, K. Shinsaka, and H. Ootera: *J. Vac. Sci. Technol. A*, **19**, 711 (2001).
- [37] N. R. Rueger, J. J. Beulens, M. Schaepkens, M. F. Doemling, J. M. Mirza, T. E. F. M. Standaert, and G. S. Oehrlein: *J. Vac. Sci. Technol. A*, **15**, 1881 (1997).
- [38] T. E. F. M. Standaert, M. Schaepkens, N. R. Rueger, P. G. M. Sebel, G. S. Oehrlein, and J. M. Cook: *J Vac. Sci. Technol. A*, **16**, 239 (1998).
- [39] M. Schaepkens and G. S. Oehrlein: *J. Electrochem. Soc.*, **148**, C211 (2001).
- [40] 堀勝ほか：プラズマ・核融合学会誌, **83**, 317 (2007).
- [41] S. Tachi, K. Tsujimoto, S. Arai, and T. Kure: *J. Vac. Sci. Technol. A*, **9**, 796 (1991).
- [42] S. Park, L. C. Rathbun, and T. N. Rhodin: *J. Vac. Sci. Technol. A*, **3**, 791 (1985).
- [43] M. Schaepkens, T. E. F. M. Standaert, N. R. Rueger, P. G. M. Sebel, G. S. Oehrlein, and J. M. Cook: *J Vac. Sci. Technol. A*, **17**, 26 (1999).
- [44] M. T. Kim: *J. Electrochem. Soc.*, **150**, G683 (2003).
- [45] S. Lee, J. Oh, and H. Sohn: *J. Vac. Sci. Technol. B*, **28**, 131 (2010).
- [46] G. S. Oehrlein, R.J. Phaneuf, and D. B. Graves: *J Vac. Sci. Technol. B*, **29**,

010801 (2011).

[47] 斧高一，江利口浩二：プラズマ・核融合学会誌，**85**，165 (2009).
[48] Y. Osano and K. Ono: *Jpn. J. Appl. Phys.*, **44**, 8650 (2005).
[49] Y. Osano and K. Ono: *J. Vac. Sci. Technol. B*, **26**, 1425 (2008).
[50] R. A. Gottscho and C. W. Jurgensen: *J. Vac. Sci. Technol. B*, **10**, 2133 (1992).
[51] 広瀬全孝編，斧高一：次世代 ULSI プロセス技術，第 10 章，第 10.3 節，pp.436-454，リアライズ社 (2000).
[52] 斧高一：化学工業，**61**，457 (2010).
[53] K. Ono, H. Ohta, and K. Eriguchi: *Thin Solid Films*, **518**, 3461 (2010).
[54] H. Tsuda, K. Eriguchi, K. Ono, and H Ohta: *Appl. Phys. Express*, **2**, 116501 (2009).
[55] 斧高一，津田博隆，中崎暢也，鷹尾祥典，江利口浩二：表面科学，**34**，528 (2013)；プラズマ・核融合学会誌，**90**，398 (2014).
[56] 斧高一：応用物理，**84**，895 (2015).
[57] H. Tsuda, N. Nakazki, Y. Takao, K. Eriguchi, and K. Ono: *J. Vac. Sci. Technol. B*, **32**, 031212 (2014).
[58] N. Nakazki, H. Tsuda, Y. Takao, K. Eriguchi, and K. Ono: *J. Appl. Phys.*, **116**, 223302 (2014).
[59] *International Technology Roadmaps for Semiconductors (ITRS) 2013 edition* (http://www.itrs.net)
[60] K. Eriguchi and K. Ono:*J. Phys. D*, **41**, 024002 (2008).
[61] Y. Yoshida and T. Watanabe: *Proc. Symp. Dry Process*, pp.4-7 (1983).
[62] K. P. Cheung: *Plasma Charging Damage*, Springer 2001.
[63] W. M. Greene, J. B. Kruger, and G. Kooi: *J. Vac. Sci. Technol. B*, **9**, 366 (1991).
[64] H. Shin and C. M. Hu: *IEEE Electron Dev. Lett.*, **13**, 600 (1992).
[65] K. Eriguchi, Y. Uraoka, H. Nakagawa, T. Tamaki, M. Kubota, and N. Nomura: *Jpn. J. Appl. Phys.*, **33**, 83 (1994).
[66] C. D. Young, G. Bersuker, F. Zhua, K. Matthewsb, R. Choi, S. C. Song, H. K. Parkc, J. C. Lee, and B. H. Leed; *Proc. Int. Rel. Phys. Symp.*, pp.67-70 (2007).
[67] S. M. Sze and K. K. Ng: *Physics of Semiconductor Devices, 3rd ed.*, Wiley (2007).
[68] S. A. Vitale and B. A. Smith: *J. Vac. Sci. Technol. B*, **21**, 2205 (2003).
[69] T. Ohchi, S. Kobayashi, M. Fukasawa, K. Kugimiya, T. Kinoshita, T. Takizawa, S. Hamaguchi, Y. Kamide, and T. Tatsumi: *Jpn. J. Appl. Phys.*, **47**, 5324 (2008).
[70] S. M. Sze: *Semiconductor Devices, Physics and Technology, 2nd ed.*, Wiley (2002).
[71] K. Eriguchi, Y. Nakakubo, A. Matsuda, Y. Takao, and K. Ono: *Jpn. J. Appl. Phys.*, **49**, 056203 (2010).
[72] K. Eriguchi, Y. Takao, and K. Ono: *J. Vac. Sci. Technol. A*, **29**, 041303 (2011).
[73] 藤原裕之：分光エリプソメトリー，丸善 (2003).
[74] H. Ohta and S. Hamaguchi:*J. Vac. Sci. Technol. A*, **19**, 2373 (2001).
[75] K. Eriguchi, A. Matsuda, Y. Nakakubo, M. Kamei, H. Ohta, and K. Ono: *IEEE Electron Dev. Lett.*, **30**, 712 (2009).

[76] K. Eriguchi, Y. Nakakubo, A. Matsuda, Y. Takao, and K. Ono: *IEEE Electron Dev. Lett.*, **30**, 1275 (2009).
[77] K. Hashimoto: *Jpn. J. Appl. Phys.*, **33**, 6013 (1994).
[78] K. Eriguchi, M. Kamei, Y. Takao, and K. Ono: *Jpn. J. Appl. Phys.*, **50**, 10PG02 (2011).
[79] K. Eriguchi and Y. Kosaka: *IEEE Trans. Electron Dev.*, **45**, 160 (1998).
[80] A. T. Krishnan, V. Reddy, and S. Krishnan: *IEDM Tech. Dig.*, pp.865-868 (2001).
[81] S. Krishnan and A. Amerasekera: *Proc. Int. Rel. Phys. Symp.*, pp.302-306 (1998).
[82] K. P. Cheung and C.-S. Pai: *IEEE Electron Dev. Lett.*, **16**, 220 (1995).
[83] A. Cacciato, A. Scarpa, S. Evseev, and M. Diekema: *Appl. Phys. Lett.*, **81**, 4464 (2002).
[84] M. Okigawa, Y. Ishikawa, and S. Samukawa: *J. Vac. Sci. Technol. B*, **21**, 2448 (2003).
[85] S. Behera, J. Lee, S. Gaddam, S. Pokharel, J. Wilks, F. Pasquale, D. Graves, and J. A. Kelber: *Appl. Phys. Lett.*, **97**, 034104 (2010).
[86] K. J. Kanarik, G. Kamarthy, and R. A. Gottscho: *Solid State Technol.*, **55**, 3, 15 (2012).
[87] 斧高一ほか：プラズマ・核融合学会誌，**85**, 163 (2009).
[88] K. Patel, T. -J. King Liu, and C. J. Spanos: *IEEE Trans. Electron Dev.*, **56**, 3055 (2009).
[89] E. Altamirano-Sánchez, V. Paraschiv, M. Demand, and W. Boullart: *Microelectron. Eng.*, **88**, 2871 (2011).
[90] G. D. Wilk, R. M. Wallace, and J. M. Anthony: *J. Appl. Phys.*, **89**, 5243 (2001).
[91] Y. -C. Yeo, T. -J. King, and C. Hu: *J. Appl. Phys.*, **92**, 7266 (2002).
[92] D. Shamiryan, M. Baklanov, M. Claes, W. Boullart, and V. Paraschivimek: *Chem. Eng. Comm.*, **196**, 1475 (2009).
[93] M. R. Baklanov, J. -F. de Marneffe, D. Shamiryan, A. M. Urbanowicz, H. Shi, T. V. Rakhimova, H. Huang, and P. S. Ho: *J. Appl. Phys.*, **113**, 041101 (2013).
[94] M. Elwenspoek and H.V. Jansen: *Silicon Micromachining*, Chaps. 8-14, pp.193-381, Cambridge Univ. Press (1998).
[95] M.J. Mandou: *Fundamentals of Microfabrication: The Science of Minituarization*, 2nd ed., Chap. 2, pp.77-12, CRC Press (2002).
[96] K. Ostrikov, E. C. Neyts, and M. Meyyappan: *Adv Phys.*, **62**, 113 (2013).
[97] 斧高一，高橋 和生，江利口浩二：プラズマ・核融合学会誌，**85**, 185 (2009).
[98] 斧高一，江利口浩二：2009 半導体テクノロジー大全，月刊 Electronic Journal 別冊，第4編，第4章，第4節，pp.299-305，電子ジャーナル社 (2009).
[99] 斧高一：ナノエレクトロニクスにおける絶縁超薄膜技術–成膜技術と膜・界面の物性科学–，第5編，第4章，pp.295-308，エヌ・ティー・エス社 (2012).

第5章 ナノ材料の基板成長と構造制御

炭素の化学結合は,中空の球形のsと,ダンベル(みたらし団子)形のpとの混成軌道によって特徴づけられる.たとえば,図5.1に示すように,sp混成軌道をもつカルビン,sp^2混成軌道をもつグラファイト,sp^3混成軌道をもつダイヤモンドは,それぞれ1次元,2次元,3次元的に広がっている.本章では炭素のみからなる(炭素同素体)ナノスケールの0次元構造の球状分子フラーレン,1次元のカーボンナノチューブ,2次元のグラフェン,および3次元のナノダイヤモンドを中心として(総称:ナノカーボン),これにZnOナノワイヤーを加えて述べる.

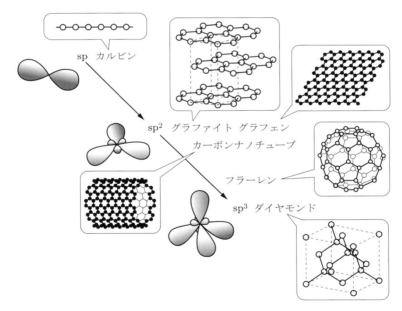

図5.1　各種の炭素同素体と炭素の3種類の混成軌道との関係

これらのナノ材料を産業応用に向けて大量に合成し,かつその用途に応じて構造を精密に制御するには,気相あるいは液相と固相の界面を活用する基板上のプラズマプロセスが有効である.また,気相と液相の界面も新たなプラズマ反応場として登場してきている.以上の観点から,本章では最初に,ナノ材料の中で汎用的に研究が展開

されてきたカーボンナノチューブを取り上げ，成長段階における初期過程，配向機構，構造制御について述べる．さらに，すでに合成されたナノチューブの構造を内部から制御するために，原子や分子をその中空空間に内包させる方法と，表面修飾で制御するための気・液界面プラズマによる方法に関して説明する．これらのエレクトロニクス，エネルギー，バイオ・医療分野への応用例も紹介する．続いてグラフェンを取り上げ，その応用上不可欠な電気的機能などの各種機能を付与するための構造制御に関して，マイルドな拡散プラズマを用いる新規プロセスによる基板上での成長・合成について述べる．また，機能化フラーレンの応用上必須の大量合成に関しては，基板上でのプラズマイオン注入法によって形成される2種類の原子内包C_{60}を取り上げる．次に，ナノダイヤモンドの構造制御成長においては，マイクロ波プラズマを用いた結晶粒サイズの違いに着目した基板上での薄膜形成について説明し，また応用例にも触れる．最後に，ZnOナノワイヤーについて大気圧プラズマによる大量合成，低気圧プラズマによる基板上でのナノレベルの構造制御合成と成長機構解明，および応用例について説明する．

5.1 配向カーボンナノチューブ

5.1.1 初期成長過程

　グラファイト1枚シート，すなわち炭素の六員環を蜂の巣のように並べた平面状の物質である1原子層のグラファイトをグラフェンとよぶ．カーボンナノチューブ (CNT: carbon nanotube) は，これを円筒状に巻くと形成される．したがって，幾何学的には高アスペクト比（直径と長さ比），また物性的にはナノメートルスケールで顕著になる量子サイズ効果により大きな影響を受けるなどの特徴がある．このCNTは特異な電気的，磁気的，光学的，機械的および熱的性質をもっているので，ナノエレクトロニクス，バイオ・医療およびエネルギー技術などへの応用上高いポテンシャルをもつ素材として重要視されている．

　プラズマ化学気相堆積 (CVD) がCNT合成分野に利用された初期のもっとも有名な例は，多層カーボンナノチューブ (MWNT: multi-walled carbon nanotube) の孤立垂直配向成長[1]である．それまでの乱雑な成長に対して，CNTの成長方向制御の可能性がはじめて示された．しかし，MWNTに比べより多くの応用可能性が期待されている単層カーボンナノチューブ (SWNT: single-walled carbon nanotube) のプラズマCVD合成は，プラズマ制御性の困難さのために長く実現されてこなかった．そこで，基板上の微小触媒金属を安定に存在させるためなどの，SWNTの成長中プラ

ズマパラメータ制御の重要性が着目された．折しも，プラズマ中の電子温度を極端に低下させることができるプラズマ拡散領域を利用することが考えられた（図5.2）．その結果，メタン水素混合プラズマ中の成長基板に入射するイオンエネルギーを極端に低下させることで，プラズマ CVD による SWNT 成長がはじめて実現された[2]．

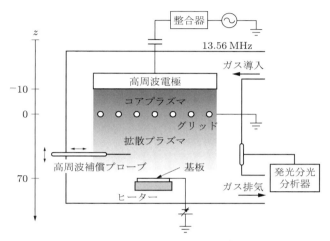

図 5.2 拡散プラズマ CVD の装置概略図

プラズマ CVD においては，一般的な熱 CVD に比べ制御パラメータが格段に多い．これにより SWNT 成長条件がきわめて複雑化しているので，プラズマ CVD 中 SWNT 成長の普遍的理解が求められる．そこで，ラマン分光スペクトル上の G バンド（グラファイト構造に由来する）の規格化した絶対強度 I_G を利用して SWNT の成長量を定義し，この時間 (t_g) 変化に関する成長方程式の導出が試みられた．あるプラズマ条件では，通常の熱 CVD と同様，図 5.3(a) に示すように成長時間の増加に伴い成長量も増加する．一方，プラズマ条件を変化させると，図 (b) に示すように SWNT の存在量がある一定時間以降で急激に減少するというプラズマ CVD 特有の現象が観測される．そこで，成長量を減少させるエッチング（炭素原子が削り取られる）の効果をラングミュアの吸着等温式を用いて表現することにより，実験結果をきわめてよく再現できる方程式が作り出された（図 5.4）[3]．様々な条件下で行った成長量 – 成長時間依存性の実験結果をこの拡張成長方程式でフィッティングすることにより，SWNT の成長を物理的，化学的に支配する条件を定量的に評価可能である．

一例として，成長時に基板に入射するイオンエネルギーを変化させた実験では，高イオンエネルギー ($> 50\,\mathrm{eV}$) 領域においては，イオンエネルギーの増大に伴いエッチング係数も増加する結果が得られる．しかし一方で，ある特定の低イオンエネルギー（〜

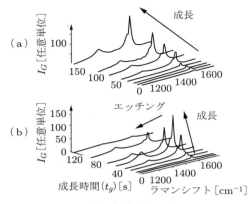
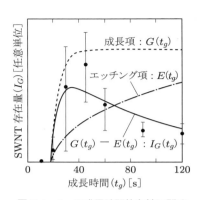

図 5.3 異なるプラズマ条件下で成長した SWNT のラマンスペクトルの成長時間依存性

図 5.4 I_G の成長時間依存性に関する実験値と理論曲線の比較

5 eV)条件においては,特異的にエッチング反応が進むことも明らかとなった.この実験で得られたエッチングを起こすエネルギーの違いは,おのおのに対応して SWNT 中の炭素が叩き出されることによる欠陥と,炭素原子間のボンドが切られることによる欠陥という異なる欠陥導入機構によるものと考えられている.

5.1.2 配向成長機構

　プラズマ CVD の大きな特徴の一つが,CNT を一本一本独立に基板垂直方向に配列成長させることができるという点である.事実,プラズマ CVD により成長した SWNT が基板表面から孤立した状態で,かつ垂直方向に配向成長することが明らかにされ(図 5.5, 5.6),この物理モデルに関する詳細な検討が行われた.細長い SWNT は円筒軸方向にきわめて大きい分極率をもっているので,外部から電場を印加すると SWNT の軸方向に大きな双極子モーメントが発生する.一般に,双極子モーメントは外部電場に対して平行となる場合にもっともエネルギー的に安定になることが知られている.したがって,つねに基板表面に対して垂直方向を向いているプラズマシース電場と SWNT 軸方向が,平行となるように SWNT が成長したと考えられる.一方で,成長は 600〜700°C の温度条件で行われるため,当然この熱エネルギー由来の配向を乱す乱雑運動の効果を考える必要がある.そこで,実際に SWNT が成長した状態で,高周波補償ラングミュアプローブ法によりシース電場強度が測定された.これを用いて SWNT に発生する配向に使われる回転エネルギーを算出し,配向を乱す熱エネルギーとの大小関係を比較した.その結果,シース電場由来の回転エネルギーが,熱エネルギーに比べ十分大きいプラズマ条件で成長した SWNT が孤立垂直配向形状をとることが明ら

5.1 配向カーボンナノチューブ 151

（a）SEM 像

（b）TEM 像

図 5.5 拡散プラズマ CVD により成長した孤立垂直配向 SWNT

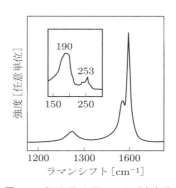

図 5.6 SWNT のラマンスペクトル

かになった[4, 5].

さらに，このように個々が独立した状態で配向している SWNT では，成長したままの状態でグラフェンシートの巻き方，すなわち電子構造を支配する螺旋度（カイラリティ）を決定できる．具体的には，図 5.7 のように，輝点一つが特定カイラリティの SWNT に対応するように，発光強度をコントラストの差としてマッピングする蛍光（発光）−励起 (PLE：photoluminescence-excitation) 測定ができる[6].

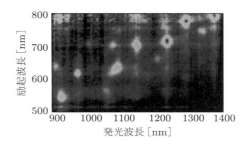

図 5.7 基板上の孤立垂直配向 SWNT から直接観測された PLE マップ

5.1.3 構造制御成長

SWNT の構造制御は，電気，光，磁気すべての応用分野にとって非常に重要な課題である．とくに，カイラリティにより諸特性が大きく異なるため，1 本の SWNT のカイラリティを精密に制御する，あるいは SWNT の種々混在によるカイラリティ分布を極端に狭める試みが近年注目されている．一般に，カイラリティ分布のきわめて狭

いSWNTを得る方法は二つある．一つは成長後の試料を化学的処理により分離する手法である．もう一つは，成長時に選択的にカイラリティ分布の狭いSWNTを成長させる方法である．後者の選択合成の場合，デバイス上に直接成長が可能であり，また，不純物混入，欠陥導入も最小限に抑えることが可能であるため，大きなメリットがある．これに関しては，これまで磁性金属触媒を利用してある程度カイラリティ分布を狭めることが実現されている．一方，非磁性触媒から成長したSWNTは磁性金属の不純物を含まないため，SWNT本来の磁気特性を明らかにするうえできわめて重要な試料である．そこで，非磁性金属触媒である金 (Au) を利用して，拡散プラズマCVD中の条件を最適化することにより，カイラリティ分布を狭めるSWNTの選択合成の実験がなされた[7]．図5.8に，異なる水素混入条件で合成したSWNTのPLEマップを示す．水素混入量を増加させるに従いカイラリティ分布が狭まり，最終的にはカイラル指数 (n, m) の中で，$(6,5)$ に帰属するSWNTが支配的となり，カイラリティ分布のきわめて狭いSWNTが合成された．この$(6,5)$ SWNTの優先的成長は，図5.9(a) の紫外 – 可視 – 近赤外吸収スペクトル，および図 (b) のラマン分光スペクトルの結果においても確認できる．また，プラズマCVDにおいては，プラズマが照射されている時間でのみSWNTが合成されることに着目すると，非磁性金属触媒を用いた場合以外でも，ある特定の構造（直径，カイラリティ）をもつSWNTを優先的に合成することが可能である．実際に，合成時間を厳密に制御することが試みられ，そ

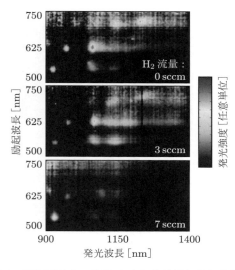

図 5.8 拡散プラズマCVDにより金触媒から合成されたSWNTのPLEマップの水素混入量依存性

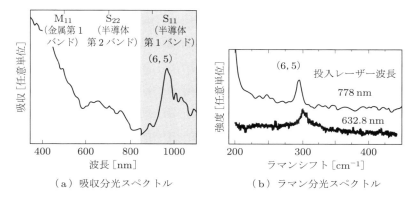

図 5.9 水素混入 7 sccm で合成された SWNT の分光スペクトル

れを短くするにつれてカイラリティ分布が狭まることが明らかになった．さらに，合成時間を最適化することにより，カイラリティ分布のきわめて狭い SWNT 合成が実現されている[8]．

これまで述べた，1 本の孤立した SWNT の合成と構造制御[9, 10] は高性能デバイスへの応用上重要である．一方で，孤立 SWNT は直径約 1 nm で長さ数 μm の繊維状物質であるので，その取り扱い技術の確立がきわめて困難である．このため，産業応用に向けては集積化という観点から大きな課題が残されている．これに対して，SWNT が束状に寄り集まった高密度 SWNT 集合体[11] は，肉眼でも確認できる物質であるため取り扱いが簡便である．よって，基礎物性は孤立 SWNT に比べやや劣る点が多いものの，実際のデバイスや材料応用実現にもっとも近い SWNT の形といえる．この高密度 SWNT を合成するうえでは，前述の孤立 SWNT 合成機構に関する知見が大いに役立つ．孤立垂直配向 SWNT を合成した同一の装置において，触媒条件を最適

図 5.10 垂直配向高密度 SWNT

化してプラズマ CVD 合成した結果を図 5.10 に示す．SWNT が高密度に成長し，垂直に配向していることが確認できる．

5.1.4 原子・分子内包による構造制御

フラーレンやアルカリ塩をイオン源として，解離，電離，電子付着，磁場中拡散などのプラズマ基礎過程を活用して，正イオンと負イオンを含むプラズマ源が開発されてきた．アルカリ－フラーレンイオンプラズマの生成法の概略を図 5.11(a) に示す．まず，高温 W 板上でアルカリ金属原子 A (= Li, Na, K, Cs) が接触電離すると同時に，熱電子も放出されアルカリ金属プラズマが発生する．kG オーダーの均一磁場 (B) 中で，電子密度・温度がおのおの $10^8 \sim 10^{10}\,\mathrm{cm}^{-3}$，0.2 eV である．このプラズマ流に昇華・導入されたフラーレン C_{60} は電子親和力が大きいので負イオン C_{60}^- となり，これと正イオン A^+，さらに若干の電子からなるイオン性プラズマが生成される[12]．

次に，図 5.11(b) に示すアルカリ－ハロゲンイオンプラズマの生成法について述べ

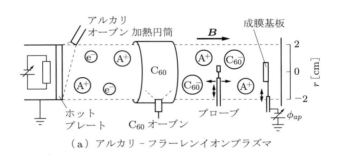

（a）アルカリ－フラーレンイオンプラズマ

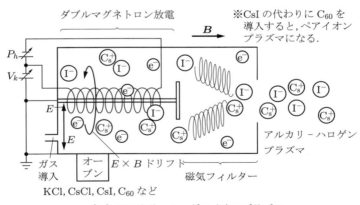

（b）アルカリ－ハロゲンイオンプラズマ

図 5.11　異極性イオンプラズマ生成装置の概略

る.均一磁場中で加熱された螺旋状W線カソードの中心部に,アノード棒が設置されている.熱電子が周方向に $\boldsymbol{E} \times \boldsymbol{B}$ ドリフトしており,ここにアルカリ塩(KCl, CsCl, CsIなど)蒸気を供給すると,電子衝突によって解離・電離されてアルカリ金属正イオンとハロゲン負イオンが生成される[13].ラーモア半径が小さい電子は内側に拡散しにくいが,逆にイオンは内側拡散しやすいので,磁力線垂直方向に正負イオンと電子を分離することができる(磁気フィルター).その結果,下流域ではアルカリ金属正イオンとハロゲン負イオンからなるイオン性プラズマが実現される.なお,ここでアルカリ塩の代わりにフラーレンを用いると,等質量の正負イオンのみからなる"ペアフラーレンイオンプラズマ"(C_{60}^+ – C_{60}^-)が生成される[14, 15].

このようなイオン性プラズマ中に,空のSWNTあるいはDWNT(double-walled carbon nanotube,二層カーボンナノチューブ)をあらかじめ塗布した基板を挿入する.その基板に負バイアス(ϕ_{ap} <0 V)を印加すると正イオンが,逆に正バイアス(ϕ_{ap} >0 V)を印加すると負イオンが,プラズマシース電場を介して加速されて基板上のCNTに照射される.これによりCNTの端が開くか,あるいは表面の六員環が広がることにより,おのおののイオンがその内部中空空間に侵入し内包されることが期待される.この単極性基板バイアス法に加えて,異種の原子・原子,原子・分子,分子・分子が対向する接合構造を内包したCNTを創製するために,極性反転基板バイアス法も実践できる.まず基板に正バイアスして負イオンをCNTに一定時間照射し,次に負バイアスして正イオンを一定時間照射する手法である.前者の単極性の場合の正バイアス印加($\phi_{ap} = +20$ V)の例としては,SWNT内にC_{60}やC_{59}Nが線形に内包されていること(C_{60}@SWNT,C_{59}N@SWNT)[16]と,ヨウ素原子の内包(I@SWNT)が透過型電子顕微鏡(TEM)像で観測されている(図5.12(a,c)).また,負バイアス印加($\phi_{ap} = -100$ V)の例としては,螺旋状になったCsの集合体がSWNT内に内包されていること(Cs@SWNT)[17]が観測されている(図5.12(b)).

ここで,原子や分子の内包によるSWNTの局所的電子特性の変化が興味深い.これは,低温・超高真空下の走査型トンネル顕微鏡(STM:scanning tunneling microscope)を用いた走査トンネル分光(STS:scanning tunneling spectroscopy)法により測定されている[18].図5.13(a)はCsが部分的に内包されたSWNTのSTM無彩色スケール像であり,Csが内包されている部分が白く輝いている.電子密度の局所変化は,図(b)のように高空間分解能STS(SR-STS)により観測することができる.第一に,Csの内包によってSWNTへ電荷移動が起こり,Csが内包した空間位置で伝導帯と価電子帯が局所的に下にシフトしている.第二には,伝導帯近傍に新しい局所的ギャップ状態が際立って現れる.この特異な二つの局所状態が,Cs内包によるSWNT内部局部空間における電荷移動を実証している.この内包されたCs原子による電子状態の軸

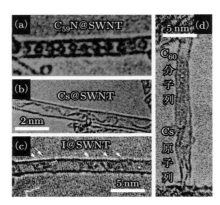

図 5.12 原子・分子内包 SWNT の TEM 像

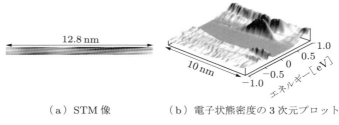

（a）STM 像　　　　（b）電子状態密度の 3 次元プロット

図 5.13 Cs が部分的に内包された SWNT

方向減衰距離は 3 nm である．すなわち，部分的に Cs が不在であっても，この SWNT は通電の役割を果たすことができる．このように，内包によって局所的に SWNT の電気的特性を制御できることに加えて，内包された原子や分子は外部環境から保護されるという長所がある．

一方，内部中空空間に Cs 列と C_{60} 列が隣接した構造の SWNT が，極性反転基板バイアス法によって創製されている（図 5.12(d)：$\phi_{ap} = +20$ V/30 分，$\phi_{ap} = -100$ V/30 分）．この Cs/C_{60} 接合内包 SWNT (Cs/C_{60}@SWNT) に加えて，アルカリ金属/ハロゲン接合内包 CNT(Cs/I@SWNT, Cs/I@DWNT) の創製も実現されている．

上記のアルカリ金属，ハロゲン原子，フラーレン分子などに加え，液中プラズマプロセスを利用することで，生体分子である DNA を SWNT に内包することもできる．この際に，DNA は溶液中では対正イオンを背景にして負イオンとして存在するので，DNA 溶液を "電解質プラズマ"[19] と捉えると考えやすい．この液体プラズマの視点から，上記気体プラズマ中の基板バイアス法を適用することが試みられた（図 5.14）．この場合，DNA は溶液中で有効直径が大きい糸玉形状を呈しているので（図 5.15,

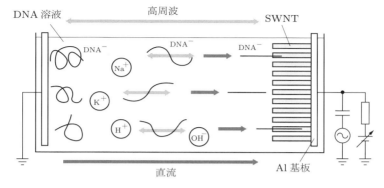

図 5.14　DNA 溶液中電解質プラズマにおける基板バイアス法

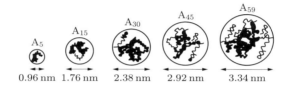

図 5.15　糸玉形状の一重螺旋 DNA の塩基数と有効直径の関係

A：アデニン，A_{30} などの添字は DNA 塩基の数を表す），とくに小直径 (1.4 nm) の SWNT への内包は容易ではない．そこで，CNT 塗布基板に向けて負イオンを選択的に加速するための正バイアスに加えて，高周波電場により糸玉状 DNA を解いて伸長する目的で高周波電圧を重畳印加する．その結果，電解質プラズマ中の液・固 (基板) 界面で形成される電気二重層を介して，DNA 負イオンが CNT の内部空間に注入された[20]．そのラマン分光分析および TEM 観察（図 5.16）による実証例として，"一重螺旋 DNA@SWNT"，"一重螺旋 DNA@DWNT"，"二重螺旋 DNA@DWNT" の創製がある．

これを DNA バイオセンサーへ応用すると，DNA を内包化することで CNT の外周

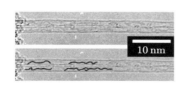
(a) アデニン DNA(A_{15})内包の SWNT

(b) シトシン DNA(C_{30})内包の DWNT

図 5.16　生体 DNA 内包の CNT を実証している TEM 像
　　　　　内包の様子を模式的に図中に実線で示してある．

への巻き付けとは異なり，再利用できるようになる．また，先進的ドラッグデリバリーシステム (DDS：drag delivery system) への応用においては，内包されているので生体内輸送中の効能低減障害を起こさずに細胞内に吸収・摂取させることができる．一方，この細胞内でのDNAデリバリーはゲノム研究用モニタリングプローブ応用，さらには，細胞の新形質発現や新細胞活用などの細胞内ナノエンジニアリングへの応用展開が期待される．

5.1.5 気液界面プラズマによる構造制御

粒子径が数nm〜数十nmサイズのナノ粒子は，表面プラズモン共鳴（入射光によって誘導される固体，液体中の電子の集団運動）とよばれる特有の吸光を示し，新しい色素やセンサーとして研究されている．また，バルクでは不活性な金属もナノ粒子にすることで触媒活性を示すことが見出され，燃料電池触媒や脱臭触媒などに広く用いられている．一方で，生体内での保護機能具備のDDS[21]やプラズモニックナノバイオセンサー[22]などのバイオ・医療分野への応用も展開されている．さらに，金属または半導体のナノ粒子を高度に秩序化させて高い規則性をもたせた構造体は，バルク材料では見られない新奇の電気的，光学的特性を利用したデバイスへの応用が可能である．とくにCNTとの複合物質（コンジュゲート）を創製することで，カーボンナノチューブの特異的な電気・磁気・光特性との相乗効果により，様々な分野への応用が期待されている[23]．

ここでは，CNTをテンプレートとして用いた，ナノ粒子間の"間隔"を自在に制御できる高秩序化構造体の形成について述べる．また，ナノ粒子を合成する新たな反応場として，プラズマと液体が接する「気液界面プラズマ」を取り上げる．

安定な気液界面を生成するために，液体側には，水などの溶媒が存在せず正の分子イオンと負の分子イオンのみから構成され（完全電離液体プラズマ），室温で液体状態である"イオン液体"[24]を導入する．イオン液体中に設置されたカソード電極に直流電位 V_D を印加し，イオン液体表面直上の気相中に設置された接地電位のアノード電極間で放電させると，大気圧および低気圧下の両方で安定な気液界面プラズマを生成することができる（図5.17）[25, 26]．ラングミュアプローブによる電位分布測定結果によると，気液界面領域にはシース電場ないしは電気二重層が形成され，Arなどの気体プラズマイオンを液体に向かって加速する大きな静電場が存在している（イオン照射モード，図(a)）．また，イオン液体中の電極をアノードにすると，反対極性の静電場が形成され，気体プラズマ中の電子がイオン液体に向かって加速される（電子照射モード，図(b)）．

ここで，イオン液体中にあらかじめ金塩化物（塩化金(III)酸三水和物：$HAuCl_4$・

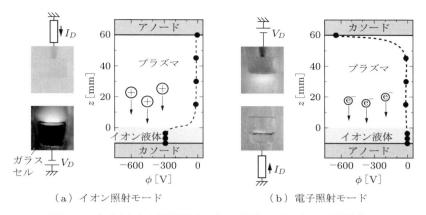

図 5.17 生成された気液界面プラズマの写真とプラズマ空間電位分布

$3H_2O$) を溶解させておくと,気相プラズマ側からのイオン照射および電子照射のどちらの場合にも,それらの金イオンに対する還元(電子を与える)作用により金ナノ粒子が合成される[27, 28]. さらに,イオン照射の場合にはイオン液体の解離による水素ラジカル生成を誘発し,これによる還元作用が照射電子よりも優るので,より効率的合成法であることが明らかにされた[29].

この気液界面プラズマによるナノ粒子合成技術を用いてその間隔を制御する目的で,表面プラズモン共鳴による特異な光学特性をもつ金ナノ粒子に着目し,CNT がテンプレートとして用いられた. このとき,金ナノ粒子と結合しやすい官能基を CNT の表面にあらかじめ制御して修飾しておくことで,選択的に金ナノ粒子が官能基の位置で合成され,その間隔制御が可能となる. ここで,CNT 表面へ修飾する官能基としてカルボキシル基 (–COOH) およびアミノ基 (–NH_2) を採用し,これらを含むイオン液体 (2-ヒドロオキシエチルアンモニウムホルマート:C_2H_8NO–COOH) をプラズマ放電電極として用いる[30]. このイオン液体に CNT を分散させた後,プラズマ照射 (放電電圧 $V_D = 540$ V, 放電電流 $I_D = 1$ mA) を行うことで,イオン液体を解離し,解離した官能基が CNT 表面に結合する. この官能基修飾を施した CNT に $HAuCl_4$ を溶解させることで,金ナノ粒子が官能基に選択的に合成される. 図 5.18 に,プラズマ照射時間 t を変化させて形成した金ナノ粒子表面修飾 CNT の TEM 像を示す. $t = 10$ min の場合,金ナノ粒子が CNT の表面に高密度に合成されている. 一方,プラズマを照射しなかった場合 ($t = 0$ min) には,CNT の表面に金ナノ粒子が合成されていない. これより,プラズマ照射による官能基修飾の有効性が明らかとなった. また,$t = 1$ min と 10 min の場合を比較すると,プラズマ照射時間を長くすることで,金ナノ粒子の合成密度が増加している. したがって,プラズマ照射制御により,CNT

160　第 5 章　ナノ材料の基板成長と構造制御

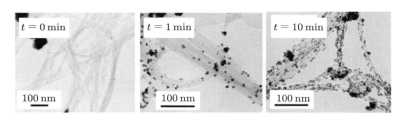

図 5.18　プラズマ照射時間を変化させた場合の金ナノ粒子表面修飾 CNT の TEM 像

表面への官能基，すなわち金ナノ粒子の修飾密度（間隔）を制御できることが実証された．

これまでは CNT の外部壁への金ナノ粒子の修飾であったが，ここでイオン液体中に分散させた束状の CNT をナノテンプレートと見立てる．これに金塩化物を浸透させておいてから気相からプラズマ照射を行う．その結果，束状 CNT の層間のナノ空間が合成場となり，2 nm 近傍に粒径がそろった高密度の金ナノ粒子が CNT 層間で形成されることがわかった（図 5.19）[31]．この CNT－金ナノ粒子コンジュゲートは，高効率太陽電池，燃料電池，タンパク質高感度センシングなどへの応用が考えられる．

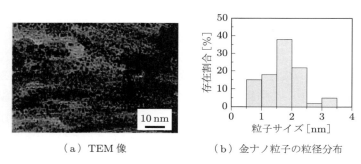

（a）TEM 像　　　　（b）金ナノ粒子の粒径分布

図 5.19　プラズマ照射により合成された CNT－金ナノ粒子コンジュゲート

5.1.6　応用例
(1)　ナノ電界効果トランジスタ (FET)

これまで述べた内部ナノスペース制御された SWNT および DWNT の電子輸送特性を調べるためには，FET 配位が好都合である．図 5.20 に示す CNT-FET では，厚さ 500 nm の酸化膜（SiO_2）の基板上にギャップ長 500 nm のソースとドレイン電極 (Au) が蒸着されている．その電流チャネル部については，CNT が分散された溶媒 (N,N-dimethylformamide) をスピンコーターによって塗布して形成する．そこで，Cs^+ 照射時間を変えて創製された Cs@SWNT を用い，ソース・ドレイン電圧を $V_{DS}=$

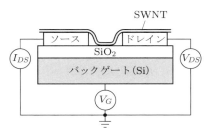

図 5.20　CNT-FET の模式図

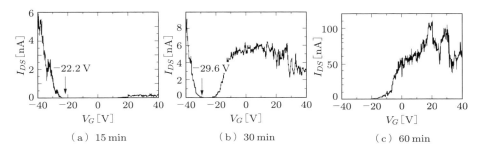

図 5.21　Cs@SWNT-FET 特性の Cs$^+$ 照射時間依存性

$1\,\mathrm{V}$ に定めて，ゲートバイアス (V_G) に対するドレイン電流 (I_{DS}) 特性を測定する（図 5.21）．空の SWNT-FET および C_{60}@SWNT-FET は，$V_G < 0\,\mathrm{V}$ のときにオン状態となる p 型半導体の特性を示すことがすでに確認されている．しかしここでは，Cs$^+$ 照射時間を増加させるにつれ，p 型伝導部領域の I_{DS} が流れ始める V_G しきい値電圧が徐々に減少し，$60\,\mathrm{min}$ 照射で完全な n 型の半導体特性を示す[32]．これは電子ドナーの Cs が SWNT に内包されることによって SWNT へキャリア電子が供給されて，その電子構造が変調された結果である．さらに，内包に起因して大気中でも安定に n 型動作をすることが実証されている．なお，Cs@SWNT に比べて Cs@DWNT をチャネルとした FET は，通電状態と遮断状態における電流値の比である"オン・オフ比"が約 100 倍，移動度が 2 倍近く，かつ大気安定性もはるかに優れている[33,34]．このように，アルカリ金属のドーズ量 D [イオン数/nm^2] を制御することによって，自在に SWNT と DWNT の電子状態を制御できる．

一方，電子アクセプタのハロゲン元素の内包の場合には，ヨウ素 (I$^-$) のドープ量が増加に伴い，しきい値ゲート電圧 V_G が徐々に正方向にシフトする．つまり，空の SWNT の p 型半導体特性が一層増強され，より強固な p 型特性をもつ SWNT-FET が形成される（図 5.22）[35]．I と同様に，フラーレンの中では，C_{60} や C_{70} などは CNT に対して電子アクセプタとして機能する．しかし，ヘテロフラーレン C_{59}N（アザフ

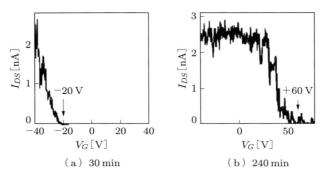

(a) 30 min　　　　　　　　(b) 240 min

図 5.22　I@SWNT–FET 特性の I⁻ 照射時間依存性

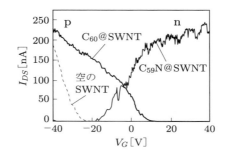

図 5.23　C_{60}@SWNT-FET と C_{59}N@SWNT-FET の特性

ラーレンともよばれる) は優れた電子ドナーであることが, C_{59}N@SWNT-FET において高性能 n 型電子輸送特性が測定されたことで明らかになった (図 5.23)[36].

電子がもつ電荷のみならずスピンの活用を意図して強磁性金属原子内包 CNT が創製され, Fe@SWNT は, 電気特性としては n 型半導体特性を示した. 一方, 超伝導量子干渉素子 (SQUID) を用いた磁化 (B–H) 曲線測定結果によると, Fe@SWNT は 5 K の低温ではヒステリシスをもつ強磁性, また室温ではヒステリシスなしの超常磁性特性を現している[37, 38].

(2)　ナノダイオード

隣接した電子ドナー列と電子アクセプタ列を内包した 1 本の CNT はナノダイオードとなることが期待される. 実際に, Cs/I の接合内包 SWNT の Cs/I@SWNT-FET と Cs/I@DWNT-FET の相互特性 (I_{DS}–V_G) を調べたところ, 内包効果により大気中でも安定に動作するナノ pn 接合デバイスの可能性が示された.

この CNT 内部での pn 接合状態の構造を解明する目的で, 異種原子接合内包 SWNT に関してより詳細な測定が行われた[39]. Cs/I@SWNT に関して, 空の SWNT に I を

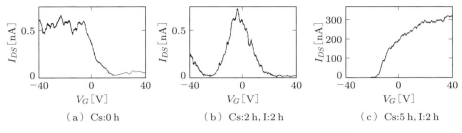

(a) Cs:0 h　　　　　　(b) Cs:2 h, I:2 h　　　　　(c) Cs:5 h, I:2 h

図 5.24　Cs/I@SWNT 電気特性の照射時間依存性

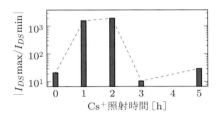

図 5.25　整流特性比の Cs イオン照射時間依存性

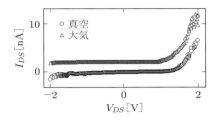

図 5.26　Cs/I@SWNT の I_{DS}–V_{DS} 特性

2 時間照射した試料に対して，異なる時間で Cs を照射し，その I_{DS}–V_G 特性が測定された（図 5.24, 5.25）．その結果，十分な Cs 照射を行った場合では，これまでの Cs のみを内包した SWNT の特性と同様に n 型の特性へと変化することが確認された．一方，興味深いことに Cs を I とほぼ同量照射した試料については，I_{DS}–V_G 特性において，V_G が 0 V 付近の場合にのみ I_{DS} が流れる山状特性が出現する（図 5.24(b)）．これは pn 接合間のトンネル電流を観測したことを意味する．さらに，この試料の I_{DS}–V_{DS} 出力特性においては，大気中でも安定な一方の極性時しか電流が流れない整流特性が実測された（図 5.26）．また，V_G を山状特性が現れた領域の値（10 V）に固定し，低温（〜12 K）で I_{DS}–V_{DS} 特性を測定すると，V_{DS} 電圧を正に印加した場合にのみ負性微分抵抗特性[40] が現れる（図 5.27）．これにより，SWNT 内部で pn 接合構造が形成されていることが証明された．

一方で，電子アクセプタ物質として I の代わりに C_{60} を用いた場合の Cs/C_{60} 接合内包 SWNT(Cs/C_{60}@SWNT) に関しては，興味深い特性の違いが現れた．一つには，単電子トランジスタに用いられている現象である（電圧を印加しても電流が流れなくなる領域が存在する）クーロンダイヤモンド特性である．低温（〜12 K）で観測されたこのダイヤモンドのサイズは，V_G が負の場合と正の場合，つまりキャリアが正孔の場合と電子の場合で大きく異なる（図 5.28）．

このような違いがなぜ生じるかに関する簡単な計算をしてみると，SWNT と電子ド

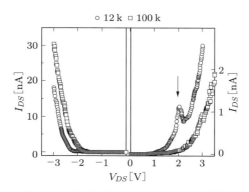

図 5.27 Cs/I@SWNT の I_{DS}-V_{DS} 特性
矢印は負性微分抵抗特性の位置を示す.

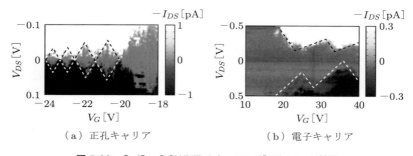

（a）正孔キャリア　　　　　（b）電子キャリア

図 5.28 Cs/C$_{60}$@SWNT のクーロンダイヤモンド特性

ナー，アクセプタ物質間の電荷移動率の違い，および内包原子・分子サイズの違いが浮かび上がる．つまり，内包物質がSWNTの単位長さあたりに与えるキャリア密度（N_D:ドナー，N_A: アクセプタ）には大きな違いがあるということである．CsとIの間ではほぼ $N_D = N_A$ が成り立ち，Cs/I@SWNTの電位すなわち空乏層はほぼ対称的に形成される（図5.29(b)）．しかし，CsとC$_{60}$の場合には，Csに比べC$_{60}$内包領域のキャリア密度が約 $1/10$($N_D = 10N_A$) となってしまう．このキャリア密度の違いはSWNT内部での電位分布に大きな違いをもたらし，Csが内包された領域に比べ，C$_{60}$が内包された領域での空乏層幅がきわめて広くなる（図5.29(a)）．結果として，電子を3次元的に閉じ込める小さな入れ物である量子ドットのサイズに不均一が生じたのである．このためキャリアの種類により，異なる大きさのクーロンダイヤモンド特性が得られたと解釈できる．このように，内包物質由来の1次元pn接合が実現された点，およびそのドーパントコンビネーションの最適性に関する知見が得られたことは，将来の産業応用に向けて重要な成果である．

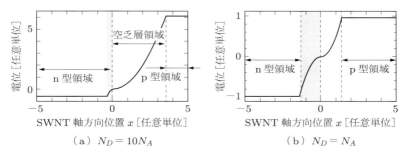

図 5.29　計算により求めた pn 接合領域における電位分析

(3) 薄膜トランジスタ

　高い柔軟性とキャリア移動度をもつ SWNT の応用でもっとも実用化の期待が高まっているものの一つが，超高性能の薄膜トランジスタ (TFT：thin film transistor) である．1本よりも多数本からなる薄膜の方が取り扱いやすいからである．しかし，このような産業応用の実現には，通常 p 型を示す SWNT-TFT を n 型へと変調する技術の確立が必要不可欠である．そこで，前述のプラズマイオン照射法を用いて，アルカリ金属を薄膜状 SWNT に内包させることによる SWNT-TFT の特性制御が行われた[41]．

　Cs^+ 照射前の SWNT-TFT は，図 5.30(a) のように V_G が負の場合に I_{DS} が流れる典型的な p 型伝導特性を示す．一方，Cs^+ を TFT に照射すると，図 (b) のように n 型チャネル電流 (V_G が正の場合に流れる I_{DS} 成分) が著しく増大する．さらに，I_{DS} が最小となるゲートしきい値電圧が，Cs プラズマ照射により負電圧方向へシフトする．これらの結果は，プラズマイオン照射法により Cs 原子が薄膜を形成している SWNT に内包され，電子ドナー物質として作用したことを表している．続いて，内包率を表す指標として，p, n 型それぞれの領域での最大 I_{DS} の比 (I_{onn}/I_{onp}) を用いることにして，異なるイオン照射エネルギー (E_i) 条件で SWNT への内包実験を行った．図 5.31 に示すこの I_{onn}/I_{onp} の E_i 依存性より，内包効率に明確な E_i 依存性が存在する

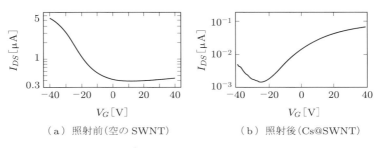

図 5.30　Cs プラズマ照射前後の SWNT-TFT の I_{DS}-V_G 特性

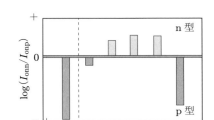

図 5.31　I_{onn}/I_{onp} の E_i 依存性

ことが明らかとなり，最適値が約 50 eV に存在することがわかった．また，Cs 原子内包に必要なイオンエネルギーの最小，最大しきい値が，それぞれ炭素間の結合エネルギーと炭素原子を叩き出すエネルギーに対応していることもわかった．さらに，本手法で作製した Cs@SWNT-TFT は Cs 原子が SWNT 内部に内包されているため，大気中，純水中，高温下 (<400 °C) いずれの環境下においても n 型伝導特性が安定であり，強い対環境特性を示すことが実証されている．

(4) 太陽電池

近年，SWNT は光電変換素子への応用においても注目を集めている．しかし，従来は 1000 nm 以下の波長領域においての太陽電池の開発研究が中心であり，赤外光領域の効果に関してはこれまで明らかにされていない．一方，SWNT は近赤外領域 (1200〜2000 nm) において強い光吸収があることが知られており，1000 nm 以上の幅広い波長領域において光エネルギーを集めることが可能である．ここでは，図 5.32 に示すように，n 型 Si 基板上にスピンコートにより SWNT を塗布し，その一端部に Au/Cr 電極（厚さ：〜250 nm）を SiO_2 の絶縁層 (100 nm) を挟んで配置して作製した太陽電池を取り上げる[42, 43]．

最初に，明確な整流特性が確認された空の SWNT/Si と C_{60}@SWNT/Si のデバイ

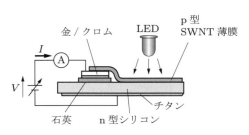

図 5.32　SWNT を用いた太陽電池

スにおける,ソーラーシミュレータ (400〜1100 nm) よる光照射 ($75\,\mathrm{mW/cm^2}$) を行った際の I–V 特性を比較する.図 5.33 に示すように,C_{60}@SWNT/Si の開放電圧 (V_{oc}) の値 (0.48 V) は,SWNT/Si で観測された値 (0.38 V) よりつねに大きい値であった.C_{60} と SWNT 間では電荷交換が起こるので,SWNT のバンド構造が変化する.これに伴って pn 接合領域における p 型 C_{60}@SWNT と n 型 Si 間の拡散電位が増大するので,C_{60}@SWNT/Si の V_{oc} が増加するのである.一方,赤外発光ダイオード (1550 nm,LED) による光照射 (〜$1.5\,\mathrm{mW/cm^2}$) における I–V 特性を比較してみる.図 5.34 に示すように,空の SWNT/Si(V_{oc} =57 mV) に比べて,C_{60}@SWNT 薄膜では V_{oc} が 100 mV まで大幅に増大している.以上より,約 0.7 eV の小さなバンドギャップの SWNT が赤外光領域において,光電変換効果の増大に関して主要なはたらきをしていることが明らかにされた.

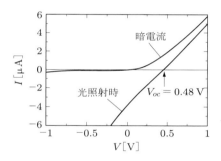

図 5.33 C_{60}@SWNT/Si の太陽電池特性
(ソーラーシミュレータによる光照射)

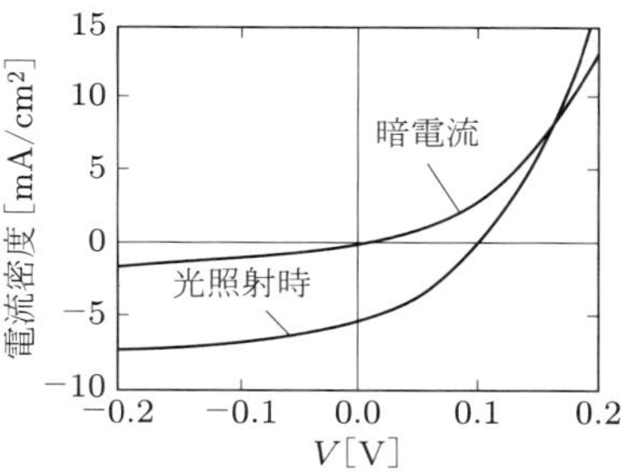

図 5.34 C_{60}@SWNT/Si の太陽電池特性
(1550 nm の LED 照射)

さらに,高効率発電原理として期待されている,1 個の光子が 2 個以上の励起子を形成する "多重励起子生成" に関する実験も試みられている.発電効率の入射光エネルギー依存性において,SWNT のバンドギャップ (E_{11}) の 2 倍となる値 $2E_{11}$ を超えたときに発電効率が最大値となることが観測され (図 5.35),その生成の可能性が示されている[43].なお,前述のナノダイオードを用いた,すなわち pn 接合内蔵 SWNT 太陽電池では,赤外光領域で発電効率最大 11.4% を達成している.

(5) バイオ・医療

次に,表面プラズモン共鳴を利用する高感度バイオセンシングや光によってマニピュレートする DDS への応用に注目する.これに関してナノ粒子−DNA コンジュゲートの合成,さらにはこのコンジュゲートの CNT への内包が試みられている.プラズマ還元法により液相中で金ナノ粒子を合成し,同時に溶液中に存在する DNA と反応

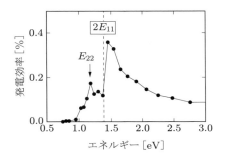

図 5.35　C_{60}@SWNT/Si 太陽電池の発電効率の入射光エネルギー依存性

させるとコンジュゲートが作製される．DNAの濃度を変化させた場合に，気液界面プラズマ照射により形成された金ナノ粒子の水溶液の紫外可視光吸収特性を図 5.36 に示す．DNA濃度の増大により金ナノ粒子の合成量が増大し，かつ水溶液中で安定化され，水溶液の色が次第に濃い赤紫色に変化する．この変化は，金ナノ粒子の表面プラズモン共鳴により，入射光の振動電場と金ナノ粒子内の自由電子が波長 500～600 nm 領域で共鳴的に振動するためである．また，このときの吸収光のピークを示す波長が図 (a) のように DNA 濃度によって変化しているが，これは金ナノ粒子の粒径が変化したことと，表面に DNA が修飾したことで粒子間の距離が変化したためである．図 (b) のように DNA の種類（グアニン G_{30}，シトシン C_{30}）によっても吸収光のピーク波長の DNA 濃度依存性が異なっており，これは DNA の塩基の種類と濃度によって，金ナノ粒子の粒径や粒子間距離を制御できることを示している[44]．

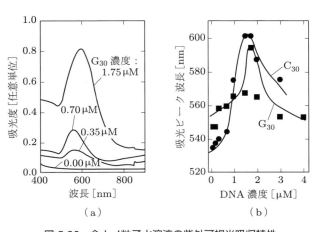

図 5.36　金ナノ粒子水溶液の紫外可視光吸収特性

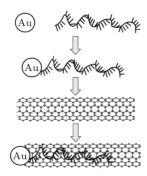

図 5.37　金ナノ粒子−DNAコンジュゲートのCNTへの内包

さらに，図5.37に模式的に描いたように，この金ナノ粒子－DNAコンジュゲートがCNTに内包されることが，気液界面プラズマ中のCNTを塗布した電極に直流正電位を印加する実験によって示されている[45]．加えて，このコンジュゲートを形成している金ナノ粒子を光マニピュレーションすることによって，内包されたDNAをCNTの外部へ引き出す"徐放法"の開発[46]も行われている．

5.2 ナノ材料のプラズマ成長・合成

5.2.1 グラフェン

これまで述べてきたCNTは，炭素六員環からなるグラフェンシートが円筒状に丸まった構造をもっている．一方，近年その構成要素であるグラフェンシート自体の安定合成が2004年に報告されて以降，"グラフェンシート"がCNTと同様に世界中で大きな注目を集めている．また，通常は平面基板上に平行方向に配置されるグラフェンであるが，複数層のグラフェンシートが垂直方向に起立した状態のカーボンナノウォールも垂直配向グラフェンとして注目されている[47, 48]．このようなグラフェン合成分野において，当初にバルクのグラファイトからセロハンテープで剥離し，任意の基板に転写する方法が見出された．これは高品質のグラフェンシートの簡便な合成手法として，おもに基礎研究に用いられてきた．しかし，基板上のごくわずかな部分にしかグラフェンを配置できないその手法は，産業応用を考えた場合，大きな問題となっている．これに対して近年，原料ガスを金属触媒上に供給することで簡便に大面積グラフェンが合成可能なCVD法が脚光を浴びている．さらには，プラズマCVDを用いた，大面積グラフェンの低温合成が報告され反響をよんでいる．表面波プラズマCVDを用いることで，従来の900～1000℃に比べ，格段に低い300～400℃の低温下でグラフェンを合成できたのである．また，表面波プラズマを均一大口径化することで，23 cm × 20 cmの大面積合成も実現されている[49]．

このように，金属基板上へのグラフェン合成に関しては，近年多くの研究が展開されており，グラフェンの品質，合成面積，合成温度の低温化などの側面で格段の進歩を遂げている．一方で，グラフェンを用いたデバイスを作製する際には，絶縁基板上にグラフェンを配置することが必要不可欠である．このため一般には，金属基板上に合成したグラフェンを化学的手法により金属基板表面から剥離し，Si酸化膜基板上に転写する手法が用いられている．しかし，この転写プロセス中にグラフェンの品質が劣化してしまうため，転写プロセスを用いない，絶縁基板上へのグラフェン直接合成法の開発が急務となってきた．こうして，プラズマCVDを用いたSi酸化膜 (絶縁基

板）上へのグラフェン直接合成法の確立研究が浮上した．

この課題を克服する具体的なアプローチは次のとおりである．あらかじめ Si 酸化膜基板上に非常に薄い Ni 膜を堆積させる．次に，これを拡散プラズマに晒して，Ni 内部への炭素拡散を促進して，Ni と Si 酸化膜界面でグラフェンを合成する．界面合成が可能となれば，最終的に表面の Ni をエッチングにより除去すればよい．これで，Si 酸化膜基板上へのグラフェンの直接合成が実現できると期待される．そこで，Ni 触媒膜厚を 50 nm 以下に薄くしてプラズマ CVD を行った．すると，Ni の一部が部分的に蒸発し，蒸発箇所に高品質のグラフェンが合成されることが見出された．なお，SWNT の合成条件に比べ，メタンに対する水素の混合割合を非常に小さくすることがグラフェン合成には重要であることも判明した．さらに，合成後の基板表面の Ni 薄膜を化学的エッチング処理により除去したところ，Ni 蒸発部のみならず，Si 酸化膜基板一面に高品質なグラフェンが直接合成されていることが明らかとなった．これにより，転写法を利用せずに，グラフェンシートを Si 酸化膜基板上に直接配置することができる新規合成法が開発されたのである（図 5.38）[50]．

 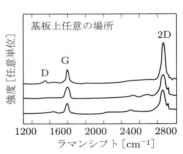

（a）ラマン 2D/G ピーク強度比の空間マッピング像　　（b）典型的なラマンスペクトル

図 5.38　Si 基板上に直接合成したグラフェン

2D/G 強度比が 2 以上の領域は単層グラフェンシートの領域に対応している（D バンドはグラファイトの欠陥構造に由来する）．

グラフェンのデバイス応用に向けたもう一つの課題が，グラフェンの伝導特性制御である．化学修飾による電気伝導特性制御法は有効であるが，グラフェン面内全体への修飾はキャリア散乱などを引き起こし，グラフェン本来の電気伝導特性を劣化させる．これに対して，グラフェンの端（エッジ）のみの修飾が近年注目を集めている．グラフェンのエッジは，CNT やフラーレンなどのほかの炭素ナノ材料にはない，グラフェン固有の構造的特徴であり，反応性に富んでいる．このことから，そこに様々な原子・分子を修飾することによって，グラフェン全体の電子状態を制御可能であることが理

5.2 ナノ材料のプラズマ成長・合成

論的研究により予測されているが，選択的にグラフェンエッジのみを修飾する実験は困難である．これまで報告されている例は，高温下での反応，あるいは化学的ウェットプロセスが主流であり，デバイス応用に向けての障壁となっていた．

そこで，拡散プラズマ中のマイルドな反応を利用することにより，室温下でグラフェンのエッジを選択的に修飾するドライプロセス手法が開発された[51]．これは，既製のグラフェンに対して室温下で低電子温度・低イオンエネルギーのアンモニアプラズマを照射する方法である．結果的には，プラズマ条件の違いにより，グラフェン面内全体に欠陥が導入される場合と，グラフェンエッジにのみ選択的に反応が生じる条件が存在することが明らかとなった．詳細なラマンマッピング測定により，エッジ修飾後ではグラフェンにおける欠陥由来のDバンド強度がエッジ付近でのみ照射前に比べ明らかに増大することが実証された（図5.39，5.40）．これに伴い，電気伝導特性において，キャリア密度（電流）が最小になるゲート電圧値を与える電荷中性点が負方電圧向へ大きくシフトした．すなわち，グラフェンエッジに電子ドナー物質が選択的にドーピングされたことが示された．

図5.39 アンモニアプラズマトリートメント前のグラフェンの原子間力顕微鏡像

図5.40 プラズマトリートメント前後のラマンDバンド強度マッピング

さらに，一般に2次元グラフェンシートは金属的に振る舞うことに対して，その電気伝導特性制御に直結する成長・合成手法が開発されている．具体的には，nmオーダー幅の1次元構造であるグラフェンナノリボンを直接合成し，半導体特性を示す有限のバンドギャップを発現させる研究である．そこでは，ナノバー構造の触媒材料を用いて急速加熱プラズマCVDを行うと，図5.41(a)のようにグラフェンナノリボンを基板上に直接所望の配位で合成することができる．しかも，これそのものが，図(b)のように"電流オン・オフ比"が10000以上の高性能半導体デバイスとして動作する

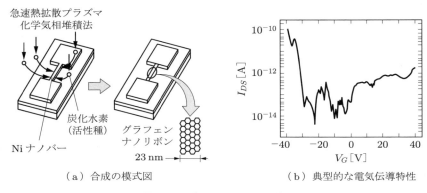

図 5.41 グラフェンナノリボン
(a) 合成の模式図
(b) 典型的な電気伝導特性

ことが実証されている[52].

5.2.2 内包フラーレン

金属原子または分子をそのケージ内に内包したフラーレンは,磁性体,半導体,超伝導体などの次世代の超分子デバイス材料として期待されている.これまでレーザー蒸発法（La@C_{82} など）,アーク放電法（Sc@C_{82} など）などによる生成例が報告されているが（第6章参照）,これらの手法はおもにフラーレン合成時に金属原子が偶然内包されるという原理で説明されている.一方で,特異的な電気特性などが期待されているアルカリ金属内包フラーレンについては,上記の手法では合成することができないため,新たな手法の開発が課題となっていた.C_{60} の六員環平均直径（〜2.48Å）と各種アルカリ金属の直径 d の比較に注目すると,$d_{Li} < d_{Na} \lesssim 2.48\,\text{Å} < d_K < d_{Cs}$ の関係がある.したがって,これらのアルカリ金属イオンをあらかじめ合成されたフラーレン C_{60} に外部から衝突させることによって,直径の小さいイオンを六員環の間から内部に挿入できると考えられる.そこで,図 5.11(a) に示した A-フラーレンプラズマ（A = Li,Na,K,Cs）中に設置された成膜基板に印加するバイアス電圧 ϕ_{ap} を変化させることにより,基板への A^+ と C_{60}^- の入射フラックス比および入射エネルギーを制御する実験が行われた[53].

最初は図 5.42(a) に示すように,ϕ_{ap} がプラズマ空間電位 ϕ_s よりも高い場合には（$\Delta\phi_{ap} = \phi_{ap} - \phi_s > 0$）,シースの途中で A^+ と C_{60}^- の相対速度がゼロになって接近確率が大きくなり,強いクーロン相互作用がはたらき内包に至るものと考えられた.この基板バイアス配位における基板上の堆積物が,レーザー脱離飛行時間型質量分析器によって調べられた.平均質量スペクトル強度比から算定されるアルカリ金属内包フラーレン形成率（A@C_{60}/C_{60}）は予想どおり,A^+ 直径が小さくなるにつれて大き

くなった.しかし,この基板バイアスモードでの A@C_{60} の形成の再現性はきわめて悪く,内包を実証すべくさらなる構造解析が不可能であった.そこで,図 5.11(a) における C_{60} オーブン位置を基板近傍に移動して,図 5.42(b) に示すように基板に中性の C_{60} を堆積させると同時に負バイアス ($\Delta\phi_{ap} < 0$) 印加で Li^+ を加速してその C_{60} に衝突させる方式(プラズマイオン注入法,またはプラズマシャワー法)が開発された[54].これにより,1 時間あたり 1 mg 程度の Li@C_{60} の大量合成が可能になった.これを単離・単結晶化して,大型放射光施設 SPring-8 で X 線回折法を用いて構造解析を行った結果,実際に Li 原子が C_{60} に内包されていることがはじめて実証された[55].詳しくは,図 5.43 に示すように Li 原子が C_{60} の中心ではなく,C_{60} と直接接触せずに 0.13 nm ずれた場所に存在することがわかった.さらに興味深いことには,フラーレン形成と同時に合成される金属内包フラーレン(第 6 章)は電気的に中性であるのに対して,この Li@C_{60} は分子全体として陽イオン [Li@C_{60}]$^+$ となっている.このように,Li@C_{60} は外界の電場に敏感に応答するため,ナノサイズの単分子スイッチや超高密度メモリへの応用が期待される.

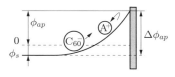　　　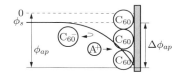

(a) 正バイアス電圧を印加　　　(b) C_{60} を堆積させながら負バイアス電圧を印加

図 5.42　基板前面でのアルカリ金属正イオンと C_{60} 負イオンの挙動

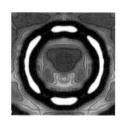

図 5.43　放射光 X 線回折法による Li@C_{60} の構造解析結果

一方,近年では非金属のガス原子をフラーレンケージ内に注入する実験が盛んである.とくに,長寿命スピンなどの特性を活用する量子コンピュータなどへの応用の期待から,原子状に解離した窒素をフラーレンケージ内に注入する実験が注目されている[56,57].ここでは,C_{60} に照射する窒素プラズマの粒子種,密度,エネルギーなどの詳細な制御を行い,窒素内包フラーレン (N@C_{60}) を高効率で合成できるプラズマ条

件について述べる.

実験は，図 5.44 に示すダブルプラズマ型電子ビーム発生装置を用いて行われた[58]．プラズマは装置上部に設置されたコイル型アンテナによる 13.56 MHz の高周波放電で生成される．C_{60} は装置下部のオーブンから昇華し，同じくその近傍の金属円筒基板に堆積する．その C_{60} に窒素プラズマを照射することで，連続的に N@C_{60} が合成される．装置下部に流入するプラズマの特性は，導入窒素ガス圧力，投入高周波電力，基板電位 (V_{sub})，装置中腹部に設置されたグリッドの電位 (V_g)，および装置下部に設置されたエンドプレートの電位により制御される．ここで，グリッド上部，下部領域をそれぞれプラズマ生成領域，プロセス領域と定義する．

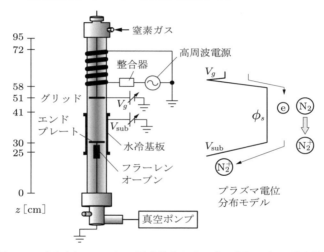

図 5.44　窒素内包フラーレン形成ダブルプラズマ型電子ビーム発生装置

図 5.45 に，窒素内包フラーレンの典型的な電子スピン共鳴 (ESR：electron spin resonance) スペクトル，および合成純度の V_g 依存性と V_{sub} 依存性を示す．ここで，合成純度を，空のフラーレン密度に対する窒素内包フラーレン密度の比で定義する．V_g と V_{sub} を負方向に増加させることで，合成純度が増加することが明らかとなった[58]．これは，図 5.44 のプラズマ空間電位 ϕ_s 分布モデル図で示したように，グリッドおよび基板の電位とプロセス領域の ϕ_s との電位差を大きくすることにより，一つにはプロセス領域で高エネルギー電子ビームによる窒素分子の電離が促進されたためである．また，C_{60} へ照射する窒素分子イオン N_2^+ の密度およびエネルギーの増加も加わるためである．この N@C_{60} 合成に適する電位構造を形成するためには，プロセス領域の ϕ_s を V_g や V_{sub} によらず一定とする必要がある．そこで，本装置には ϕ_s の制御を目的としてエンドプレートが設置されている．

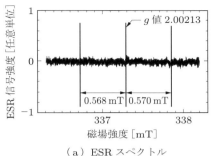

(a) ESR スペクトル

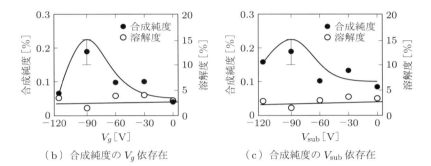

(b) 合成純度の V_g 依存在

(c) 合成純度の V_sub 依存在

図 5.45　窒素内包フラーレンの特性と合成条件

　このようにして，フラーレンケージ内に窒素を注入できることが明らかになった．しかも合成純度が，従来のN@C_{60}/C_{60} = 10^{-2} ～ 10^{-3}％程度に比べて約 1％と，2～3 桁増加させることが可能になった．最終的に，これらのN@C_{60}のみを得る（単離）ためには，N@C_{60}をC_{60}から分離して，精製，濃縮することが必要不可欠となる．それを実現する手法として，高速液体クロマトグラフィー (HPLC : high performance liquid chromatography) およびリサイクルHPLCがある．HPLCは，液体に溶けた混合物を物質特有のカラムへの吸着度の違いから分離し，検出器により各成分の検出を行うことができる装置である．また，リサイクルHPLCは，一度カラムを通した試料を再度循環させてカラムに通すことができ，カラム保持時間が近く，分離が困難な物質に対しても有効な手段である．これにより，現在，40％以上の純度のN@C_{60}を得ることができ，質量分析装置により，実際にN@C_{60}に相当する734の質量ピークが明瞭に観測されている（図5.46）．また，ごく最近では，紫外可視吸収スペクトルにN@C_{60}に由来する新たなピークが観測されている．さらに，レーザー励起による過渡現象を観測することで，励起されたフラーレンと窒素との相互作用に起因する新たな物理化学的現象なども観測されており，今後の発展が期待される．

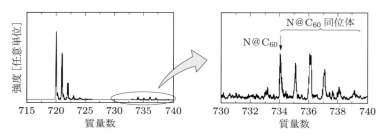

図 5.46 窒素イオン照射を行ったフラーレンの質量分析結果

5.2.3 ナノダイヤモンド

ダイヤモンドは炭素原子の sp^3 混成軌道からなる共有結合性結晶である．その化学結合に起因した比類のない薄膜としての化学的・物理的物性（硬度，摩擦係数，熱伝導性，絶縁性など）に注目した多方面の材料開発研究が展開されてきた．近年では，おもにナノサイズ結晶からなるダイヤモンド薄膜の合成と特性に研究の興味が注がれてきている．これは，ナノスケールにおいては上記物性のある部分を凌駕できる，あるいは表面が非常に平坦になりデバイス作製に直接応用できるなどの理由による．プラズマ CVD 法によるダイヤモンド合成にはマイクロ波，電子サイクロトロン共鳴，直流グロー放電などが用いられているが，ここではマイクロ波プラズマ CVD による結果を主として扱う．ナノダイヤモンド薄膜を形成するにはまず，ダイヤモンドの核生成を創始し増進するために，"非ダイヤモンド基板に種付け"をしなければならない．たとえば基板をダイヤモンド粉末で磨く，ミクロンかそれ以下のサイズのダイヤモンド粉末の懸濁液中で基板を超音波処理するなどである．この核生成後に，個々の核が 3 次元的に成長し，それらが合体して一つの連続な膜を形成するに至る．以下では，プラズマ CVD 合成の厚さ 20 nm～5 μm の範囲の薄膜を，超ナノクリスタルダイヤモンド（UNCD：ultra-nanocrystalline diamond）薄膜とナノクリスタルダイヤモンド（NCD：nanocrystalline diamond）薄膜の二つに分類して説明する[59]．

典型的な UNCD の堆積条件は，マイクロ波プラズマ CVD において，Ar/CH_4 混合ガス中で（～10^4 Pa）Ar 豊富，CH_4 微量すなわち水素貧困，また基板温度が 400～800°C である．このプラズマ中で原子状水素の量が制限されていることにより，UNCD の成長率が高くなり，その薄膜がスムーズに形成される．

合成された UNCD 薄膜は，図 5.47 の TEM 像からわかるように，サイズが約 2～5 nm のダイヤモンド等軸結晶粒と，その結晶粒間を結び付け囲んでいる非ダイヤモンド炭素の層からなる．図 (b) では小さな結晶粒サイズと狭い結晶粒境界（GB：0.2～0.3 nm）が示されている．図 (a) の形態は，図 5.48 に概略的に示す核生成機構を反映している．すなわち，基板における初期の単一の種付け基地（核生成部位）から，核－粒

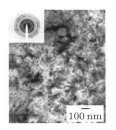 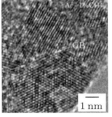

（a）低倍率　　　（b）高解像

図 5.47　UNCD 薄膜の TEM 像

図 (a) 左上はダイヤモンドの存在を示す SAED（制限視野電子線回折）像.

図 5.48　SiO$_2$ 表面上での UNCD の核生成機構

を経て外側に向かって急速に等方的に成長して，ナノスケールの多くの UNCD 結晶粒から構成されるコロニーが形成される．

電子エネルギー損失分光法 (EELS：electron energy-loss spectroscopy) と端近傍 X 線吸収微細構造 (NEXAFS：near edge X-ray absorption fine structure) 分光法は，元素分析や電子構造と原子周りの化学状態の解析に有用である．これらを併用すると，UNCD の形態を表面化学的および結合配位的観点から調べることができる．図 5.49 はコロニー境界を横切って 270 nm の距離に渡り，高解像 TEM 観察中に測定された EELS スペクトルの空間分布である[60]．これより 292 eV における炭素の sp^3 結合配位を示すピークが至るところで観測され，コロニーの境界領域のみで 285 eV における sp^2 結合配位を示すピークが観測されていることがわかる．また，結合配位をより局所的に探ることができ，かつ sp^3 と sp^2 の占有割合も算出できる NEXAFS スペクトルの測定結果を図 5.50 に示す[60]．ダイヤモンド励起（C 1s → σ* 遷移）の 289.3 eV のピークとダイヤモンドの第 2 バンドギャップ 302 eV のデップがスペクトル上に現

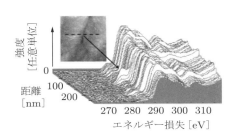 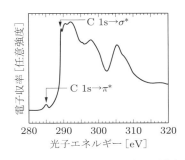

図 5.49　UNCD におけるコロニー境界を横切っての EELS スペクトルの空間分布

図 5.50　UNCD の NEXAFS スペクトル

われており,多量の sp^3 結合炭素が存在している.上記の 285 eV における sp^2 に関する小さなピークは,C 1s → π^* 遷移由来であり,きわめて狭い結晶粒境界には sp^2 結合の炭素物質が存在しているものと考えられている.UNCD 全体としては sp^3 結合の炭素がおもな相で(95〜98%),この中で sp^2 炭素占有率は 2.6%と見積もられる.

一方,高品質 NCD は,H_2/CH_4 混合ガス中(〜10^3 Pa)で炭素貧困,水素豊富,基板温度 400〜900°C の条件の下でのマイクロ波 CVD において成長する[59].その際,NCD は膜の厚さとともに荒くなるサイズ(100〜200 nm)の結晶粒となり,99%以上の sp^3 結合炭素を含んでいる.図 5.51 に NCD の走査型電子顕微鏡(SEM)像を示す.

図 5.51 NCD 薄膜の SEM 像
図 5.47(a) とのスケールの違いに注意.

UNCD と NCD の電気特性は様々な応用の可能性を探るうえで重要である.マイクロ波 CVD の Ar/CH_4 混合ガスプラズマ中に窒素ガスを 15%程度付加すると,UNCD は絶縁体から n 型半導体へと変化し,電気伝導度は 4 桁以上も増大する.一方,NCD に対するホウ素添加の実験では,高濃度(〜10^{20} cm^{-3})では低温において正の磁気抵抗が測定され,さらに極端に高濃度($> 10^{21}$ cm^{-3})の添加では,超伝導現象が観測されている.

応用に関しては[59],ごく最近ではがん治療への有効性も議論されている.UNCD の低摩擦特性は単一の原子間力顕微鏡(AFM:atomic force microscope)チップ,また微小・ナノ電子機械システムにおける共振器,スイッチ,インクジェットのような構造材として利用されている.共形のコーティングとしては,走査型プローブ顕微鏡のカンチレバーや高効率の電子放出素子に使われている.化学的に修飾された UNCD と NCD においては,DNA センサーや分子機能化薄膜トランジスタ動作が実証されている.さらに,NCD はウイスパリングギャラリーモード共振器,2 次元フォトニック結晶,UV 透明電極を製造する光学材料として使用されている.

5.2.4 ZnO ナノワイヤー

広いバンドギャップ (3.37 eV) 半導体の酸化亜鉛 (ZnO) は，電界電子放出，青～近紫外発光および光検出など様々な光電子デバイスへの応用上，近年注目されている．その薄膜に関する研究が主であったが，ZnO ナノワイヤー (ZnO NW) の合成が盛んになってきている．その理由は，表面元素添加によるバンドギャップの調節や，バルクとは異なる発光スペクトルの発現などが期待されるからである．鉄や亜鉛金属酸化物ナノワイヤーの大規模合成には，湿式化学処理，熱や気体分解，CVD，プラズマ支援法が用いられている．しかし，ナノサイズレベルの制御性，短時間・大量合成，低温合成，不純物無残留，混合物無生成，テンプレート不要などの観点から，この中でプラズマ支援合成法が有望である．

プラズマ中を（原料を）飛行通過させる方法においては，Ar，N_2，H_2，O_2 などを用いた高気圧ないしは大気圧下の直流，高周波，あるいはマイクロ波放電の非平衡または熱プラズマが使われている．この中に Zn 粉末を投入し自由落下・通過させると，ZnO NW を短時間内に大量合成できる[61]．そこでは，マイクロ波大気圧プラズマジェットに，放電主ガスの空気に物質変換ガスとして H_2 と O_2 ガスを加える．これにより，1 分間に 20 g の産出率で，長さ・直径比も $l/d = 50$ と比較的よい形状の ZnO NW の大量合成が実現されている（図 5.52）．

図 5.52　プラズマ中飛行通過法により合成された ZnO NW の SEM 像

一方，現在主流の Si 基盤技術と光電子融合集積回路構築を統合する立場からの研究が展開されている．その目的は，ナノサイズレベルの構造制御に有効なテンプレートを用いて基板上で Zn NW を合成することと，Si 基板上でそのデバイスを製造することである．そこで，遠隔プラズマ有機金属 CVD を用いて，金支援による高配向 Zn NW を成長させるアプローチ (PRE-MOCVD) が注目されている[62]．

最初に，Si 基板上に熱蒸着によって金の薄膜を形成する．その基板を真空容器反応炉中に設置し，離れた場所で生成された高周波放電 H_2 プラズマに 3 時間晒す．ここで同時に，Zn 源としてのキャリアガス H_2 中のジエチル亜鉛 $(C_2H_5)_2Zn$ が，O 源とし

てのO₂ガスとともに他ポートから導入されている．次に，真空中のアニールにより，金のナノ島が形成されたAu(6 nm)/Si(001)テンプレートにRPE-MOCVDを行う．その結果，図5.53の電界放出型(FE)SEM像に見られるように，平均直径約60 nm，長さ約800 nmで，先端が六角形配位をもつZnO NWが結晶面のc軸に沿って配向成長する．また，図5.54のようにTEM観察によって詳細を調べると，高密度のNWがZnO(0002)配向に沿って垂直方向に整列していることがわかった．ここで，室温におけるフォトルミネッセンススペクトルを測定すると，380 nm波長の強い紫外発光が観測された．この垂直配向したZnO NWからのバンドギャップ近傍の光放射は，同条件下で合成されたZnO薄膜からの発光に比べて10倍も増強・改善されている．

図5.53　ZnO NWのFE-SEM像

図5.54　先端近傍のTEM像

上記のZnO NWの成長機構については，これまで広く使われてきている蒸気−液体−固体(VLS)モードでは説明がつかず，不明確な点が多い．そこで，触媒や金などを一切使わずに，単にc-面サファイア上にZnO NWを成長させて，その機構解明に特化した"核形成・成長2段階法"の研究がなされている．90%酸素マイクロ波プラズマ中にZn源としてのジエチル亜鉛を送り込むと，Zn先行核が酸素と反応してZnOの核を形成する．ここでO₂流量を20%に減じると，第1段階で形成された既存のZnOサイトから優先的にZnOが成長する．その際に，基板前面のプラズマシース電場の効果にもより，横方向に比較してc軸に沿っての垂直方向の成長率が大きいので，結晶性ZnO NWとして成長発展していく[63]．一方，Znの堆積とその酸化過程を明確に区別した単純化実験もなされている．ホロー型マグネトロン高周波プラズマ中に，Zn薄板と堆積基板を対向設置しておく．第1段階として，Arプラズマによる薄板スパッタリングで微粒子や柱状のZn層を基板に堆積させる．次に，第2段階として，酸素

を混入して Ar/O$_2$ プラズマを発生すると，酸化が進行し，Zn 層の上層部が六角形柱状に変化し，これが時間とともに成長する．次いで，Ar スパッタリングによりこの六角形状物質のサイズ縮小が始まり，それを契機として ZnO NW の成長が開始するというモデルがある[64]．

ZnO NW の応用例としては，新種の圧電性ロジックデバイスがある．これは，従来の FET のゲート制御に電子信号を用いる代わりに，機械的に ZnO NW を変形させてスイッチングフィールドを作るというものである．機械的および電気的動作による論理演算を可能にし，かつバイオと電子回路のインターフェイスへの応用も可能にする新しいアプローチである．

参考文献

[1] Z. F. Ren, Z. P. Huang, J. W. Xu, J. H. Wang, P. Bush, M. P. Siegal, and P. N. Provencio: *Science*, **282**, 1105 (1998).
[2] T. Kato, G. -H. Jeong, T. Hirata, R. Hatakeyama, K. Tohji, and K. Motomiya: *Chem. Phys. Lett.*, **381**, 422 (2003).
[3] T. Kato and R. Hatakeyama: *Appl. Phys. Lett.*, **92**, 031502 (2008).
[4] T. Kato, R. Hatakeyama, and K. Tohji: *Nanotechnol.*, **17**, 2223 (2006).
[5] T. Kato and R. Hatakeyama: *Chem. Vap. Deposition*, **12**, 345 (2006).
[6] T. Kato and R. Hatakeyama: *J. Am. Chem. Soc.*, **130**, 8101 (2008).
[7] Z. Ghorannevis, T. Kato, T. Kaneko, and R. Hatakeyama: *J. Am. Chem. Soc.*, **132**, 9570 (2010).
[8] T. Kato and R. Hatakeyama: *ACS Nano*, **4**, 7395 (2010).
[9] T. Kato, S. Kuroda, and R. Hatakeyama: *J. Nanomater.*, **2011**, 490529 (2011).
[10] T. Kato and R. Hatakeyama: *J. Nanotechnol.*, **2010**, 256906 (2010).
[11] K. Hata, D. N. Futaba, K. Mizuno, T. Namai, M. Yumura, and S. Iijima: *Science*, **306**, 1362 (2004).
[12] N. Sato, T. Mieno, T. Hirata, Y. Yagi, R. Hatakeyama, and S. Iizuka: *Phys. Plasmas*, **1**, 3480 (1994).
[13] W. Oohara, M. Nakahata, and R. Hatakeyama: *App. Phys. Lett.*, **88**, 191501 (2006).
[14] W. Oohara and R. Hatakeyama: *Phys. Rev. Lett.*, **91**, 205005 (2003).
[15] W. Oohara, D. Date, and R. Hatakeyama: *Phys. Rev. Lett.*, **95**, 175003 (2005).
[16] G.-H. Jeong, R. Hatakeyama, T. Hirata, K. Tohji, K. Motomiya, N. Sato, and Y. Kawazoe: *Appl. Phys. Lett.*, **79**, 4213 (2001).
[17] G.-H. Jeong, A. A. Farajian, R. Hatakeyama, T. Hirata, T. Yaguchi, K. Tohji, H. Mizuseki, and Y. Kawazoe: *Phys. Rev. B*, **68**, 075410 (2003).
[18] S. H. Kim, W. I. Choi, G. Kim, Y. J. Song, G.-H. Jeong, R. Hatakeyama, J. Ihm, and Y. Kuk: *Phys. Rev. Lett.*, **99**, 256407 (2007).

[19] T. Kaneko, T. Okada, and R. Hatakeyama: *Contrib. Plasma Phys.*, **47**, 57 (2007).
[20] T. Okada, T. Kaneko, R. Hatakeyama, and K. Tohji: *Chem. Phys. Lett.*, **417**, 288 (2006).
[21] G. Maltzahn, J.-H. Park, K. Y. Lin, N. Singh, C. Schwöppe, R. Mesters, W. E. Berdel, E. Ruoslahti, M. J. Sailor, and S. N. Bhatia: *Nature Mater.*, **10**, 545 (2011).
[22] J. N. Anker, W. P. Hall, O. Lyandres, N. C. Shah, J. Zhao, and R. P. V. Duyne: *Nature Mater.*, **7**, 442 (2008).
[23] G. G. Wildgoose, C. E. Banks, and R. G. Compton: *Small*, **2**, 182 (2006).
[24] R.D. Rogers and K.R. Seddon: *Science*, **302**, 792 (2003).
[25] K. Baba, T. Kaneko, and R. Hatakeyama: *Appl. Phys. Lett.*, **90**, 201501 (2007).
[26] T. Kaneko, K. Baba, and R. Hatakeyama: *J. Appl. Phys.*, **105**, 103306 (2009).
[27] S. A. Meiss, M. Rohnke, L. Kienle, S. Zein E. l. Abedin, F. Endres, and J. Janek: *Chem. Phys. Chem.*, **8**, 50 (2007).
[28] K. Baba, T. Kaneko, and R. Hatakeyama: *Appl. Phys. Exp.*, **2**, 035006 (2009).
[29] T. Kaneko, K. Baba, T. Harada, and R. Hatakeyama: *Plasma Proc. Polym.*, **6**, 713 (2009).
[30] T. Kaneko and R. Hatakeyama: *Jpn. J. Appl. Phys.*, **51**, 11PJ03 (2012).
[31] K. Baba, T. Kaneko, R. Hatakeyama, K. Motomiya, and K. Tohji: *Chem. Commun.*, **46**, 255 (2010).
[32] T. Izumida, R. Hatakeyama, Y. Neo, H. Mimura, K. Omote, and Y. Kasama: *Appl. Phys. Lett.*, **89**, 093121 (2006).
[33] Y. F. Li, R. Hatakeyama, T. Kaneko, T. Izumida, T. Okada, and T. Kato: *Appl. Phys. Lett.*, **89**, 093110 (2006).
[34] R. Hatakeyama and Y. F. Li: *J. Appl. Phys.*, **102**, 034309 (2007).
[35] J. Shishido, T. Kato, W. Oohara, R. Hatakeyama, and K. Tohji: *Jpn. J. Appl. Phys.*, **47**, 2044 (2008).
[36] T. Kaneko, Y. F. Li, S. Nishigaki, and R. Hatakeyama: *J. Am. Chem. Soc.*, **130**, 2714 (2008).
[37] Y. F. Li, R. Hatakeyama, T. Kaneko, T. Izumida, T. Okada, and T. Kato: *Appl. Phys. Lett.*, **89**, 083117 (2006).
[38] Y. F. Li, T. Kaneko, T. Ogawa, M. Takahashi, and R. Hatakeyama: *Chem. Commun.*, **254** (2007).
[39] T. Kato, R. Hatakeyama, J. Shishido, W. Oohara, and K. Tohji: *Appl. Phys. Lett.*, **95**, 083109 (2009).
[40] Y. F. Li, R. Hatakeyama, T. Kaneko, T. Kato, and T. Okada: *Appl. Phys. Lett.*, **90**, 073106 (2007).
[41] T. Kato, E. C. Neyts, Y. Abiko, T. Akama, R. Hatakeyama, and T. Kaneko: *J. Phys. Chem. C*, **119**, 11903 (2015).
[42] R. Hatakeyama, Y. F. Li, T. Y. Kato, and T. Kaneko: *Appl. Phys. Lett.*, **97**, 013104 (2010).
[43] Y. F. Li, S. Kodama, T. Kaneko, and R. Hatakeyama: *Appl. Phys. Exp.*, **4**, 065101

(2011).
- [44] Q. Chen, T. Kaneko, and R. Hatakeyama: *Chem. Phys. Lett.*, **521**, 113 (2012).
- [45] Q. Chen, T. Kaneko, and R. Hatakeyama: *Curr. Appl. Phys.*, **11**, S63 (2011).
- [46] Y. F. Li, S. Chen, T. Kaneko, and R. Hatakeyama: *Chem. Commun.*, **47**, 2309 (2011).
- [47] M. Hiramatsu, K. Shiji, H. Amano, and M. Hori: *Appl. Phys. Lett.*, **84**, 4708 (2004).
- [48] G. Sato, T. Morio, T. Kato, and R. Hatakeyama: *Jpn. J. Appl. Phys.*, **45**, 5210 (2006).
- [49] J. Kim, M. Ishihara, Y. Koga, K. Tsugawa, M. Hasegawa, and S. Iijima: *Appl. Phys. Lett.*, **98**, 091502 (2011).
- [50] T. Kato and R. Hatakeyama: *ACS Nano*, **6**, 8508 (2012).
- [51] T. Kato, L. Jiao, X. Wang, H. Wang, X. Li, L. Zhang, R. Hatakeyama, and H. Dai: *Small*, **7**, 574 (2011).
- [52] T. Kato and R. Hatakeyama: *Nature Nanotechnol.*, **7**, 651 (2012).
- [53] T. Hirata, R. Hatakeyama, T. Mieno, and N. Sato: *J. Vac. Sci. Technol. A*, **14**, 615 (1996).
- [54] H. Okada, T. Komuro, T. Sakai, Y. Matsuo, Y. Ono, K. Omote, K. Yokoo, K. Kawachi, Y. Kasama, S. Ono, R. Hatakeyama, T. Kaneko, and H. Tobita: *RSC Adv.*, **2**, 10624 (2012).
- [55] S. Aoyagi, E. Nishibori, H. Sawa, K. Sugimoto, M. Takata, Y. Miyata, R. Kitaura, H. Shinohara, H. Okada, T. Sakai, Y. Ono, K. Kawachi, K. Yokoo, S. Ono, K. Omote, Y. Kasama, S. Ishikawa, T. Komuro, and H. Tobita: *Nature Chem.*, **2**, 678 (2010).
- [56] T. A. Murphy, T. Pawlik, A. Weidinger, M. Höhne, R. Alcala, and J.-M. Spaeth: *Phys. Rev. Lett.*, **77**, 1075 (1996).
- [57] T. Kaneko, S. Abe, H. Ishida, and R. Hatakeyama: *Phys. Plasmas*, **14**, 110705 (2007).
- [58] S. C. Cho, T. Kaneko, H. Ishida, and R. Hatakeyama: *Appl. Phys. Exp.*, **5**, 026202 (2012).
- [59] J. E. Butler and A. V. Sumant: *Chem. Vap. Deposittion*, **14**, 145 (2008).
- [60] H. J. Lee, H. Jeon, and W. S. Lee: *J. Appl. Phys.*, **109**, 023303 (2011).
- [61] U. Cvelbar: *J. Phys. D: Appl. Phys.*, **44**, 174014 (2011).
- [62] G. Zhang, A. Nakamura, T. Aoki, J. Temmyo, and Y. Matsui: *Appl. Phys. Lett.*, **89**, 113112 (2006).
- [63] X. Liu, X. Wu, H. Cao, and R. P. H. Chang: *J. Appl. Phys.*, **95**, 3141 (2004).
- [64] H. Ono and S. Iizuka: *J. Nanomaterials*, **2011**, 850930 (2011).

第6章 ナノ粒子の気相合成

第3〜5章ではプラズマ化学反応により基板表面で材料を作製・加工するプロセスについて述べてきたが，本章では，気相中でナノ粒子や微粒子を合成する技術についてまとめる．

6.1節では，カーボンナノチューブなどのナノカーボンを作製する方法とその構造について述べる．6.2節では，シリコンのナノ粒子を気相中で制御しながら合成する技術と，その太陽電池作製への応用について述べる．6.3節では，シリコン，ダイヤモンド，化合物半導体の結晶ナノ粒子をプラズマ気相空間中で合成した例を紹介する．

6.1 ナノカーボン

6.1.1 作製技術

(1) アーク放電法

アーク放電法は，炭素電極間でアーク放電（1.2節参照）を発生させて，種々の新炭素ナノ材料（炭素クラスター）を合成する方法である[1]．1990年代に，フラーレンの合成に活用されたが，その後，金属内包フラーレン，多層カーボンナノチューブ（MWNT），単層カーボンナノチューブ（SWNT），金属入り炭素カプセル，金属線内包ナノチューブなどの合成に利用されている．

アーク放電法を用いたフラーレンの合成方法について述べる[2,3]．図6.1のように，金属製真空容器の中に，水平方向に炭素電極を配置し，ロータリーポンプなどで排気する．次に排気バルブを閉め，Heガスを30 kPa程度加える．電極には，アーク溶接で使われる定電流直流電源からのケーブルをつなぐ．通常，陰極（カソード）には直径10 mm程度の炭素棒，陽極（アノード）には直径6 mm程度の炭素棒が用いられる．電極を接触させ，70 A程度の電流を流した条件で，電極どうしを引き離すと放電が始まる．電極間隔（ギャップ長）は，5〜10 mm程度離しておく．また，強い発光があるので，アーク放電の観察には，減光ガラス（溶接用に販売されている）を用い，目を保護する．観察窓からは，陽極から上方に流れる灰色の雲状物質を観察することができる．この放電状態を維持し，十分に陽極が消耗した後，放電を止め，容器を冷

6.1 ナノカーボン　185

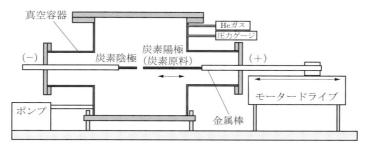

図 6.1　炭素クラスター合成用アーク放電装置[3]

やす．容器を開けると上部壁，側壁にスポンジ状の黒すすが堆積しているので，そのすすを回収する．すすには有毒物質が含まれる恐れがあるので，防護マスクを着用し，すす微粒子の拡散を防ぐ対策が必要である．得られたすすには，5～20 wt％の C_{60} 分子が含まれる．また，2～7 wt％の C_{70} 分子が含まれる．そのほか，C_{76}，C_{78}，C_{84} などの高次フレーレンが微量に含まれる．フラーレンの抽出には，トルエンやキシレンなどの高沸点有機溶媒を用いた還流法が有効である．還流後に細密紙フィルターを用いたろ過でフラーレンを抽出することができる．また，各フラーレンの単離には高速液体クロマトグラフィー(HPLC)が用いられる[4]．

図6.2に示すアーク放電空間でのフラーレンの合成モデルは，以下のように考えることができる．陽極表面に流れ込む電子により炭素原料が加熱され，4000℃以上の高温で，炭素原子が原子状に昇華していく．一部は炭素正イオンとして陰極へ加速されていくが，かなりの炭素原子は，プラズマの1～2万℃の雰囲気下，同等の温度のHe原子と衝突しながら，熱対流に乗って上方へ拡散していく．プラズマが消滅する境界

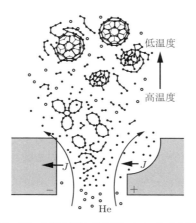

図 6.2　アーク放電によるフラーレン合成のモデル

を越えると，急激にガス温度が下がる．すると炭素原子どうしの結合反応が頻繁となり，鎖状炭素分子やリング状炭素分子ができる．この分子の炭素数が40を超えると立体状炭素分子が主成分となり，球殻構造を作る．He原子衝突で，この分子はより安定な構造へ変化する．ペンタゴンルールとよばれる「離れた五員環の配置ルール」により，安定なフラーレンが作られる．

アーク放電法の種々の改良が試みられている．その一例として，$J \times B$アークジェット法がある[4,5]．0.002 T程度の弱い磁場を印加すると，フラーレンの合成効率が上昇する．この方法を用いて，大量の炭素ロッド原料から連続的にフラーレンを合成する装置が開発された[6]．その概略を図6.3に示す．しかし，一部の高次フラーレンだけを高効率に合成する方法は確立していない．

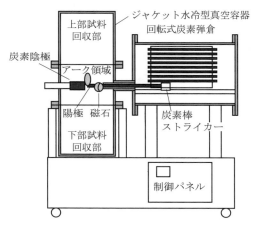

図6.3 $J \times B$アークジェット型炭素クラスター連続合成装置[6]

金属内包フラーレンを合成するためには，アーク放電法が適している．昇華用炭素陽極に，内包しようとする金属（酸化金属）の粉末をあらかじめ加えておく．原料炭素棒に穴をあけ，金属粉を詰めることもあるが，あらかじめ金属を分散させて熱加工された炭素ロッドを利用することもできる[7]．たとえば，La_2O_3粉末を9.3 wt%含有した炭素を準備し，フラーレン合成と同様なアーク放電法ですすを作る[8]．トルエンによる還流と，ろ過法でトルエン抽出液を作ると，その中にフラーレンとLa原子内包フラーレンが含まれる．この液体をHPLCにかけ，$La@C_{82}$を単離することができる．残念ながらその合成量は，C_{60}に比べ，1/100程度であり，高効率合成ができていない．また，$La@C_{60}$や$La@C_{70}$を安定に抽出することはできない．種々の金属内包フラーレン合成研究は積極的に行われているが[9]，内包できる金属の種類には制限がある．$Gd@C_{82}$は，核磁気共鳴画像(MRI)医療診断の造影剤として期待されている．

アーク放電法は，SWNT の合成にも積極的に利用されている[10]．昇華用炭素陽極に，金属触媒の粉末を加えておき，放電時に同時に昇華させる．触媒の種類としては，鉄族，白金族および両者の混合触媒が有名である．ここでは，高性能触媒として，Ni/Y 触媒使用の場合を述べる．Ni 粉末 4.2 wt％，Y 粉末 0.9 wt％を含む炭素陽極を用いて，約 50 kPa の He ガス環境の下でアーク昇華する[11]．すると，両者はまず原子状に昇華し，He ガス原子と頻繁に衝突しながら熱対流で上方の低温領域に流れていく．そのモデル図を図 6.4 に示す．まず，数十 nm サイズの金属触媒微粒子が形成され，周囲より飛来する炭素原子が付着する．触媒微粒子内や表面に拡散した炭素原子は，触媒表面の結晶部分で結合する[12]．このとき，適度な熱振動が炭素の集合体を変形し，1～1.5 nm 程度の直径のフラーレン半球分子を作ると考えられている．その分子と触媒微粒子の接合部分に外部から炭素原子が集まり，一定の直径のナノチューブ（筒状に丸められたグラフェンシート）が成長していく．周囲温度の低下や触媒表面での不定形炭素の堆積がナノチューブへの炭素供給を止めるため，ナノチューブの成長が止まる．通常の合成では，SWNT のみが合成されるが，原料への硫黄の添加により二層カーボンナノチューブ (DWNT) の合成も可能となっている．

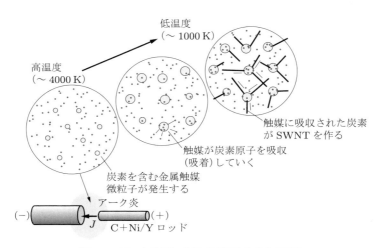

図 6.4　アーク放電による SWNT 合成のモデル

この合成においては，炭化水素原料を使わないため，炭化水素不純物が少なく，欠陥の少ない SWNT を合成できる．その太さは 1～1.5 nm で，含有率は数十％である．合成される試料は綿状に絡まっており，配向性はよくない．不純物として，不定形炭素，球状炭素，微粒子状触媒とフラーレンが含まれており，SWNT のみを取り出す種々の精製方法が研究されている．強酸処理，高温酸化処理，水分散処理，遠心分離

処理などがあり[13]，水分散性付加反応がSWNTの単離に有効である[14]．

昇華炭素原料に銅粉末を混ぜ，水素ガス100 kPaの条件下で合成すると，大量の銅線内包ナノチューブを合成することができる[15]．その太さは10～45 nmである．微細配線，微細プローブなどへの応用が期待される．

昇華用炭素原料に種々の金属粉末を加えることにより，ナノサイズ金属入り炭素カプセルを大量に合成することができる．放電条件は，フラーレン合成の条件と同様である．数層～数十層のグラファイト層に覆われた金属微粒子が合成される．通常の金属微粒子は，表面積の割合が大きく，化学反応性が高い．よって，容易に空気中の酸素や水と反応して酸化物となってしまう．また，液層での腐食を受けやすい．一方，炭素グラファイト層で覆われた金属微粒子は，非常に安定であり，自然酸化や酸による腐食が大幅に抑えられる．微粒子材料の応用に役立つと考えられる．

(2) レーザー蒸発法

近年進展が目覚ましいナノカーボンの研究は，KrotoらによるC$_{60}$の発見が発端である[16]．このとき，合成の方法としてレーザー蒸発法が用いられた．一方，SWNTは，最初，アーク放電法により作製されたが[10]，3年後にはレーザー蒸発法でも成長できるようになった[17]．レーザー蒸発法は一般に，アーク放電法に比べて，C$_{60}$やSWNTの収量は少なく生産性は低いものの，欠陥が少なく収率が高い．

レーザー蒸発法は，レーザーの光エネルギーを固体ターゲットに集束し，アブレーション（溶発）により生成したプラズマ状の蒸気の凝縮を経て，気相中にナノ粒子や微粒子を生成する方法である．高融点の金属酸化物薄膜の堆積などに利用されている．一般に，レーザーアブレーション法とよばれる方法では，気相雰囲気の圧力が低く，蒸発した原子・分子・ラジカルの励起種やクラスター間の衝突が少ないので，基板にそのまま堆積して薄膜が形成される．一方，不活性ガス中でアブレーションが生じると，気相中での励起種間や不活性ガスとの衝突が多くなり，凝縮してクラスターが形成される．固体ターゲットが炭素を含む場合は，C$_{60}$などのフラーレンや，SWNT合成の基となる触媒金属のクラスターが気相中に生成する．

図6.5は，レーザー蒸発法によりC$_{60}$やSWNTを作製する装置の模式図である．一般に，不活性ガスにArを用い，数kPaから1気圧の圧力において，電気炉を用いた高温（約1000°C以上）の雰囲気中でC$_{60}$やSWNTを合成する．アブレーション用のレーザー光には，パルス発振のNd:YAGレーザーからの2倍高調波（波長532 nm）が利用される場合が多い．固体ターゲットには，C$_{60}$の生成ではグラファイトが，SWNTの作製では遷移金属元素などの触媒金属を数％の原子濃度で含有したグラファイトが使用される．ターゲットに高いエネルギー密度の集光したパルスレーザー光を照射す

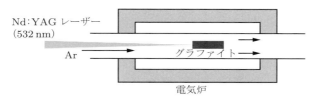

図 6.5　レーザー蒸発法によるフラーレン・SWNT 作製装置

ると，ターゲットの表面が蒸発し，プルーム（発光柱）とよばれるエネルギーの高い，原子・分子・イオンやクラスターなどを含む熱プラズマが生成される．プルームはいったんレーザー光が入射する方向へ向かい[18]，その中で成長したナノ粒子は，その後，不活性ガスの流れとともに下流側へ押し流される．生成されたカーボンナノ粒子は，下流に置かれた冷却トラップ表面や石英管容器壁に堆積し，その中にフラーレンやナノチューブが含まれる．ターゲットに触媒金属を含有する場合，ナノサイズの金属クラスターから，過飽和状態で溶解した炭素が析出する．つまり，触媒金属のクラスターを基にしてSWNTが成長すると考えられている[19]．

(3) プラズマ CVD 法

化学気相堆積 (CVD) 法によって SWNT を合成した最初の報告は，気相中にフェロセン分子とベンゼンを供給する，熱分解法によるものである[20]．この方法は，浮遊触媒法とよばれており，フェロセンなどの熱分解により触媒金属の原子が生成し，それが凝縮してSWNT成長の基となるクラスター状の触媒金属が作られ，気相中を流動しながら炭素を取り込む．触媒金属のクラスターは，ガス流とともに下流へ運ばれ，冷却過程で，SWNTが気体-液体-固体 (VLS) 機構により成長すると考えられる．

グロー放電プラズマを用いたCVD法（プラズマCVD法）では，第5章でも述べられているように基板上での配向成長についての例が多い．浮遊触媒法によりSWNTを合成した報告は少ない．グロー放電を利用してSWNTを合成する場合，アーク放電を利用する方法に比べて生産量は少ないが，時間をかけてゆっくりと成長するため，様々な構造制御が期待される．また，基板上での成長法よりも，小さなサイズの触媒金属粒子を生成しやすく，SWNT合成が比較的容易である．

図 6.6 は，グロー放電プラズマに熱フィラメントを利用しSWNTの成長を目的として作製されたCVD装置の図である[22,23]．SWNTの成長機構は，上で述べた熱CVDの浮遊触媒法と同様と考えられているが，長時間，ナノ粒子や微粒子がプラズマ中に閉じ込められて成長反応が進行するところに特徴がある．グロー放電プラズマ中で，微粒子は負に帯電する（2.2節参照）．プラズマは電極や真空槽などの壁に対して電位的に正であるため，負に帯電した微粒子は壁から遠ざかるようにしてプラズマ中に捕捉

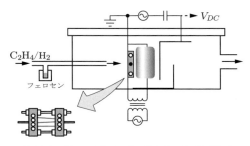

図 6.6　熱フィラメントプラズマ CVD 装置

される．プラズマがない場合は，成長中の SWNT を含むカーボン微粒子はガスの流れとともに一方向に押し流され，成長が続かないが，微粒子がプラズマ中に捕捉されていると，高温と低温の場を行き来して SWNT の成長が継続すると考えられる．プラズマ中に長く滞在することで，イオンダメージにより SWNT に対して構造的な欠陥を誘起する可能性があるが，水素貯蔵材料としての用途のように，ガスの接触面を増加させる場合は表面積を大きくすることが期待される．

　グロー放電プラズマ中でカーボン微粒子が長時間，広い領域に捕捉されている様子は，レーザー光散乱法による観察や，捕集される微粒子の量がプラズマ下部で増加していることから確認されている[22-24]．また，高周波プラズマにおいて，高周波電極側の自己バイアス電圧の変化からも確認することができ，成長過程をモニタリング・制御する手段として利用できる（7.3 節参照）．

(4) 超臨界プラズマの利用

　熱平衡状態における物質の状態は，温度と圧力で決定される．両者の変化により，物質は気体，液体，固体状態をとる．与えられた圧力，温度に対する状態は図 6.7 のような相図で示される．ここで，液相と気相の境界の上限を臨界点とよぶ．この点より高温高圧部分では，液体と気体が重なった状態となる．この条件を超臨界状態，このときの物質を超臨界流体とよぶ．

　この超臨界条件にて，ガスは特異な性質を示す．高温，高密度，高速拡散，低粘度，表面張力の消滅，熱伝導率と比熱の極大，強酸化力，高分解反応性，高溶解性などである．このため，超臨界流体は，ダイオキシンなどの難分解物質の分解，コーヒーからのカフェイン抽出，有機廃棄物の分解などに利用されている[25]．表 6.1 には，おもな物質の臨界温度 T_c [K]，臨界圧力 p_c [MPa] を示している[26]．

　この超臨界流体内にプラズマを発生させることができる．より高温高圧で電子，イオンが激しく中性粒子にぶつかり合う状態であり，超臨界状態に新たな特徴を付け加える．この「超臨界プラズマ」とよばれる状態の性質はまだ十分に解明されていない．

6.1 ナノカーボン

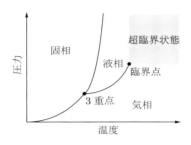

図 6.7 温度−圧力に対する一般的な相図

表 6.1 おもな物質の臨界温度と臨界圧力

物　質	臨界温度 [K]	臨界圧力 [MPa]
CO_2	304.2	7.38
H_2O	647.4	22.11
Xe	289.8	5.88
メタン	191.1	4.64
エタン	305.4	4.88
エチレン	283.1	5.12

低い放電開始条件，流体分子の高分解能力，原子からの発光強度の増加などの実験結果が報告されており[27]，より高速な反応，高分解性の反応が期待される．定常放電では，超臨界プラズマは熱平衡状態になるので，パルス的放電がより非熱平衡化学反応を起こすと思われる．

東京大学のグループは，平行平板型高周波バリア放電を Xe 超臨界液中で発生させ，ダイアモンドイド分子の合成に成功している[28]．ダイアモンドイドは，ダイアモンド構造の炭素が水素終端された安定クラスターであり，アルツハイマー病治療などへの応用が期待されている．一方，広島大学のグループは，CO_2 超臨界流体中にターゲット材料を置き，外部からパルス高強度レーザーを照射することにより，アブレーションプラズマを作ることに成功している．このパルスプラズマ処理により，新規の発光性 Si 微結晶粒子，数珠状金ナノ粒子の合成に成功している[29]．

超臨界プラズマ研究は，まだスタートしたばかりであり，今後，その科学的性質が解明され，新しいプラズマ処理や材料合成に利用される可能性が高い[30, 31]．

6.1.2 ナノ粒子の構造

現在，大気圧非平衡プラズマを用いることによる，広い分野に渡る各種の応用研究が一大トピックスとなっている．この趨勢に先立ってから今日まで，グラファイト電極を原料とした大気圧近傍でのアーク放電を用いるフラーレン，カーボンナノチューブ (CNT)，カーボンナノホーン (CNH：carbon nanohorn)，カーボンナノコイルなどの様々な形状・構造のナノカーボン合成も盛んに行われてきている．その方式を大別すると，大気圧より少し減圧した密閉容器内でのアーク放電法と，容器不要の完全大気圧中トーチアーク法およびアークジェット法に整理される．さらに近年では，アーク放電を水・液中で行うナノカーボン合成がなされている．一方，レーザー蒸発法でも同様に，気相および液中でのナノカーボン関連の物質合成が盛んである．

(1) カーボンナノチューブ (CNT)

第5章では，基板上での CNT 成長について述べた．また，6.1.1項では，気相中のナノ粒子の作製法について述べられた．ここでは，とくにアーク放電法で作製された CNT の構造について詳しく説明する．

図6.8に示すように，すでにフラーレン合成が盛んに行われていたグラファイト電極のアーク放電プラズマ発生装置において，アノードが蒸発してカソード上には時間とともに成長するスラグ上炭素物質が堆積する．しかし，フラーレンを含むチャンバーすすの作製を続けるには障害となるので，時折これを強制的に叩き落とす必要がある．しかるに，NEC研究所（当時）の飯島澄男は1991年に，10 kPa の Ar または He をバッファ（緩衝）ガスとするアーク放電におけるこの堆積物に注目し，透過型電子顕微鏡 (TEM) で観察した結果，図6.9に示すように，直径4〜30 nm で長さ1 μm のグラファイトの微細なチューブが存在することを発見した[32]．これが CNT であり，図の2重構造以上のものを総称して現在では MWNT とよんでいる．この MWNT の成長機構は，アークプラズマのカソード前面の電位降下（シース）による強い電場が，CNT 先駆体の口を閉ざさずに細長く伸長させるものと推察できる．微視的には，プラズマ中からカソードに向かってシース加速されて異方性速度分布関数をもった炭素イオン群が，反応領域における対称軸を決定するので，細長い微細構造が形成されるという論理である[33]．

以上において，不活性ガスを用いたアーク放電により MWNT を合成すると，同時に無数の球状のナノ粒子が共存するので MWNT の精製が容易ではない．そこで，ガス種を変えて反応性の H_2 ガスを用いると共存するナノ粒子が激減し，赤外線を照射

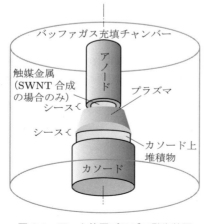

図6.8 アーク放電プラズマ発生装置

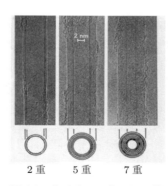

図6.9 ナノチューブの TEM 像

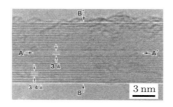

図 6.10　MWNT の TEM 像
中心に直径 0.3 nm の CNT を含む.

し 500℃ で 30 分間加熱するとナノ粒子を完全に除去できる. また, 純粋な H_2 ガス中アーク放電で作製した MWNT の構造上の特徴は, 図 6.10 のように結晶性が高く格子像に欠陥が少ないことと, 中までチューブが詰まっていて中心の穴径が小さいという点である. この中心穴直径が 0.4〜0.3 nm ときわめて細いチューブが存在し[34], 量子力学的物性の発現も確認されている.

一方, アーク放電により SWNT を合成するには[10,35], MWNT の場合とは決定的に異なり触媒の存在が必須である. したがって, 触媒金属を含むグラファイト電極を蒸発させる必要がある. この触媒としては Fe, Co などの単一金属が当初に使われたが, 微量合成であったので (図 6.11), Ni/Co, Co/Y, Ni/Y などの二元金属触媒が着眼され, SWNT の多量合成に最適な触媒として 6.1.1 項で既述の混合比の Ni/Y が開発された[36]. また, MWNT のようにカソード上堆積物にではなく, 真空チャンバー内全体にクモの巣状に合成され, むしろカソード堆積物の中には SWNT は存在しない. そこで, 2 本のグラファイト電極を通常のように平行に対向させるのではなく, 30°の鋭角に対置させ, アークの炎がカソードに沿って斜めに放出されるアークプラズマジェット法が注目された. こうして, He ガス 100 kPa のアーク放電で SWNT の収量の増大には成功したが, アモルファスカーボンがそれを厚く覆っているので精製が難しいという問題が残る. この触媒を取り巻くアモルファスカーボンを減らすために, 上述の MWNT の場合を見習って H_2 ガスが導入された. さらに, 触媒の酸処理を容易にするために Fe 単一触媒を用いてアーク放電を行うと, SWNT の巨大ネットを作製することができ[37], かつ塩酸で触媒粒子を除去することにより精製することもできる (図 6.12).

図 6.9 に戻ると, 最小の層数で構成される MWNT である DWNT には, SWNT の細さと構造の均一性および MWNT と同様に層間の相互作用がある. たとえば, DWNT は電界電子放出源への応用において, SWNT のように細いために電子放出能力に優れ, かつ MWNT のようにその寿命が長いという両者の長所を兼ね備えている. この DWNT をほかの SWNT や MWNT から選択的に合成・精製できる手法として, CNT

194　第6章　ナノ粒子の気相合成

図 6.11　He ガスアーク放電合成 SWNT の TEM 像

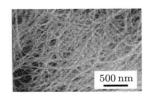

図 6.12　H_2 を含むガスアーク放電合成 SWNT の精製後の SEM 像

の成長のための時間および温度を制御できる"高温パルスアーク放電法"がある（図 6.13）[38]．これはヒーターと石英管，放電電極，水冷トラップ，パルス電源によって構成される．触媒金属としては，上記の SWNT 合成と同じ混合比率の Ni/Y を用いる．DWNT は高温炉の温度が 1200℃ 以上で合成され，Ar ガス流の下流に設置された水冷トラップで捕集される．これをラマン分光分析すると，DWNT の内側と外側のチューブにそれぞれ対応するモードである，214 cm^{-1} と 136 cm^{-1} のスペクトルピークが顕著に現れる（図 6.14）．DWNT は SWNT よりも酸化耐性が高いので，酸化操作により混合物中の SWNT は燃焼・除去される．こうして外径 1.6～2.0 nm，内径 0.8～1.2 nm の DWNT が得られ，その純度は 95% ときわめて高品質である．DWNT には層間相互作用が存在するため，化学的耐久性とともに機械的耐久性も高いので，センサーとしての原子間力顕微鏡 (AFM) 探針への応用が有望である．これを用いて観測した SWNT の AFM 像の解像度は，通常の Si 製探針で得られたものよりも向上していることが実証されている（図 6.15）[39]．

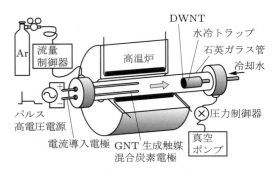

図 6.13　高温パルスアーク放電装置

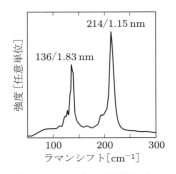

図 6.14　DWNT の精製後のラマンスペクトル

(2) ナノカプセル

電子顕微鏡の中でアーク放電により生成されたすすに強い電子線を照射すると，球形

(a) Si (b) DWNT

図 6.15 SWNT を観測した AFM 像

炭素ケージが同心状に積み重なった微粒子，すなわちバッキーオニオンが形成される（図 6.16）[40]．また，後述する金属を充填した混成炭素棒を陽極としたアーク放電プラズマ発生法による金属内包フラーレンの生成実験において，興味深い副産物を見出すことができる．すなわち，陰極上の堆積物の中に，カーバイド（炭化ランタン LaC_2）を包み込み 3 次元的に閉じた多層のグラファイト籠（数 nm〜数十 nm）が存在する（図 6.17）[41]．この籠に閉じ込められた物質は外環境から保護されるのでカーボンナノカプセル (CNC: carbon nanocapsule) とよばれ[42]，放射性元素を内包したものは核医学，核燃料などへの応用が考えられる．また，強磁性金属元素を閉じ込めたナノカプセルは気密性に優れ，かつ潤滑性があるので，磁気記録媒体，磁気インク，磁性流体，生医学などへの応用が期待される（図 6.18）．

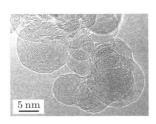
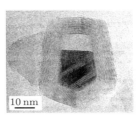
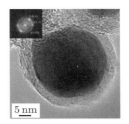

図 6.16　バッキーオニオンの TEM 像

図 6.17　LaC_2 単結晶を内包したナノカプセルの TEM 像

図 6.18　Fe 微結晶内包ナノカプセルの TEM 像

しかし，従来どおりのアーク放電プラズマ発生法では，炭素蒸発量が多すぎて閉じ込められるべき金属がカーバイド化され，炭化物内包ナノカプセルができてしまう．そのため，金属そのものを内包することが困難であり，また，ナノカプセル以外という意味でのほかの多くの種類の炭素質残骸物が作り出される．当然，遷移金属元素の鉄，ニッケル，コバルトの微結晶をおのおの内包するナノカプセル (M@CNC: M=Fe, Ni, Co) の生成純度を向上したうえで大量生成し，さらにサイズ分布を制御しなけれ

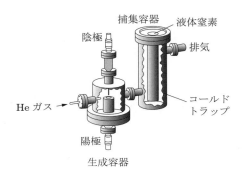

図 6.19 ガス吹き出し型タングステン電極アーク放電プラズマ発生装置

ばならない．これには，図 6.19 のようなバッファガス吹き出し型タングステン電極アーク放電プラズマ発生装置が適している[43]．そこでは，タングステン陰極と特定金属を入れたグラファイトるつぼの陽極を縦方向に設置し，10～100 kPa の He ガス圧力下でアーク放電プラズマを発生する．液体金属のプールとなっている陽極るつぼによるアークをヘリウムガスジェット流が横切っているので，金属/炭素の蒸発量の比が大きく (>90%)，かつ，すすやほかの生成物は陰極に堆積する前にスイープされるので，それらへのイオン衝撃は起きない．その結果，望ましくないグラファイト薄片やCNT 生成は阻止され，1 時間の放電で，M@CNC を含む粉末が 100 mg～2 g 程度別室でコールドトラップされる．これらのナノカプセルのグラファイト殻の厚さは非常に小さく，その層数はおおよそ 2～10 である．また，直径は He ガスジェット流速に依存し，714 nm の範囲から，流速を下げると 20～80 nm に変化する．

以上において，M@CNC と CNT の混在合成が避けられない事実であり，その分離と精製が非常に困難なことから，M@CNC の応用展開が阻止されてきた．そこでこの問題を解決すべく，ほぼ純粋に金属元素を内包する M@CNC を合成できる新奇なプロセスとして，マイクロ波アークプラズマを用いる手法が登場する[44, 45]．この方法ではまず，Si の小片と有機金属化合物のフェロセン $Fe(C_5H_5)_2$ を含む石英ガラスを電子レンジ中に入れる．次いで，1 気圧の Ar ガス雰囲気下で 2.45 GHz のマイクロ波を照射して，Si 小片間で激しくアーク放電を起こしパルス的にプラズマ化する．これによりその周辺は 1000℃ を超える温度に達するので，有機金属前駆体の分解と再構成が進展する．この場合，図 6.20 に示すように，高エネルギー状態にある遷移金属の Fe と C 原子が会合して"金属−炭素合金"のナノ粒子（クラスター）が形成される．続いて，ナノ粒子はパルス的なホットプラズマ状態から脱却して周囲環境によって冷却されていく．その過程で，溶解していた C 原子がその合金ナノ粒子の表面上に分離・析出して，グラフェン殻が形成される．この"コア/金属−殻/炭素"からなるナノ粒子

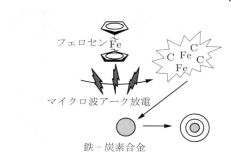

図 6.20 マイクロ波アーク放電による金属内包ナノカプセル形成機構

（カプセル）の形成機構は，炭素溶解モデルとよばれている．なお，Si 小片の代わりに有機金属溶液中に Cu ワイヤを入れて，マイクロ波アークプラズマを発生させても同様の結果が得られる．ここで注目すべきことは，通常の炭素電極を用いる直流アーク放電法では CNT が主生産物となるが，このマイクロ波アーク放電法では M@CNC が優先的に合成され，CNT は同時には形成されないことである．

(3) 内包フラーレン

フラーレンに新しい機能をもたせるには，ほかの原子や分子との複合体を形成することが有効である．C_{60} ケージの内部には炭素の π 電子雲の広がりを除くと，直径 0.4 nm の球状の真空空間が存在するため，そこにほかの原子を内包させる方法は大変興味深い．第 5 章では，あらかじめ合成されたフラーレン C_{60} に外部からアルカリ金属イオンや窒素イオンを衝突させることによって，内部に挿入する手法について紹介した．ここでは，フラーレン形成と同時に金属原子が内包される原理に基づいた手法で，合成される内包フラーレンの構造について述べる．

金属内包フラーレンは，6.1.1 項で述べたレーザー蒸発法あるいはアーク放電法において，金属原子を含浸させたグラファイト混成棒をターゲット試料あるいは陽極として用いて生成されるすすの中に存在する．これまでに発見されているものでは，La, Y, Sc 等の 3 族元素金属内包フラーレンがとくに高効率で合成されている．このほかにも，ランタノイド元素の Ce, Pr, Gd, Er や 2 族の Ca あるいは 4 族の Ti 原子の内包フラーレンが発見されている．しかし，アーク放電（レーザー蒸発）による生成物をトルエン抽出した後に，レーザー脱離イオンサイクロトロン共鳴 (FT-ICR：fourier transform ion cyclotron nesonance) 質量分析器で測定した結果，図 6.21 に示すように La@C_{60} および La@C_{74} のピークは消え去り，La@C_{82} のみが安定に存在することが判明した[46]．この La@C_{82} は巨視的量が合成，抽出された最初の金属内包フラーレンである．その電子スピン状態を電子スピン共鳴法 (ESR) で測定すると，図 6.22

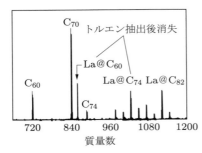
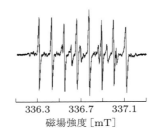

図 6.21 アーク放電またはレーザー蒸発法で生成した試料の FT-ICR 質量スペクトル

図 6.22 La@C_{82} の ESR 超微細構造

のようにメインの 8 本の超微細構造以外に，別のシリーズの吸収線が観測された．これは，La@C_{82} の構造異性体によるものと考えられている[47]．なお，アーク放電に関して，ランタンと炭素の原子数 (C/La) が 100 前後の場合にもっとも La@C_{82} の合成率が高い．

このように，現在までに合成されている金属内包フラーレンは，金属原子 (M) が C_{82} や C_{84} などの高次フラーレンに優先的に内包されている．ここにおいて，もっとも大量に合成される C_{60} に内包される金属内包フラーレンは合成量がきわめて少なく，かつ分離，精製が非常に困難であるという大きな問題に直面している．これは，M@C_{60} がきわめて高い化学反応性をもつことに起因している．そこで，高化学反応性フラーレンを化学修飾により安定化することで，長年の課題である M@C_{60} の単離と大量合成の実現に迫ろうとする試みがなされている．一例として，図 6.23 に示すように，アーク放電装置内に固体薬剤ともいえるテフロンを導入すると，トリフルオロメチル (CF_3) 基で化学修飾された金属内包フラーレン Y@$C_{70}(CF_3)_3$ が合成される[48]．すなわち，放電プラズマ装置内での化学修飾により高反応性フラーレンが一気に安定化され，M@C_{70} を経て期待の M@C_{60} が姿を現す日も近いであろう．

一方，内包原子数は 1 個に限らない．スカンジウムとグラファイトの混成棒を陽極

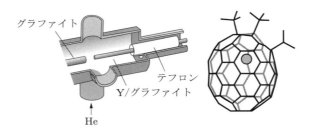

図 6.23 アーク放電装置と Y@$C_{70}(CF_3)_3$ の分子構造

としたアーク放電プラズマによって，2 個の金属原子が内包された $Sc_2@C_{84}$ を合成し[49]．HPLC によりこれを分離精製することができる．この高純度粉末試料に対して，精密構造解析の新しい手法である最大エントロピー法 (MEM：maximum entropy method) を用いて放射光 X 線回折データを解析し，全電子密度分布を求めた結果，図 6.24 のように 2 個の Sc の内包構造に関する情報が得られた．しかし，さらに詳細な X 線構造解析を行ったところ，これは $Sc_2C_2@C_{82}$ であることが判明した[50]．これらの内包されている金属からフラーレンケージへ電子の電荷移動が起きていて，中心金属は正に，炭素ケージは負に帯電している．当然ながら，2 個以上の金属原子内包の場合は正電荷金属原子間の静電反発力が大きくなる．このため，非金属原子が同時に内包されやすくなり，このような金属カーバイド (M_2C_2, M_3C_2, ...) などのクラスターを内包したフラーレンが合成される（図 6.25）[51]．正電荷の複数金属原子間の静電反発を，負に帯電する非金属原子が和らげることに加えて，金属原子と非金属原子間の静電引力がこの機構として考えられる．

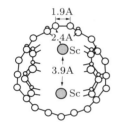

図 6.24　2 個の Sc の内包構造　　図 6.25　金属カーバイド内包フラーレン ($Sc_3C_2@C_{80}$)

応用の面では，分子デバイス対応の機能性材料創製以外でも，$Gd@C_{82}$ は MRI 用造影剤として[52]．ランタノイド元素やアクチノイド元素を内包したフラーレンは放射性ラベリングやトレーサなどの生体応用の分野で，その有用性が注目されている[53]．

(4) カーボンナノホーン (CNH)

CNH はきわめて表面積が大きく，燃料電池，液体・気体燃料貯蔵体，ガス分子ふるい，ドラッグデリバリーシステム (DDS) などへの応用が期待されている．すでに第 5 章で述べた，閉じた CNT の先端には必ず五員環が六つ存在し，これによってグラフェンシートがチューブ軸に平行に一定の半径で丸まり，チューブ形状が完成する．一方，先端の五員環が一つ以上欠けると，グラフェンシートは一定の半径で丸まることができず，先端から約 20° の角度でホーン状に広がった形状を呈する（図 6.26）．これが CNH であり，単層グラフェンシートからなるものを単層カーボンナノホーン (SWNH：single-walled carbon nanohorn) とよぶ．これは直径が約 2～5 nm，長さ

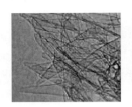

（a）TEM像　　　（b）モデル

図 6.26　CNH の先端構造

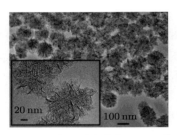

図 6.27　ダリア状凝集体の TEM 像

が 40〜50 nm のチューブ物質で，それらは数千個集まり，直径が約 100 nm 程度の球形集合体を形成している（図 6.27）．これらの形状は繭玉状，つぼみ状，棘があるダリア状の三つに分類される．この集合体においては個々の SWNH が部分的に化学結合している可能性が高く，そのため個別単体の SWNH に分解することは困難である．SWNH は Ar（室温，1 気圧）雰囲気中で，グラファイトに高出力の CO_2 レーザー（3 kW）を照射すると，92〜95％の純度で 1 kg/day の量を得ることができる[54, 55]．

一方，大気圧下の開放アークジェット法[56] や，大気圧より少し減圧した簡便な密閉容器内でのグラファイト電極間のアーク放電を用いても，高価なレーザー源なしでCNH を低コストで合成することができる．空気を緩衝ガスとした場合には，アーク放電過程においてまずその中の O_2 が CO に変換され，次いでその CO と N_2 の組み合わせの下で SWNH が形成されると考えられている[57]．また，水中アーク放電において液相に液体窒素を使用すると，アークプラズマ部の気相中に含まれるガス成分が比較的不活性になるので，単層の生成物が合成されやすい[58]．この高価な液体窒素を窒素（N_2）ガスに代えてガス投入水中アーク放電系にすると，実験装置を低コスト化することができる．図 6.28 に示すように，アノードとカソード（両方ともグラファイト棒）を水中に垂直に対向して設置し，直径 2 mm の小穴があいたカソードから N_2 ガスを流入させる[59]．アーク放電条件は放電電圧 30〜50 V，放電電流 30〜100 A であ

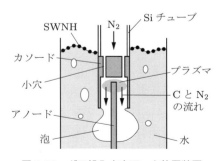

図 6.28　ガス投入水中アーク放電装置

る.この場合,グファイト電極間のアークプラズマ中に存在する反応性ガス種 (H_2O, CO, H_2) は,N_2 ガス流で運び取り去られる.また,その N_2 ガス流は薄いグラファイト壁を形成し,アークプラズマを周囲の水から遮っている.これにより,不活性ガス雰囲気中で炭素蒸気が急速に冷却されて繊細な SWNH 構造が形成される.放電終了後に水の表面に浮いているすすを回収すると,CNH は図 6.27 に見られた TEM 像のように,それらが凝集した 2 次微粒子として得られる (3~4 g/h).この粒径分布を動的光散乱法で測定すると,27 nm から始まりピークが 70 nm となる範囲にある (図 6.29).放電が開始してからのその持続時間が長くなるとともに,SWNH の収率が増加し,かつその純度も高くなる[60].この機構を解明するために,放電持続時間に対するアークプラズマ領域の温度の変化が調べられた.プラズマからの放射スペクトル解析によると,図 6.30 に示すように 30 s 前までは 4650 K であったが,それを過ぎると急激に上昇し,50~60 s では 5100 K に達し,500 K の増分があることがわかった.そこでこの温度のプラズマ密度への効果に注目すると,500 K の温度上昇に伴い,C^+ イオンと C ラジカルの密度がそれぞれ 10^{13},10^{17} cm^{-3} オーダーで増加するものと見積もられる.したがって,放電持続時間長さに伴う SWNH 収率の増加の主たる原因は,カーボンナノ液滴形成に好都合な C ラジカル密度の増加である.一方,高エネルギーの C^+ 密度については,その衝突によって SWNH 形成に破壊的効果をもたらさない程度であると考えられている.

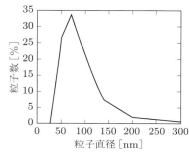

図 6.29 SWNH の粒径分布

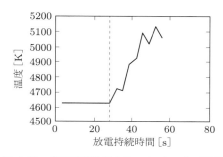

図 6.30 放電持続時間とアークプラズマ領域温度の関係

ここで,アーク放電の電流 (80 A) と持続時間 (60 s) を最適化して合成された SWNH を,固体高分子形燃料電池 (PEFC:polymer electrolyte fuel cell) に応用することを試みる.この SWNH は高い純度と広い比表面積 (単位体積に対する表面積の割合) をもっているので,H_2PtCl_6 を還元するプロセスにおいて SWNH 上のナノサイズの角部分がナノサイズの白金粒子を座りよく支える.その結果,白金ナノ粒子を高い分散

状態で担持できるため，SWNH は PEFC の触媒層として高性能を発揮することが確認されている．

一方，DDS 応用に関しては，SWNT（1～2 nm）に比べて直径が太く（2～5 nm），先端が円錐状の SWNH においては薬剤分子が容易に内包され，かつ徐放される傾向を示す[61]．あらかじめ酸化法によりその壁に孔をあけた SWNHox に抗がん剤であるシスプラチン（CDDP）を内包させると（CDDP@SWNHox），生体外（in vitro）抗がん効率がもとの CDDP のみの場合に比べて 4～6 倍増大する．生体内（in vivo）試験については，図 6.31 のようにネズミの移植腫瘍内に注入された CDDP@SWNHox は，もとの CDDP よりも腫瘍成長抑制効果が大きくなる（図 6.32）．これは SWNHox から徐放された CDDP が，生体外では細胞に，生体内では組織内に高濃度で局在し，腫瘍細胞を効率的に攻撃したことによる．さらに，光感受性物質の亜鉛フタロシアニン（ZnPc）を内包・吸着させた SWNHox(ZnPc-SWNH) の抗腫瘍効果も確認されている[62]．

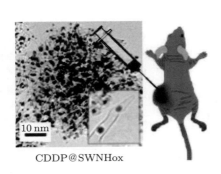

図 6.31　シスプラチン内包 SWNH の注入

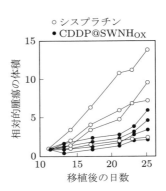

図 6.32　移植腫瘍細胞への DDS 効果

(5) ナノロッド

アーク放電法で作製した MWNT を，電気炉の中で固体 SiO と一緒に加熱すると SiC のひげ結晶（ウィスカー）が得られる．一方，熱 CVD 法で作られたカーボンナノファイバーを用いて同様の方法でウィスカーを作製すると，直径が数十 nm と細くなるため，これはナノロッドとよばれている．ナノロッドは，カーボン以外にも，金属や酸化物などでも作製されている．金属ナノロッドは，科学的な興味だけでなく，応用できる領域がきわめて広いことから，巨大な市場価値を産み出す潜在性の高い材料として注目されている．

金，銀，銅，白金などの金属ナノ粒子は，バルクの金属とは異なり，ナノサイズ効果

によるさまざまな特長を発現する．ナノ粒子の特長の多くは，比表面積が大きいことに関係しており，特異な光物性や触媒機能などの特性をもたらす．光物性に関しては，局在表面プラズモン共鳴とよばれるナノサイズの粒子に特有の共鳴現象が生じる．このため，光と分子の相互作用が強力に増幅されることで，局所的な強電場が発生するとともに，特定の波長の光が吸収される．粒径が数十 nm 程度の球状の金ナノ粒子が鮮やかな赤色を示すのは，この局在表面プラズモン共鳴吸収のためである．近年，この金ナノ粒子の合成技術が進歩し，さまざまな形状のナノ粒子が作製できるようになった．その中でも棒状の構造をもつ「金ナノロッド」は，その構造アスペクト比（長軸と短軸の長さの比）に応じて局在表面プラズモン共鳴吸収波長を自在に調節することができることから，注目を集めるようになった[63]．

通常，球状の金ナノ粒子は 520 nm 付近に一つの吸収ピークを示す．しかし，図 6.33 に示すような細長い金ナノロッドでは，長軸と短軸に由来する二つの吸収ピークが現れる．とくに，金ナノロッドの長軸に由来する吸収バンドは，図 6.34 に示すように，その形状に依存して 700 nm 以上の近赤外領域に見られる[64]．近赤外光の中でも 800〜1000 nm 程度の波長をもつ光は，ほとんどの有機物・生体材料に吸収されない「透明な」光である．この透明領域に適合する近赤外分光特性をもつ金ナノロッドは，近赤外バイオイメージングやセンシングなどに利用可能な新しいプローブ粒子として期待されている．

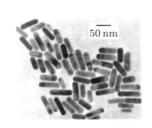

図 6.33　金ナノロッドの TEM 像

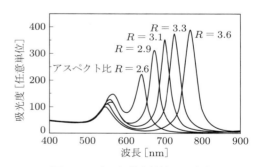

図 6.34　光吸収分光特性の理論値

金ナノロッドは，液相中の金電極にパルスレーザーを照射し，アブレーションさせることによって合成が可能である．ここで，レーザー光の偏光への依存性を利用すると，その形状と分光特性を制御できる[65]．以下に，さらに詳細な構造制御が可能である，電解法とシーディング法の二つのナノロッド合成手法について述べる．

電解法は，図 6.35 に示すように，界面活性剤ミセル溶液中で金ナノロッドを合成する方法であり，2 極の定電流電解法である[66, 67]．電解液は大量のカチオン性界面活性

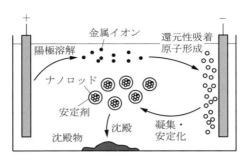

図 6.35　金ナノロッドの電解法による合成

剤 (CTAB) を含み，超音波照射下で金電極を陽極として定電流電解を行うことで金ナノロッドを形成できる．この場合，金は電解液に塩として添加されるのではなく，金電極から剥離されてクラスターとして供給された後に，CTAB ミセルとの相互作用によってロッド状に成形される．また，電極（陽極：金，陰極：白金）とは別に銀板が浸漬されており，この銀板の面積でナノロッドの形状の制御が可能である．

一方，シーディング法では，最初に，反応性の高い「強い還元剤」である水素化ホウ素ナトリウム ($NaBH_4$) によって塩化金酸を還元し，3〜4 nm の小さな金の「種粒子」を生成する[68, 69]．$NaBH_4$ が完全に水と反応して還元性を失った後に，この種粒子に異方的な結晶成長を起こさせる．一方，別途この成長溶液として高濃度 (〜100 mM) の CTAB を含む塩化金酸溶液を用い，反応性の低い「弱い還元剤」としてアスコルビン酸を用いる．このアスコルビン酸の添加によって Au^{3+} は Au^{+} に還元され，そのまま安定に存在する．この段階で種粒子を添加することで，自己触媒的に Au^{+} の還元が種粒子の特定の方向のみで進行する．その結果，図 6.36 に示すようなアスペクト比の大きな金ナノロッドが形成される[70]．

このシーディング法におけるナノロッド形成において，密度の異なった放電プラズマを利用して「強い還元剤」と「弱い還元剤」を実現することができる．最初に塩化金酸溶液に高密度のプラズマを照射し，種粒子を生成した後に，低密度のプラズマを長時間照射することによって，異方的な結晶成長を生じさせるものである．このとき

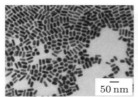 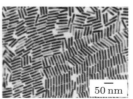

図 6.36　シーディング法で合成したアスペクト比の異なるナノロッドの TEM 像

にも，CTAB の添加が必要であり，プラズマの密度を調整することによってアスペクト比の制御が可能である．

これらのナノロッドは，回折限界を超える微小空間に光を閉じ込めることが可能である．また，ナノロッドの表面近傍には著しく増強された電場が発生するが，その強度がサイズ，形状，集合状態，周囲媒体の誘電率で変化する．この特長を活かして，ナノ光デバイス，太陽光発電，光触媒などのエネルギー・環境問題を解決するデバイスに応用できると期待されている．

6.2 Si ナノ粒子

人口，食料生産，工業化，環境汚染，天然資源の消費の指数関数的成長が，人類に危機的状況をもたらすとの予測がなされて久しい[71-73]．今世紀における持続的な社会発展には，材料・エネルギーに関する超低消費技術と低環境負荷技術の指数関数的発展が望まれる．このような技術としてナノスケールの機能ブロックを組み合わせるナノテクノロジーが，中心的役割を果たすと期待される．

本節では，ナノ粒子に代表されるナノブロックを組み合わせ，3次元ナノ構造を作製する技術の構築を目指した研究として，反応性プラズマを用いたナノ粒子の合成，ナノ粒子の凝集制御，ナノ粒子の輸送制御について示し，最後にナノ粒子の量子ドット太陽電池への応用について紹介する．

6.2.1 ナノ粒子の気相合成：サイズと構造の制御

プラズマを用いたナノブロックの創製の例として，反応性プラズマ中でのナノ粒子の気相合成について説明する．ナノ粒子を合成する方法は，機械的粉砕法に代表される breaking-down process と，核形成と成長によるナノ粒子を作製する building-up process に分けられる．さらに，後者には気相法，液相法，および固相法がある[74, 75]．低圧の反応性プラズマを用いる方法は気相法の一種であり，大面積処理ができる，基板温度に関係なくナノ粒子の構造を制御できるという特長がある．反応性プラズマを用いて気相合成したナノ粒子のサイズをその場測定した例を図 6.37 に示す[76]．ナノ粒子はプラズマ生成時間に比例して 1 nm から 10 nm 以上にまで成長している．この例では，0.1 s 以前に核発生が生じ，その後ナノ粒子はその表面へのラジカル堆積で成長している．ナノ粒子のサイズ制御法として，これまでにパルスプラズマの生成時間で制御する方法，連続プラズマ中のナノ粒子の滞在時間で制御する方法が開発されている．図 6.38 に滞在時間制御を実現するナノ粒子合成装置の例を示す[77]．反応性プラズマ

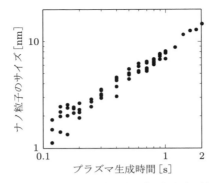

図 6.37 ナノ粒子サイズのプラズマ生成時間依存性

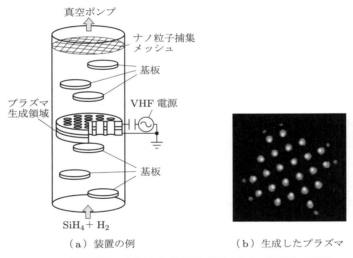

（a）装置の例　　　　　　（b）生成したプラズマ

図 6.38 滞在時間によるサイズ制御を実現するナノ粒子合成装置

は直径 5 mm，長さ 10 mm の狭い空間にのみ生成し，この空間に 100 cm/s 程度の流速でガスを供給することで，10 ms 程度の短いナノ粒子の滞在時間を実現している．この穴を多数並べることにより，合成量の増大と大面積化にも容易に対応できる．また，この方法は，プラズマの休止が必要なパルスプラズマより，大量合成に適している．図 6.39 にそれぞれ，パルスプラズマの生成時間とナノ粒子の滞在時間でサイズ制御して合成したナノ粒子のサイズ分布を示す[77]．いずれの方法でも，平均サイズ約 2 nm のナノ粒子を 0.5 nm 程度の比較的狭いサイズ分散で合成できている．これらの方法では，量子サイズ効果が期待できる数 nm 程度のサイズを制御性よく実現できる．

このような狭いサイズ分散が比較的容易に得られる機構は次のように考えられてい

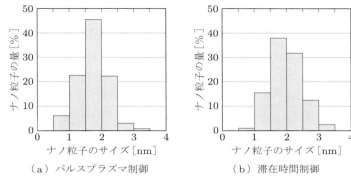

図 6.39 Si ナノ粒子のサイズ分布例

ともに 2 nm 程度のサイズを 0.5 nm 程度の分散で実現できている．いずれもナノ粒子は結晶構造をもっている．

る．まず，ナノ粒子の核がほぼ同時期に発生する．一度，核が発生すると，核発生に必要な高次のラジカルがナノ粒子に付着するようになり，新たな核発生が抑制される．このため，図 6.39 に示す狭いサイズ分散が得られる．サイズ分散を決定している要因は，核発生時期とナノ粒子の成長速度の揺らぎであり，いずれもラジカル密度の時空間的な不均一性に起因していると考えられる．さらに狭いサイズ分散を得るには，これらの揺らぎを抑える必要がある．気相でのナノ粒子どうしの合体（凝集）を防ぎ，図 6.37 に示したようなプラズマ CVD 成長のみでナノ粒子を 100 nm 以上に成長させると，数 nm 程度以下の狭いサイズ分散をもつきわめてサイズのそろったナノ粒子が合成できることも知られている[78]．このように，ナノ粒子のサイズ制御には，凝集の抑制が重要であり，これについては次項で詳しく解説する．プラズマ中では，ナノ粒子の核発生時期がほぼそろっており，ナノ粒子間の凝集が自動的に抑制されるため，単分散に近いナノ粒子を高密度に得やすい．

ナノ粒子の組成は，主として成長に寄与するプラズマ中のラジカルの組成で決まる．したがって，材料ガスの選択によりナノ粒子の組成を制御できる．ナノ粒子の成長の途中で材料ガスを切り替えることにより，コアシェルナノ粒子などの多層構造のナノ粒子も容易に作製できる．

プラズマ CVD による基板上への薄膜堆積の場合と同様に，気相合成するナノ粒子の構造は，必ずしも最安定相とはならない．非平衡状態における表面とその直下（サブサーフェス）での構造形成機構の解明は，プラズマを用いたナノ構造創製にかかわる重要課題であるが，現時点では不明な点がきわめて多い．ナノ粒子の構造形成に重要な因子は，成長に寄与するラジカルの種類とナノ粒子の温度である．ナノ粒子の温

度は,その表面に入射するイオン,電子の運動エネルギー,再結合エネルギー,および表面での化学反応によるエネルギーの放出と吸収,周囲のガス分子との衝突による加熱と冷却,さらには光子の吸収,放出による加熱と冷却等のバランスによって決まる.また,ナノ粒子はその熱容量がきわめて小さいため,サイズが小さいほど温度の揺らぎも大きい.さらに,図6.40に示すように,10 nm以下のナノ粒子では大きな融点降下も生じる[79,80].ナノ粒子の構造はこれらの要因が決めていると考えられるが,その詳細はわかっていない.したがって,ナノ粒子の構造制御は,ある程度試行錯誤的に行うことになる.たとえば,図6.41に示すように純SiH_4プラズマを用いて合成したSiナノ粒子はアモルファス構造となるが,SiH_4をH_2で高希釈することにより結晶構造となることが知られている.前述のサイズ制御と,高H_2希釈による構造制御を併用することにより,図6.39,6.41に示したように2 nmのナノ粒子をほぼ100%の結晶化率で合成する技術が確立している.この結晶ナノ粒子は,基板温度にかか

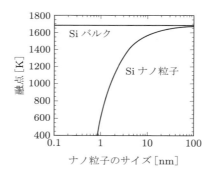

図6.40 結晶Siナノ粒子の融点降下の理論値

10 nm以下のサイズ領域で急激に融点が低くなり,1 nmでは600 K程度まで低くなると予想される.

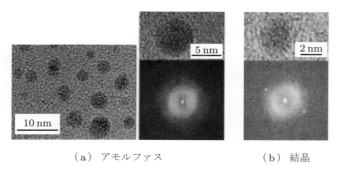

（a）アモルファス　　　　　　（b）結晶

図6.41 Siナノ粒子のTEM明視野像と回折像

わりなく合成できる．したがって，通常は基板上で結晶成長が生じない条件でも，基板に気相合成した結晶ナノ粒子を堆積し，基板上での結晶成長の核として使用することができる．また，Si の場合には，基板上の結晶成長では熱力学的安定性から a-Si:H 中に存在できる最小結晶サイズは 3.5 nm 程度であるとされている[81]．気相合成では，3.5 nm より小さな結晶ができることから，気相合成したナノ粒子を基板上に a-Si:H 中に分散して堆積することにより，通常の表面反応型薄膜成長では実現できない薄膜構造を実現できる．さらに，プラズマを用いたナノ粒子の表面修飾の開発も盛んであり，高感度のバイオセンサー等へも応用されつつある．

なお，ナノ粒子のサイズ・数密度のその場計測法も開発されており，この方法を用いてナノ粒子の輸送に関する情報も得られる[82]．また，計測結果に対してエンベロープ解析・バイコヒーレンス解析などの適用により，ナノ粒子の成長とプラズマパラメータの揺らぎの相関についても研究が推進されている．このようなその場計測法は，研究開発を効率よく進めるためだけでなく，揺らぎのないプロセスの実現と，装置依存性のない形でデータを蓄積し学問として体系化していくうえで，今後ますます重要な役割を果たすと期待される．

6.2.2 ナノ粒子の凝集制御

微粒子の凝集現象は大気中のエアロゾルから宇宙塵まで，微粒子間の衝突が生じる環境で，自然環境，人工環境を問わず存在している[83,84]．プラズマ中においてもプロセスプラズマダスト，核融合炉内ダスト等において凝集微粒子の存在が知られている[84,85]．それでは，プラズマ中とそれ以外の微粒子の凝集現象の類似点，相異点は何であろうか．中性微粒子が支配的な系での凝集現象は，微粒子の熱運動・サイズ・密度で決定される．一方，プラズマ中では，微粒子の帯電状態として正・負・中性が存在し，この帯電状態の変化の周波数と微粒子間の衝突周波数との大小関係も，凝集現象に大きなかかわりをもっている．帯電微粒子の凝集は，プロセスプラズマのみならず，コロイドの相転移や惑星リングの形成などでも重要である[86,87]．プラズマ密度が微粒子密度よりも非常に高い場合，ほぼすべての微粒子が負に帯電するため，微粒子どうしは静電力で反発し凝集は生じにくい．一方，プラズマ密度よりも微粒子密度が高い場合，微粒子は正・負・中性のすべての帯電状態を取り得るとともに，一つの微粒子の帯電状態は時々刻々と変化し，凝集が生じやすくなる．ここでは，反応性プラズマ中で SiOCH ナノ粒子を作製し，部分帯電した微粒子群の凝集機構を調べた結果を紹介する[88]．

実験では，図 6.42 に概要を示す容量結合型放電プラズマ装置が用いられた．直径 60 mm の二つの接地電極を 40 mm の間隔で内径 260 mm のステンレス製真空容器

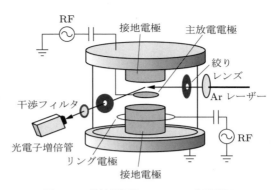

図 6.42 微粒子凝集についての実験装置

の中心に設置して，2枚の接地電極の中央に設置した直径20 mmの主放電電極に，13.56 MHzの高周波電圧を印加してプラズマが生成された．Arで希釈したジメチルメトキシシラン$(Si(CH_3)_2(OCH_3)_2)$（濃度0.5％）が材料ガスとして用いられた．全流量とガス圧，ガス温度は，それぞれ40.2 sccm，1.0 Torr，373 Kである．

プラズマ中で発生した微粒子のサイズ・密度は，筆者らが開発したレーザー散乱法を用いて計測された[89]．微粒子のサイズd_pは，主放電の放電維持時間Δt_1を0.25 sから2 sまで変えて制御された．このときのd_pは2 nmから20 nmまで変化し，微粒子密度n_pは3×10^{11} cm^{-3}から3×10^{10} cm^{-3}であった．イオン密度n_iと電子温度は高周波数補償回路付きのラングミュアプローブで測定され，それぞれ1×10^{10} cm^{-3}，3 eVであった．

主放電終了後の気相中微粒子のレーザー散乱光強度の時間推移を図6.43(a)に示す．図中のn_p/n_i =inf.（無限大）のレーザー散乱光強度は，2度目のパルス放電がない場合の時間推移を示している．主放電で発生した微粒子は，主放電終了後に凝集を開始する．主放電終了後，時間の経過とともに散乱光強度は単調増加している．これは，微粒子が凝集してサイズが大きくなったためである．散乱光の波長より微粒子サイズが十分小さいレイリー散乱の領域では，散乱光強度は微粒子のサイズの6乗と密度の積$(d_p^6 n_p)$に比例する．このことを利用して，放電終了後の散乱光強度の時間推移から微粒子のサイズ・密度を図(b)のように推定できる[89]．

微粒子の帯電状態と凝集との関係を理解するため，微粒子密度とプラズマ密度の比n_p/n_iを変化させて，凝集現象が観察されている．n_p/n_iを制御する目的で，下部接地電極周囲に設置したリング電極に主放電終了後20〜200 msのインターバルΔt_{12}をおいて，高周波電圧を20 ms印加して第2放電が生成された．これにより5〜300の範囲のn_p/n_iが実現されている．

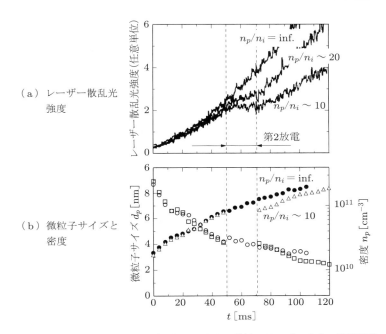

図 6.43 主放電終了後のレーザー散乱光強度,微粒子サイズ,密度の時間推移

図 (a) から,第 2 放電中の散乱光強度の増加率 k_2 は,n_p/n_i とともに減少し,$n_p/n_i = 10$ では $k_2 = 0$ となり微粒子が成長しないことがわかる.主放電維持時間 Δt_1 と Δt_{12} を変えて $d_p = 6\sim15$ nm,$n_p/n_i = 5\sim300$ の範囲で凝集現象を観察した結果を図 6.44 に示す.$n_p/n_i > 30$ の凝集成長する領域 (coagulation phase) と,$n_p/n_i < 30$ の微粒子どうしが静電力で反発し凝集成長が止まる領域 (repulsive phase) に分けられる.微粒子密度がプラズマ密度よりも多少高く,微粒子群が部分的に帯電している状態でも,凝集成長が止まる領域があることがわかる.

得られた結果から,部分帯電した微粒子群の凝集成長機構は以下のように考えられる.部分帯電した微粒子群の凝集成長に関しては,次の 3 条件を考える必要がある.

(i) 微粒子がガス流や拡散で損失する前にほかの微粒子と衝突する.つまり,微粒子間衝突に関する平均自由時間 τ_c が,微粒子のドリフトの特性時間 τ_f や微粒子の拡散損失の特性時間 τ_d より短い必要がある.すなわち,

$$\tau_c < \tau_f, \tau_d \tag{6.1}$$

が 1 番目の条件である.

(ii) 同じ符号の帯電微粒子どうしの場合,微粒子の運動エネルギー $k_B T_p$ が二つの微

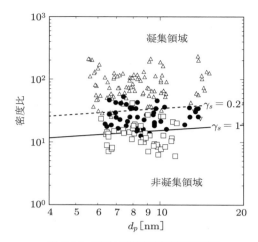

図 6.44 微粒子凝集に関する領域図

図中の三角，四角，丸はそれぞれ，凝集領域，非凝集領域，これらの間の遷移領域を示す．また，図中の実線と破線は，微粒子どうしの付着確率 γ_s を 1.0, 0.2 としたときの式 (6.6) の計算結果を示す．

粒子にはたらくクーロン反発エネルギー E_c よりも大きい必要がある．つまり，

$$k_B T_p \geq E_c \left(\equiv \frac{Z^2 e^2}{4\pi \varepsilon_0 d_p} \right) \tag{6.2}$$

が 2 番目の条件である．ここで，k_B はボルツマン定数，T_p は微粒子の熱運動温度，Z は微粒子の帯電量，e は電気素量，ε_0 は真空中の誘電率である．

(iii) 部分帯電した微粒子群では，多くの微粒子は負帯電と中性の電荷状態を行き来している．衝突現象の時間スケールで微粒子が中性とみなせるのは，微粒子の負帯電周波数 ν_{ep} と微粒子の中性化周波数 ν_{ip} が微粒子どうしの衝突周波数 ν_{pp} より高い場合である．帯電微粒子どうしは静電反発力で衝突しない場合，

$$\nu_{pp} < \nu_{ep}, \nu_{ip} \tag{6.3}$$

が 3 番目の条件となる．

図 6.44 の実験条件の範囲では，$\tau_c = 10\,\mathrm{ms}$，$\tau_d = 10^2\,\mathrm{ms}$，$\tau_f = 10^3\,\mathrm{ms}$ であり，条件 1 を満たしている．次に，微粒子の帯電量が $Z = 1$ の場合，d_p が約 35 nm 以上で式 (6.2) が成り立つ．したがって，図 6.44 の微粒子サイズ範囲 (6〜15 nm) では，条件 2 を満足しないため，同符号の帯電微粒子どうしの衝突は生じない．最後に，条件 3 について考える．通常，負帯電周波数 ν_{ep} よりも中性化周波数 ν_{ip} は十分低いため，ここでは ν_{pp} と ν_{ip} の大小関係について考えれば十分である．ν_{pp} と ν_{ip} はそれぞれ，

$$\nu_{pp} = \gamma_s \sigma_{pp} v_p n_p, \quad \sigma_{pp} = \sqrt{2}\pi d_p^2 \tag{6.4}$$

$$\nu_{ip} = \sigma_{ip} v_i n_i \frac{n_i}{n_p}, \quad \sigma_{ip} = \frac{\pi d_p^2}{4}\left(1 + \frac{e^2}{2\pi\varepsilon_0 d_p k_B T_i}\right) \tag{6.5}$$

と表せる．ここで，γ_s は微粒子間の付着確率，$v_p = \sqrt{8k_B T_p/\pi m_p}$, $v_i = \sqrt{8k_B T_i/\pi m_i}$ であり，m_p と m_i はそれぞれ微粒子の質量とイオンの質量である．ν_{ip} では，微粒子群の部分帯電を考慮に入れるため，通常の中性化周波数に n_i/n_p を掛けている．また，中性化断面積 σ_{ip} はイオンの軌道制限理論を用いて計算されている．

凝集成長と非凝集成長の二つの領域の境界を得るために，$\nu_{ip} = \nu_{pp}$ とおいて n_p/n_i を計算すると，

$$\frac{n_p}{n_i} = \sqrt{\frac{1}{\gamma_s 4\sqrt{2}}\left(1 + \frac{e^2}{2\pi\varepsilon_0 d_p k_B T_i}\right)}\sqrt{\frac{T_i m_p}{T_p m_i}} \tag{6.6}$$

となる．図 6.44 の実線と点線は，γ_s を 1, 0.2 とおいたときの式 (6.6) の計算結果を示している．式 (6.6) で得られる境界は，実験的に得られたものとよく一致している．

上述のモデルでは，正帯電した微粒子と負帯電した微粒子の衝突の効果を考慮に入れていない．これは，図 6.44 の実験では，微粒子を電離する高速電子数が少なく，正帯電微粒子の凝集への寄与が無視できるためである．このことは，理論と実験がよい一致を得ていることからも支持される．

以上のように，微粒子の帯電状態を考慮して部分帯電微粒子群の凝集成長を理解することができる．

6.2.3 ナノ粒子の輸送制御

微粒子の輸送に関する研究は，機能性ナノ部品としての微粒子を基板へと輸送してナノシステムを作製するための要素技術として重要である．原子分子から出発してナノ材料を作製するボトムアッププロセスの主流は合成化学であり，サイズが 10 nm 程度の超分子を作製することに成功し，医薬品やポリマーの作製などで実用化されている．しかし，反応場中の超分子どうしの意図しない凝集成長が生じるため，超分子以上の大規模なナノシステム作製が困難である．一方，プラズマプロセスでは，プラズマ中の微粒子が帯電して凝集成長を抑制したまま，各種の作用力を利用して微粒子を基板へ輸送できる．しかも，微粒子を大面積基板へと均一に輸送できるため，プラズマプロセスは大規模ナノシステムを大量生産するナノ工場として，次世代以降のナノテクノロジーを支えるポテンシャルをもっている．本項では，部分帯電した微粒子群の輸送制御を実現するため，パルス放電を AM 変調 (amplitude modulation) した場

合としない場合における微粒子輸送の相異について紹介する[95, 96].

凝集実験で用いた容量結合型高周波放電装置を用いて，微粒子輸送制御の検討が行われている．実験装置および微粒子輸送を観測するための 2 次元レーザー光散乱システムを図 6.45 に示す．実験条件は，前項の実験とほぼ同じであるが，放電電力は 75 W，1 サイクルの放電維持時間 T_{on} は 4 s である．

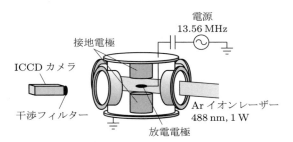

図 6.45　微粒子輸送についての実験装置の概略

レーザー散乱法では，34 mm×1 mm のシート状の Ar イオンレーザー（パワー 1 W，波長 488 nm）を電極面と平行に入射して，放電電極と上部接地電極間（図 6.46 中の影の領域）における微粒子の挙動を観察した．放電電極と下部接地電極間の微粒子の挙動は，微粒子の質量が小さく，重力の影響は無視できるため，放電電極と上部接地電極間の微粒子の挙動と同じである．微粒子のサイズと密度の時空間変化は，2 次元レーザー光散乱法[90] で得られた結果にサイズ，密度の推定法[89] を適用して求めた．レーザー散乱法で得られた微粒子のサイズは TEM，SEM 観察で測定した微粒子サイズとよく一致していた．

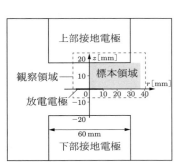

図 6.46　2 次元レーザー光散乱法による微粒子計測領域

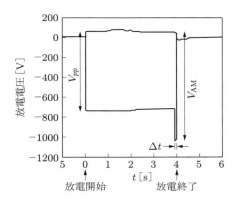

図 6.47　放電電圧の時間推移

6.2 Si ナノ粒子

図 6.47 に AM 変調放電時の放電電圧の時間推移を示す．AM 変調時の変調時間 Δt とピーク電圧 V_{pp} はそれぞれ 5～100 ms と 976～1193 V の範囲とし，放電パルスの最後に変調を加えた．放電開始から AM 変調開始までの放電維持時間 $T_{on} - \Delta t$ で微粒子のサイズを制御した．AM 変調開始直後では，微粒子のサイズ，密度，帯電量，位置は変調直前とほぼ同じである．一方，AM 変調により空間電位，イオン密度などが変化するため，微粒子に作用する力のバランスが変化して，微粒子を能動的に輸送することができる．

図 6.48(a) に AM 変調しない場合のレーザー散乱光強度の 2 次元空間分布を示す．微粒子は，放電中に放電電極近傍のプラズマとシースの境界でおもに生成される．放電電極上 2.8 mm（図中の $z = 2.8$ mm, $r = 0$ mm の位置）における放電終了直後の微粒子のサイズと密度は，それぞれ 26 nm と 4.0×10^{10} cm^{-3} である．放電終了後，微粒子は放電電極付近の生成領域から上部接地電極へ，約 7 cm/s の速度で輸送されている．この微粒子輸送では，静電力と熱泳動力が微粒子に作用する力である．プラズマ電位は，放電終了後 50 μs 以内にほぼ 0 となる．このため，静電力が微粒子に作用するのは，放電終了後 50 μs 以内のきわめて短い時間に限られる[91,92]．この時間以降では，微粒子の輸送は熱泳動力とガス粘性力のバランスで決まり[93]，微粒子の輸送速度 v_d は，

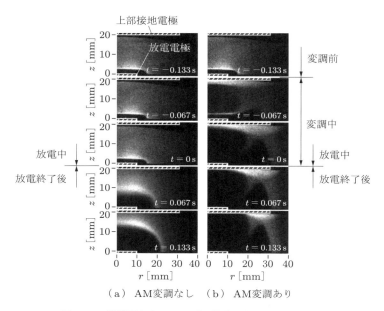

（a）AM変調なし　（b）AM変調あり

図 6.48　微粒子からのレーザー散乱光強度の 2 次元分布

$$v_d = \frac{3p\lambda \nabla T_g}{\pi n_g m_g v_g T_g} \tag{6.7}$$

で与えられる．ただし，n_g, m_g, v_g はガス分子の密度，質量，熱速度を示し，p はガス圧力，λ はガスの平均自由行程，T_g, ∇T_g は，ガス温度とガス温度の勾配を示す．ガス温度の空間分布を計測し，その結果と式 (6.7) を用いて推定した微粒子の輸送速度は 7 cm/s で，実験値とよく一致する．このように，図 (a) の微粒子輸送の駆動力は熱泳動力である．

$\Delta t = 100 \, \text{ms}$, $V_{\text{AM}} = 1193 \, \text{V}$ で AM 変調した場合の微粒子の挙動を図 (b) に示す．AM 変調直前までは，微粒子の空間分布は AM 変調なしと同じである．AM 変調後，微粒子は上部接地電極へ 60 cm/s 以上の速度で輸送されている．この高速輸送機構として以下のようなモデルが考えられる[95]．AM 変調開始直後に，自己バイアス電圧は 20 ms の内に $-350 \, \text{V}$ から $-524 \, \text{V}$ へ深くなるとともに，シース幅は 1.8 mm から 2.8 mm に広がる．微粒子は慣性が大きいため，変調直前の位置に留まり，帯電遅延効果により帯電状態の時間変化も緩やかである[94]．シース内に存在している負帯電微粒子は，シース電場による静電力でシース内からプラズマ方向へと移動する．さらに，図 6.46 のように放電電極の面積が接地電極より小さい非対称容量結合放電においては，放電電極のシース端から上部接地電極方向へ向かうイオン流によるイオン粘性力により，微粒子は高速輸送される．輸送されずに残っている中性微粒子は AM 放電中に次々と負に帯電して，同様の機構で上部接地電極方向へと輸送される．この輸送は放電期間中に生じるため，帯電の影響により微粒子間の凝集が生じにくい．したがって，微粒子を凝集させずに輸送できる．すなわち，図 (b) の結果は，微粒子のサイズと輸送を独立に制御できることも示している．

上述の高速輸送では，AM 変調時間 Δt と変調電圧 V_{AM} が重要な輸送制御パラメータである．$V_{\text{AM}} = 1193 \, \text{V}$ と一定にして，微粒子のサイズと変調時間の輸送に対する影響を調べた結果を図 6.49 に示す．微粒子の輸送は，AM 変調なしと同じ遅い輸送が生じる領域（図中 A の領域），図 6.48(b) と同様の高速輸送が生じる領域（図中 C の領域），一部の微粒子が高速輸送され，残りが遅い輸送となる領域（図中 B の領域）の三つに大別される．領域 A と B，および B と C の境界となる Δt の値は，微粒子のサイズとともに増加している．これは，微粒子サイズの増加に伴う慣性の影響であると考えられる．電荷量 Q_p の微粒子のダストプラズマ周波数 f_{pd} は次のように表せる．

$$f_{pd} = \frac{1}{2\pi}\sqrt{\frac{Q_p^2 n_p}{\varepsilon_0 m_p}} \tag{6.8}$$

微粒子の応答時間として，f_{pd}^{-1} を表す曲線を Q_p をパラメータとして図に示している．

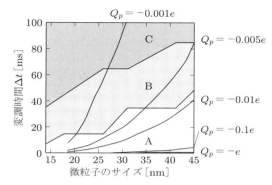

図 6.49 AM 変調における微粒子輸送モードの分類

実験的に推定された Q_p は $-0.1e$ であるが,図中の $Q_p = -0.1e$ の曲線は輸送領域境界の Δt に比べて非常に低い.輸送領域 A と B の境界は,サイズが 25〜35 nm では,$Q_p = -0.005e$ の曲線に近く,40〜45 nm では $Q_p = -0.01e$ の曲線に近い.輸送領域の遷移を定量的に表すためには,より洗練されたモデルの構築が必要である.

以上のように,AM 変調放電を用いて微粒子を凝集させずに高速輸送することができ,基板上にナノ粒子含有膜を堆積させることができる.図 6.50 に ULSI 用の低誘電率層間絶縁膜としてナノ粒子含有膜を用いた例を示す[76].この例では,プラズマ生成電力が大きいほどナノ粒子のサイズが大きくなり,高い空孔率で低い比誘電率が得られている.ポーラス薄膜を得るためには,ナノ粒子間の凝集を適度に生じさせるか,ラジカルに対してナノ粒子のフラックスを多くすればよい.本項で紹介した方法では,1 回のプロセスでポーラス薄膜を堆積でき,しかも同一の装置と材料を用いて,1.7〜3.5 の比誘電率を制御性よく実現できる.

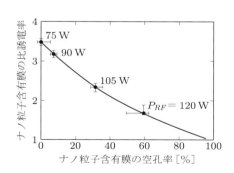

図 6.50 ナノ粒子含有膜の空孔率と比誘電率の関係

比誘電率は 100 kHz での容量測定で求めた.Ar で希釈した $Si(CH_3)_2(OCH_3)_2$ を原料ガスとして用いている.

6.2.4 ナノ粒子の太陽電池への応用

半導体ナノ粒子は，粒径によりバンドギャップエネルギーが変化し，そのため光の吸収・発光波長を粒子径により制御できる高機能性材料である．近年，一つの高エネルギーフォトンの吸収で，多数の励起子を生成する多重励起子生成が半導体ナノ粒子で観測され[97,98]，ナノ粒子の高効率量子ドット太陽電池への応用が精力的に展開されている[30-35]．次世代太陽電池に求められる，超高効率，超低製造コスト，無毒性の三つの条件すべてを満たす量子ドット太陽電池を，Si ナノ粒子を用いた塗布プロセスで実現することを目標に研究が進められている[105-111]．この項では，プラズマ CVD で作製した Si ナノ粒子を用いた量子ドット太陽電池について紹介する．

プラズマ CVD で作製した Si ナノ結晶粒子の吸光度測定の結果を図 6.51 に示す．5.1 nm のナノ粒子においては，320 nm より長波長側で吸光度は急激に減少し，近赤外領域の 800 nm 付近では 0.05 と非常に低い値となっている．一方，17.2 nm のナノ粒子においては，1000 nm より長波長側までの広いスペクトル範囲で光吸収が確認された．これは太陽光スペクトル全体の 72 % をカバーしている．これより，太陽光の広いスペクトルを有効に吸収するためには少なくとも 10 nm 以上のサイズが必要であることが明らかになった．次に，光吸収特性に優れた 17.2 nm のナノ粒子を用いて Si 量子ドット増感太陽電池を試作した．この太陽電池は，色素増感太陽電池の Ru なのどの有機金属化合物の染料を Si 量子ドットに置き換えたものである（図 6.52）．まず，サイズが 10〜30 nm の TiO_2 粒子をペースト化し，スクリーン印刷法で FTO ガラスに塗布する．その後，焼成により有機溶媒を燃焼除去し，TiO_2 多孔質膜を形成する．

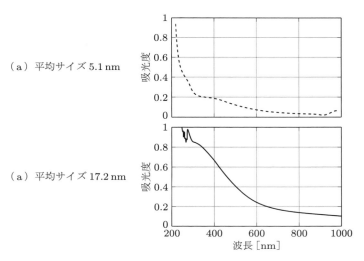

図 6.51 Si ナノ結晶粒子の吸光度測定結果

6.2 Si ナノ粒子　219

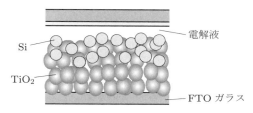

図 6.52　Si 量子ドット増感太陽電池の構造

その多孔質表面にナノ粒子を吸着させることで発電部分を形成する．対面の FTO ガラスの上には白金ペーストを塗布し，同様に焼成を行う．この 2 枚のガラスの間にポルスルフィド溶液を注入し，貼り合わせて完成となる．発電機構の概略は以下のとおりである（図 6.53）．

　Si 量子ドットが光励起され，その励起電子は TiO_2 の伝導帯に注入され，最終的にFTO 電極（負極）へと取り出される．正極に移動した電子は，非水電解質中のイオンにより運ばれ，量子ドットに再び戻り還元される．パネル中に注入されたポルスルフィドは硫化物負イオンとして存在し，$2S^{2-}$ から S_2^{2-} への変化の過程で電子 ($2e^-$) を Si に受け渡す．このように"シリコン－TiO_2－硫化物"の間の電子移動を繰り返すことで発電する．図 6.52 に示したように，TiO_2 層の上に TiO_2/Si 層を形成するという独自の構造を開発することで，Si 量子ドット増感太陽電池の発電が実証された[100]．TiO_2/Si 層は，TiO_2 印刷ペースト中に Si ナノ粒子を混合し形成している．Si の酸化を防ぐため，焼成は真空下 (5 Pa)，200°C の条件で 30 分間行い，焼成後の TiO_2/Si 層の膜厚は 120 μm である．図 6.54 に TiO_2/Si 層の TEM 像を示す．TiO_2 粒子に Si ナノ粒子が付着していることが確認できる．

　この Si 量子ドット太陽電池の V–I 特性を図 6.55 に示す．太陽電池の特性評価は，

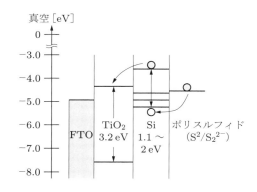
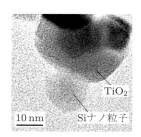

図 6.53　Si 量子ドット増感太陽電池の発電機構　　図 6.54　TiO_2/Si 層の TEM 像

1 sun (100 mW/cm²) の疑似太陽光を試作電池に照射して行った．Si 結晶粒子を含む量子ドット太陽電池，および Si アモルファス粒子を含む太陽電池から光電流を確認した．この電流は Si ナノ粒子中で生成された励起子が電子とホールにキャリア分離し，TiO_2 を介して外部回路へ取り出された結果であり，Si ナノ粒子を用いた量子ドット増感太陽電池の発電が実証されたことになる．光電流生成効率 (IPCE : incident photon-to-current conversion efficiency) の波長依存性を図 6.56 に示す．波長 500 nm 以下で励起子がキャリア分離して光電流を生成しており，光電流生成効率は波長が短くなるにつれて著しく増加する．また，光電流の光照射強度依存性を，波長をパラメータにして図 6.57 に示す．この測定におけるセルは，ヨウ素系電解液を用いている．光照射波長 532 nm の場合，光電流は光照射強度に比例してほぼ線形に増加する．一方，405 nm と 365 nm では，照射光強度の 1.3 乗，2 乗で光電流が増加する．このように，作製した Si 量子ドット太陽電池は，短波長領域で優れた変換効率を示し，また照射光

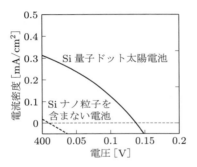

図 6.55 Si 量子ドット太陽電池の V–I 特性

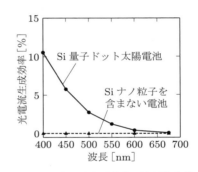

図 6.56 光電流生成効率の波長依存性

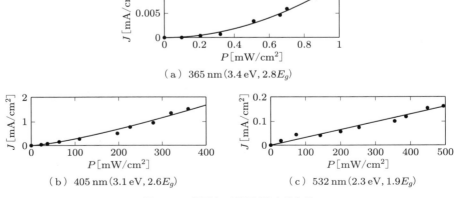

(a) 365 nm (3.4 eV, 2.8E_g)

(b) 405 nm (3.1 eV, 2.6E_g)

(c) 532 nm (2.3 eV, 1.9E_g)

図 6.57 光電流の光照射強度依存性

強度の増大とともに光電流は急激に増大する．短波長で観測される非線形的な電流の増大は，一つの高エネルギーフォトンの吸収で2個以上の励起子が生成される多重励起子生成と関係があると考えられる．多重励起子生成型太陽電池の実現に向けた研究開発が活発に推進されている．

6.3 ナノ結晶

6.3.1 Si ナノ結晶

Si ナノ結晶は，単電子デバイスに用いる量子ドットの材料として利用される．Si 量子ドットの作製法として，電子線リソグラフィーや異方性エッチングを用いたトップダウンによる方法があるが，プラズマ CVD 法により気相中で作製する方法も開発されている[113]．この方法では，分子線エピタキシー装置を用い，クヌーセンセルの代わりにオリフィスを設けたプラズマセルを取り付け，Si ナノ結晶が堆積する雰囲気を超高真空にしている．プラズマセル内では，VHF 帯 (144 MHz) の高周波放電によりシラン (SiH_4) と水素の混合ガスプラズマを生成し，Si ナノ結晶を成長する．ナノ粒子のサイズはセル内のガスの滞在時間が長いほど大きく，拡散律速により成長していると考えられている．また，ナノ粒子の密度は混合ガス中の水素の割合が大きいほど高く，水素がナノ結晶表面のダングリングボンドを終端することにより成長が抑制され，核発生が増加したと考えられている．ナノ結晶は凝集することなく，オリフィスを通って真空槽内の基板表面に堆積する．さらに，SiH_4 ガスをパルス状に導入して，結晶の核発生と成長の過程を分けて粒子サイズを制御し，8 ± 1 nm の均一なサイズの Si ナノ結晶が得られている．こうした Si ナノ結晶作製法により，単電子トランジスタ[114, 115]や，冷電子エミッタ[116]が試作されている．

VHF 帯高周波容量結合型のマイクロプラズマを用いてオルトケイ酸テトラエチル (TEOS, $(C_2H_5O)_4Si$) を分解し，可視光吸収・発光デバイスに用いる量子ドットとしての Si ナノ結晶の合成も行われている[117]．

6.3.2 ナノダイヤモンド

基板上にナノダイヤモンドを作製した例は多いが，気相中で均質核生成（接触面のまったくない場合の核生成）によりナノダイヤモンドを作製した研究は少ない．安定して結晶成長を続ける臨界核形成のための活性化エネルギーは，粒子が接する面の数が少ないほど大きいため，接触面がないとき（つまり空間中で）の核生成は基板上よりも起きにくい[118]．また，ダイヤモンドの CVD 合成では水素で希釈したメタン（CH_4）

が原料ガスとして用いられるが，Si 結晶を作製する SiH_4 に比較して核生成が起きにくい[118]．したがって，均質核生成によりダイヤモンド核を生成するには，炭素濃度の過飽和度がきわめて大きくなければならない．

ジクロルメタン（CH_2Cl_2）と酸素の混合ガス中でマイクロ波プラズマによる CVD 反応により，ダイヤモンドナノ粒子の均質核生成に成功したとの報告がある[119]．作製されたナノダイヤモンドのサイズは 50 nm 程度で，最大のものは 0.2 μm であった．電子線回折からは，結晶構造は六方晶ダイヤモンドで大多数が 6H（結晶多形のタイプを表し，最密充填構造の結晶面が ABCACB の順に積層）であった．

また，Ar ガスで希釈したアセチレン（C_2H_2）を反応ガスとして，直流アークプラズマにより，サイズ 0.2〜0.3 μm の立方晶ダイヤモンドの粉末を合成した例もある[120]．

6.3.3　化合物ナノ結晶

プラズマを利用した均質核発生により，Si やダイヤモンドのような単体以外に，半導体的性質を有する化合物ナノ結晶も合成されている．

cBN（立方晶窒化ホウ素）は，バンドギャップがダイヤモンドよりも大きい III-V 族の化合物半導体で，p 型および n 型の制御も可能であり，ワイドギャップの発光デバイス用材料として期待されている．しかし，常圧や減圧下での平衡相は hBN（六方晶窒化ホウ素）のため，CVD 法による合成では何らかの制御が必要となる．Ar 雰囲気中の焼結 hBN をターゲットとしたパルスレーザー蒸発法と，アンモニアガスの変調高周波誘導結合プラズマトーチ CVD 法とを組み合わせ，レーザー発振とプラズマ発生を同期することにより，cBN のナノ結晶の気相均質核生成による合成が可能となった[121, 122]．こうして作製された BN は，結晶多形のタイプが 5H と特異な構造をもつことがわかっている．

II-VI 族の化合物半導体 ZnS や，酸化物半導体 MgO，TiO_2 などのナノ結晶も，プラズマを利用した気相均質核発生により作製されている．これらは，高周波熱プラズマ[123]，高周波インパルス・マイクロプラズマ[124]，液中衝撃プラズマ[125] など，過飽和度の高い条件下で成長が行われている．

参考文献

[1] 三重野哲：アーク放電を用いたフラーレン類の合成，プラズマ核融合学会誌小特集，プラズマ核融合学会，75 巻，895 (1999)．

[2] 三重野哲，高塚博幸，粂川恵理子，桜井厚，浅野勉：閉鎖容器中アーク放電によるバックミンスターフラーレンの合成と結晶成長，*J. Plasma Fusion Res.*, **69**, 793 (1993)．

[3] T. Mieno, D. Yamane: *J. Plasma Fusion Res.*, **74**, 1444 (1998)．

[4] Md. K. H. Bhuiyan, T. Mieno: *Jpn. J. Appl. Phys.*, **41**, 314 (2002).
[5] S. Aoyama, T. Mieno: *Jpn. J. Appl. Phys.*, **38**, L267 (1999).
[6] T. Mieno, A. Sakurai, H. Inoue: *Fullerene Sci. Technol.*, **4**, 913 (1996).
[7] 東洋炭素社，日本電極社では，受注で原料炭素を作製している．
[8] T. Mieno: *Jpn. J. Appl. Phys.*, **37**, L761 (1998).
[9] 篠原久典，齋藤弥八：フラーレンの化学と物理，p.191，名古屋大学出版会 (1997).
[10] S. Iijima, T. Ichihashi: *Nature*, **363**, 603 (1993).
[11] T. Mieno, N. Matsumoto, M. Takeguchi: *Jpn. J. Appl. Phys.*, **43**, L1527 (2004).
[12] J. Gavillet, A. Loiseau, C. Journet, F. Willamine, F. Ducastelle, J. C. Charlier: *Phys. Rev. Lett.*, **87**, 275504 (2001).
[13] E. Joselevich, H. Dai, J. Liu, K. Hata, A. H. Windle: *Carbon Nanotubes* (ed. A. Jorio, M. S. Dresselhaus, G. Dresselhaus), Springer, 2008, 107.
[14] K. H. Maria, T. Mieno：*Jpn. J. Appl. Phys.*, **55**, 01AE04 (2016).
[15] 小塩明：カーボンナノチューブ被覆銅ナノワイヤーの高効率製造法，コンバーテック，**4**，102 (2009).
[16] H. M. Kroto, J. R. Heath, S. C. O'Brien, R. F. Curl, R. E. Smalley: *Nature*, **318**, 162 (1985).
[17] A. Thess, R. Lee, P. Nikolaev, H. J. Dai, P. Petit, J. Robert, C. Xu, Y. H. Lee, S. G. Kim, A. G. Rinzler, D. T. Cobert, G. E. Scuseria, D. Tomanek, J. E. Fischer, R. E. Smalley: *Science*, **273**, 483 (1996).
[18] T. Ishigaki, S. Suzuki, H. Kataura, W. Krätschmer, Y. Achiba: *Appl. Phys. A*, **70**, 121 (2000).
[19] M. Yudasaka, T. Ichihashi, S. Iijima: *J. Phys. Chem. B*, **102**, 10201 (1998).
[20] H. M. Cheng, F. Li, G. Su, H. Y. Pan, L. L. He, X. Sun, S. Dresselhaus: *Appl. Phys. Lett.*, **72**, 3282 (1998).
[21] G. G. Tibbetts: *J. Crystal Growth*, **66**, 632 (1984).
[22] Y. Hayashi, A. Shinawaki, S. Nishino, Y. Tanaka, M. Morita: *Jpn. J.Appl. Phys.*, **43**, L1237 (2004).
[23] Y. Hayashi, M. Imano, Y. Mizobata, K. Takahashi: *Plasma Sources Sci. Technol.*, **19**, 034019 (2010).
[24] Y. Hayashi, M. Imano, Y. Kinoshita, Y. Kimura, Y. Masaki: *Jpn. J. Appl. Phys.*, **50**, 08JF09 (2011).
[25] 化学工業会超臨界流体部会編：超臨界流体入門，丸善 (2008).
[26] 物理学大辞典編集委員会編：物理学大辞典 第2版，p.1782，丸善 (1999).
[27] 宮副裕之，シュタウススヴェン，寺嶋和夫：直流および交流プラズマ，プラズマ・核融合学会誌小特集，**86**，305 (2010).
[28] S. Stauss, H. Miyazoe, T. Shizuno, K. Saito, T. Sasaki, K. Terashima: *Jpn. J. Appl. Phys.*, **49**, 070213 (2010).
[29] 斎藤健一：超臨界流体中でのパルスレーザーアブレーションによる光機能性ナノ構造体の創製，プラズマ・核融合学会誌小特集，**86**，328 (2010).
[30] 喜屋武毅，猪原武士，秋山秀典，原優雅典：超臨界流体の誘電・放電・プラズマ特性，プ

ラズマ・核融合学会誌小特集, **86**, 317 (2010).
[31] S. Nakahara, S. Stauss, T. Kato, T. Sasaki, K. Terashima: *J. Appl. Phys.*, **109**, 123304 (2011).
[32] S. Iijima: *Nature*, **354**, 56 (1991).
[33] E. G. Gamaly and T. W. Ebbesen: *Phys. Rev. B*, **52**, 2083 (1995).
[34] X. Zhao, Y. Liu, S. Inoue, T. Suzuki, R. O. Jones, and Y. Ando: *Phys. Rev. Lett.*, **92**, 125502 (2004).
[35] D. S. Bethune, C. H. Kiang, M. S. Vries, G. Gorman, R. Savoy, J. Vazquez, and R. Beyers: *Nature*, **363**, 605 (1993).
[36] C. Journet, W. K. Maser, P. Bernier, A. Loiseau, M. L. Chapelle, S. Lefrant, P. Deniard, R. Lee, and J. E. Fischer: *Nature*, **388**, 756 (1997).
[37] X. Zhao, S. Inoue, M. Jinno, T. Suzuki and Y. Ando: *Chem. Phys. Lett.*, **373**, 266 (2003).
[38] T. Sugai, H. Yoshida, T. Shimada, T. Okazaki, H. Shinohara, and S. Bandow: *Nano Lett.*, **3**, 769 (2003).
[39] S. Kuwahara, S. Akita, M. Shirakihara, T. Sugai, Y. Nakayama, and H. Shinohara: *Chem. Phys. Lett.*, **429**, 581 (2006).
[40] D. Ugarte: *Nature*, **359**, 707 (1992).
[41] R. S. Ruoff, D. C. Lorents, B. Chan, R. Malhotra, S. Subramoney: *Science*, **259**, 346 (1993).
[42] K. C. Hwang: *J. Phys. D: Appl. Phys.*, **43**, 374001 (2010).
[43] B. R. Elliott, J. J. Host, V. P. Dravid, M. T. Teng, J.-H. Hwang: *J. Mater. Res.*, **12**, 3328 (1997).
[44] Y. C. Liang, K. C. Hwang, and S. C. Lo: *Small*, **4**, 405 (2008).
[45] Y. L. Hsin, C. F. Lin, Y. C. Liang, K. C. Hwang, J. C. Horng, J. A. Ho, C. C. Lin, and J. R. Hwu: *Adv. Funct. Mater.*, **18**, 2048 (2008).
[46] Y. Chai, T. Guo, C. Jin, R. E. Hautier, L. P. Chibante, J. Fure, L. Wang, J. M. Alford, and R. E. Smalley: *J. Phys. Chem.*, **95**, 7564 (1991).
[47] S. Suzuki, S. Kawata, H. Shiromaru, K. Yamauchi, K. Kikuchi, T. Kato, and Y. Achiba: *J. Phys. Chem.*, **96**, 7159 (1992).
[48] Z. Wang, Y. Nakanishi, S. Noda, H. Niwa, J. Zhan, R. Kitaura, and H. Shinohara: *Angew. Chem. Int. Ed.*, **52**, 11770 (2013).
[49] H. Shinohara, H. Sato, M. Ohkohchi, Y. Ando, T. Kodama, T. Shida, T. Kato, and Y. Saito: *Nature*, **357**, 52 (1992).
[50] E. Nishibori, M. Ishihara, M. Takata, M. Sakata, Y. Ito, T. Inoue and H. Shinohara: *Chem. Phys. Lett.*, **433**, 120 (2006).
[51] Y. Iiduka, T. Wakahara, T. Nakahodo, T. Tsuchiya, A. Sakuraba, Y. Maeda, T. Akasaka, K. Yoza, E. Horn, T. Kato, M. T. H. Liu, N. Mizorogi, K. Kobayashi, and S. Nagase: *J. Am. Chem. Soc.*, **127**, 12500 (2005).
[52] M. Mikawa, H. Kato, M. Okumura, M. Narazaki, Y. Kanazawa, N. Miwa, and H. Shinohara: *Bioconjugate Chem.*, **12**, 510 (2001).

[53] K. Kobayashi, M. Kuwano, K. Sueki, K. Kikuchi, Y. Achiba, H. Nakahara, N. Kananishi, M. Watanabe, K. Tomura,: *J. Radioanal. Nuc. Chem.*, **192**, 81 (1995).
[54] S. Iijima, M. Yudasaka, R. Yamada, S. Bandow, K. Suenaga, F. Kokai, and K. Takahashi: *Chem. Phys. Lett.*, **309**, 165 (1999).
[55] D. Kasuya, M. Yudasaka, K. Takahashi, F. Kokai, and S. Iijima: *J. Phys. Chem., B* **106**, 4947 (2002).
[56] M. Ikeda, H. Takikawa, T. Tahara, Y. Fujimura, M. Kato, K. Tanaka, S. Itoh, and T. Sakakibara: *Jpn. J. Appl. Phys.*, **41**, L852 (2002).
[57] N. Li, Z. Wang, K. Zhao, Z. Shi, Z. Gu, and S. Xu: *Carbon*, **48**, 1580 (2010).
[58] H. Wang, M. Chhowalla, N. Sano, S. Jia, and G. A. J. Amaratunga: *Nanotechnol.*, **15**, 546 (2004).
[59] N. Sano: *J. Phys. D: Appl. Phys.*, **37**, L17 (2004).
[60] N. Sano, T. Suzuki, K. Hirano, Y. Akita, and H. Tamon: *Plasma Sources Sci. Technol.*, **20**, 034002 (2011).
[61] K. Ajima, T. Murakami, Y. Mizoguchi, K. Tsuchida, T. Ichihashi, S. Iijima, and M. Yudasaka: *ACS Nano*, **2**, 2057 (2008).
[62] M. Zhang, T. Murakami, K. Ajima, K. Tsuchida, A. S. D. Sandanayaka, O. Ito, S. Iijima, and M. Yudasaka: *Proc. Natl. Acad. Sci. USA*, **105**, 14773 (2008).
[63] B. M. I. van der Zande, M. R. Böhmer, L. G. J. Fokkink, C. Schönenberger: *J. Phys. Chem. B*, **101**, 852 (1997).
[64] S. Link, M. B. Mohamed, and M. A. El-Sayed: *J. Phys. Chem. B*, **109**, 3073 (1999).
[65] S.-S. Chang, C.-W. Shih, C.-D. Chen, W.-C. Lai, and C. R. C. Wang: *Langmuir*, **15**, 701 (1999).
[66] M. T. Reetz and W. Helbig: *J. Am. Chem. Soc.*, **116**, 7401 (1994).
[67] Y. Y. Yu, S. S. Chang, C. L. Lee, and C. R. C. Wang: *J. Phys. Chem. B*, **101**, 6661 (1997).
[68] N. R. Jana, L. Gearheart, and C. J. Murphy: *Chem. Commun.*, **2001**, 617 (2001).
[69] N. R. Jana, L. Gearheart, and C. J. Murphy: *J. Phys. Chem. B*, **105**, 4065 (2001).
[70] Y. Niidome, K. Nishioka, H. Kawasaki, and S. Yamada: *Chem. Commun.*, **2003**, 2376 (2003).
[71] D. H. Meadows, D. L. Meadows, J. Randers, W. W. Berhrens III: *The Limits to Growth; a Report for the Club of Rome's Project on the Predicament of Mankind*, Universe Books, 1972.
[72] E. Pestel: *Beyond the Limits to Growth: A Report to the Club of Rome*, Universe Books, 1989.
[73] D. H. Meadows, J. Randers, D. L. Meadows: *The Limits to Growth: The 30-year Update*, Earthscan, 2004.
[74] 日本化学会編：超微粒子――科学と応用（化学総説 48），p.13, 学会出版センター (1985).
[75] V. Rotello: *Nanoparticles*, p.1, Springer (2004).
[76] S. Nunomura, K. Koga, M. Shiratani, Y. Watanabe, Y. Morisada, N. Matsuki,

and S. Ikeda: *Jpn. J. Appl. Phys.*, **44**, L1509 (2005).
[77] M. Shiratani, T. Kakeya, S. Nunomura, K. Koga, Y. Watanabe, and M. Kondo: *Trans. Mater. Res. Soc. Jpn.*, **30**, 307 (2005).
[78] K. Tachibana and Y. Hayashi: *Pure Appl. Chem.*, **68**(1996)1107.
[79] 日本化学会編：超微粒子—科学と応用（化学総説 48），p.47, 学会出版センター (1985).
[80] 高柳邦夫，大島義文，三留正則：数理科学, **352**, 56 (1992).
[81] S. Veprek, Z.Iqbal, and F. A. Sarott: *Phi. Mag. B*, **45**, 137 (1982).
[82] M. Shiratani, S. Maeda, K. Koga, and Y. Watanabe: *Jpn. J. Appl. Phys.*, **39**, 287 (2000).
[83] A.P. Hatzes, F. Bridges, D.N.C. Lin, and S. Sachtjen: *Icarus*, **89**, 113 (1991).
[84] K. Koga, R. Uehara, R. Kitaura, M. Shiratani, Y. Watanabe, and A. Komori: *IEEE Trans. Plasma Sci.*, **32**, 405 (2004).
[85] S. Iwashita, H. Miyata, K. Koga, M. Shiratani, N. Ashikawa, K. Nishimura, A. Sagara, and the LHD experimental group: *J. Plasma Fusion Res.*, **8**, 308 (2009).
[86] R. Jullien and R. Botet: *Aggregation and Fractal Aggregates*, World Scientific (1987).
[87] J. J. Lissauer: *Annu. Rev. Astron. Astrophys.*, **31**, 129 (1993).
[88] S. Nunomura, M. Shiratani, K. Koga, M. Kondo, and Y. Watanabe: *Phys. Plasmas*, **15**, 080703 (2008).
[89] S. Nunomura, M. Kita, K. Koga, M. Shiratani, and Y. Watanabe: *J. Appl. Phys.*, **99**, 083302 (2006).
[90] Y. Matsuoka, M. Shiratani, T. Fukuzawa, Y. Watanabe, and K-S Kim: *Jpn. J. Appl. Phys.*, **38**, 4556 (1999).
[91] A.Ivlev et al.: *Phys. Rev. Lett.*, **90**, 055003 (2003).
[92] L. Couedel, M. Mikkian, L. Boufendi and A.A. Samarian: *Phys. Rev. E*, **74**, 026403 (2006).
[93] W.C. Hinds: *Aerosol Technology*, p.153, Wiley (1982).
[94] S. Nunomura, T. Misawa, N. Ohono, and S. Takamura: *Phys. Rev. Lett.*, **83**, 1970 (1999).
[95] K. Koga, S. Iwashita, and M. Shiratani: *J. Phys. D: Appl. Phys.*, **40**, 2267 (2007).
[96] M. Shiratani, K. Koga, S. Iwashita, and S. Nunomura: *Faraday Discuss.*, **137**, 127 (2008).
[97] R. D. Schaller and V.I. Klimov: *Phys. Rev. Lett.*, **92**, 186601 (2004).
[98] M. C. Beard, K. P. Knutsen, P. Yu, J. M. Luther, Q. Song, W. K. Metzger, R. J. Ellingson, and A. J. Nozik : *Nano Lett.*, **7**, 2506 (2007).
[99] D. L. Liu and P. V. Kamat: *J. Phys. Chem.*, **97**, 10769 (1993).
[100] L. J. Diguna, Q. Shen, J. Kobayashi, and T. Toyoda: *Appl. Phys. Lett.*, **91**, 023116 (2007).
[101] Y.-L. Lee, B.-M. Huang, and H.-T. Chien: *Chem. Mater.*, **20**, 6903 (2008).
[102] Y.-L. Lee and Y.-S. Lo: *Adv. Funct. Mater.*, **19**, 604 (2009).
[103] S.-Q. Fan, D. Kim, J.-J. Kim, D. W. Jung, S. O. Kang, and J. Ko: *Electrochem.*

Commun., **11**, 1337 (2009).

[104] S.-Q. Fan, B. Fang, J. H. Kim, J.-J. Kim, J.-S. Yu, and J. Ko: *Appl. Phys. Lett.*, **96**, 063501 (2010).

[105] K. Kawashima, K. Nakahara, H. Sato, G. Uchida, K. Koga, M. Shiratani, and M. Kondo: *Trans. Mater. Res. Soc. Jpn.*, **35**, 597 (2010).

[106] G. Uchida, Y. Kawashima, K. Yamamoto, M. Sato, K. Nakahara, T. Matsunaga, D. Yamashita, H. Matsuzaki, K. Kamataki, N. Itagaki, K. Koga, and M. Shiratani : *Phys. Stat. Sol. (c)*, **8**, 3021 (2011).

[107] G. Uchida, K. Yamamoto, M. Sato, Y. Kawashima, K. Nakahara, K. Kamataki, N. Itagaki, K. Koga, and M. Shiratani : *Jpn. J. Appl. Phys.*, **51**, 01AD01 (2012).

[108] M. Shiratani, G. Uchida, H. Seo, D. Ichida, K. Koga, N. Itagaki, and K. Kamataki: *Mater Sci Forum*, **783**, 2022 (2014).

[109] D. Ichida, G. Uchida, H. Seo, K. Kamataki, N. Itagaki, K. Koga, and M. Shiratani: *J. Phys. Conf. Ser.*, **518**, 012002 (2014).

[110] P. Chewchinda, K. Hayashi, D. Ichida, H. Seo, G. Uchida, M. Shiratani, O. Odawara, and H. Wada: *J. Phys. Conf. Ser.*, **518**, 012023 (2014).

[111] H. Seo, D. Ichida, S. Hashimoto, G. Uchida, N. Itagaki, K. Koga, and M. Shiratani: *Jpn. J. Appl. Phys.*, **54**, 01AD02 (2015).

[112] M. Shiratani, K. Koga, S. Iwashita, G. Uchida, N. Itagaki, and K. Kamataki: *J. Phys. D*, **44**, 174038 (2011).

[113] T. Ifuku, M. Otobe, A. Itoh and S. Oda : *Jpn. J. Appl. Phys.*, **36**, 4031 (1997).

[114] A. Dutta, S. Oda, Y. Fu and M. Willander :*Jpn. J. Appl. Phys.*, **39**, 4647 (2000).

[115] A. Dutta, Y. Hayafune and S. Oda :*Jpn. J. Appl. Phys.*, **39**, L855 (2000).

[116] K Nishiguchi, X. Zhao and S. Oda : *J. Appl. Phys.*, **92**, 2748 (2002).

[117] T. Nozaki and K. Okazaki : *Pure Appl. Chem.*, **78**, 1157 (2006).

[118] 後藤芳彦：日本結晶成長学会誌, **11**, 147 (1984)

[119] M. Frenklach, R. Kematick, D. Huang, W. Howard, K. E. Spear, A. W. Phelps and R. Koba : *J. Appl. Phys.*, **66**, 395 (1989).

[120] T. Chonan, M. Uemura, S. Futaki and S. Nishii : *Jpn. J. Appl. Phys.*, **28**, L1058 (1989).

[121] S. Komatsu, Y. Shimizu, Y. Moriyoshi, K. Okada and M. Mitomo : *Appl. Phys. Lett.*, **79**, 188 (2001).

[122] S. Komatsu, K. Kurashima, H. Kanda, K. Okada, M. Mitomo, Y. Moriyoshi, Y. Shimizu, M. Shiratani, T. Nakano and S. Samukawa : *Appl. Phys. Lett.*, **81**, 4547 (2002).

[123] J. Li, R. Büchel, M. Isobe, T. Mori and T. Ishigaki : *J. Phys. Chem. C*, **113**, 8009 (2009).

[124] T. Muraoka and S. Iizuka : *Jpn. J. Appl. Phys.*, **48**, 025501 (2009).

[125] E. Omurzak, J. Jasnakunov, N. Mairykova, A. Abdykerimova, A. Maatkasymova, S. Sulaimankulova, M. Matsuda, M. Nishida, H. Ihara and T. Mashimo : *J. Nanoscience and Nanotechnology*, **7**, 3157 (2007).

第7章 計測技術とプロセス解析

　化学気相堆積 (CVD) 法やエッチングのプラズマプロセスには，反応分子の解離，気相中でのラジカルの輸送，基板での表面反応など，それぞれ複雑な物理現象や化学反応が関係している．目的とする材料を得るためには，これらの過程を解析し，その結果に基づいて制御することが肝要であるが，現状では，計測技術に限界があり，すべてを理解することは難しい．しかし，限定された条件内でも計測・解析することは意義があり，継続した努力を必要としている．プロセス解析により得られた知見は，ナノ材料プロセスの精密な制御を可能にするためだけでなく，新しいプロセスの開発に対する指針ともなり得る．

　7.1 節では，気相空間中の解析方法として，プラズマ中の原子・分子・ラジカルや電子・イオンなどに関する物理的な諸量を測定するためによく用いられる，探針法およびレーザー分光法について述べる．7.2 節では，表面状態の解析法として，プロセスに攪乱を与えないでその場観測を行うことのできる，光を利用したフーリエ変換赤外分光法や偏光解析法について述べる．7.3 節では，気相中で生成し成長するナノ粒子や微粒子の量・密度・サイズ・屈折率および成長形態を解析する方法として，レーザー光散乱を利用する方法，および静電プローブ（探針）や高周波プラズマのセルフバイアス測定を利用した電気的計測法について述べる．

7.1 気相計測

　材料の作製・加工プロセスでプラズマを利用する際に，それを特徴づけるプラズマやプロセスの内部パラメータ（電子密度，イオン密度，電子温度，原子・分子・ラジカルの種類や密度など）を知ることができれば，プラズマプロセスを制御する指針が得られる．装置の操作条件（外部パラメータ）を設定して，内部パラメータが変わる様子を認識することができれば，それらと，作製される材料の性質との相関が得られる．ただし，反応性ガスを使う実際のプラズマプロセスでは内部パラメータを測定することは難しい．多くの場合，利用するプロセスに近い装置や状態において測定された値，もしくは報告されている値を参考に，実際に利用するプラズマプロセスの内部

パラメータを推測するに留まる．これには，反応性ガスを使用するプラズマプロセスにおける内部パラメータの測定の困難さに加えて，測定法自体が高度で難しいということが関係している．

7.1.1 探針法

電子密度やイオン密度，電子温度を測定するためのもっとも簡便な計測法としては探針法が挙げられる．探針法は，プラズマ中に探針を挿入し，探針に与える電位を変えながら探針に流れ込む電流を測定することにより，数々のプラズマパラメータを算出する方法である[†]．本節では，探針による測定の際に留意すべき点などについて述べる．

(1) シースと探針

探針の周りにはシースが形成され，電子やイオンはそれを介してプラズマから探針へ到達する．形成されるシースの様子を的確に理解し，探針に流れ込む電流をより正確に見積もることが必要である．多くの場合では，電子およびイオンのエネルギーがマクスウェル分布で与えられるプラズマが仮定される．また，ガス圧力が低く（13 Pa 程度以下），電子とイオンの平均自由行程がシース厚に比べて十分に大きい場合，すなわちシースの中で電子やイオンと中性粒子との衝突を無視できる状況について考えられる．いわゆる古くから伝えられる基本的な探針法に従う際には，探針の半径 R とプラズマの特性長であるデバイ長 λ_D との関係において，$R > \lambda_D$ が成り立つことが前提となる．たとえば，計測の精密さを探針を小さくすることに求める場合，それほど厳密ではなくともこの前提をある程度加味しなければならない．装置等の制約から，正に $R \ll \lambda_D$ なる探針が必要である場合には，その条件に適した電流の見積もり方によらなければならないことになる．基本的な探針法に従う場合の重要な条件は，下記のようなものとなる．

- プラズマにおいて，電子とイオンのエネルギー分布はマクスウェル統計に従う．
- 電子とイオンの平均自由行程 λ は，シース厚 d および探針の半径 R より十分に大きい ($\lambda \gg d, R$)．
- 探針の半径 R はデバイ長より大きい ($R > \lambda_D$)．

これらより，期待されるプラズマの密度および温度からあらかじめデバイ長を計算し，それに応じた大きさを探針にもたせなければならないことがわかる．測定する前

[†] 探針法を解説する良書は巷にあふれている[1-7]．とりあえず良書を開き，適当な探針と電源，電圧計等を用意すれば，何らかの値は得られる．しかし最初から，利用するプロセスプラズマのプラズマパラメータそのものを的確に得ることは難しい．そこでたとえば，希ガスの直流放電によるプラズマの探針測定から始めることをすすめる．簡単なプラズマにおける測定に慣れてくれば，探針測定とプラズマへの理解が深まり，実際のプロセスプラズマの理解がより確かなものとなる．

からそこでのプラズマパラメータの推測値が要求されるため，より正確な計測には，実測と実測値に応じた探針の設計を繰り返すことが必要不可欠である．

また，探針を設計するとき，プラズマの大きさがどの程度であるか，またプラズマの大きさに対して周りのシースの厚さも含めた探針の大きさが占める割合を想像することが大切である．計測では，探針の電圧を数十 V の範囲で変化させるが，これによって変化するシースの厚さをおおよそ見積もり，計測に支障のない探針とすることが必要である．高電圧シースのモデル（2.1.2 項）より，探針計測を行おうとするプラズマのプラズマ密度と電子温度の推測値から，シース厚を算出することができる．

ここでの計算は十分に大きな面積をもつ平板導体の表面に形成されるシースについてである．ところが，探針計測にて実際に用いる電極の面積は有限であり，シースもその影響を受けると考えられる．たとえば，平板の端ではシースは曲面をなし，電流の捕集面積は平板の面積よりも大きくなる．この効果により電流は多く流れ，電子密度と電子温度が増えることと見かけは同等になる．したがって，シース厚はこの効果の分だけ小さく見積もられることになる．また，探針計測に用いられる電極の形状については，技術的な便宜上，平板形であるよりも円筒形である場合の方が多い．円筒形の電極を用いるとき，シースの表面積はシース半径に比例し，電極の半径がシース半径を算出する際の重要な因子となる．このことから，円筒電極の周りのシースの厚さを計算する場合，平板電極を扱う場合に比べて，若干複雑な手続きを要するが，平板電極を仮定して算出したシースの厚さの値は，円筒電極を仮定した場合の値を超えず，またその差は実用上の長さスケールと比べると十分に小さい．したがって，実際に探針の形状やプラズマ中での配置を決めるうえでは，比較的簡単に計算できる平板金属の場合のシースの厚さの値でも十分な指標を与えるものと考えられる．

(2) 計測の実際

探針計測を解説する文献に示されている計測回路としては，図 7.1 に示す二つのうちのどちらかが多い．図 (a) では，探針は電池や適当な電源を用いた可変電圧源に接続され，抵抗を介して接地されている．探針を流れる電流の値は，抵抗の両端の電圧を測定することにより求められる．抵抗の値は，$10\,\Omega \sim 10\,\mathrm{k}\Omega$ の範囲から選択されることが多く，電流を測定するためにその抵抗に接続される計器は接地されるので，信号にノイズが入ることもない．ただし，電圧源が接地から浮動になるため，容量の小さい電池では電位を変えることが困難となる．また，既製の電源を接地せずに使用することは，感電等の危険を伴う．さらに，交流波形で電位を変化させて繰り返し計測するときには，電圧源と接地間の容量により周波数特性が悪くなり，電圧源やそれに接続する電源ライン等からのスプリアスが信号に混入しやすくなることが予想される．

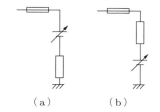

図7.1 探針計測の電気回路（探針，可変電圧源，電流検出抵抗の配置）

これらのことを考えると，図(b)のように電圧源を接地した方が回路の使い勝手はよくなる．ただし，電流を検出するために抵抗の両端の電圧を測定する際には，絶縁増幅器が必要となり，使用する計測機器類は複雑になる．また，探針の電位を測定する際，用いる電圧計やオシロスコープの内部インピーダンス，機器の端子や配線の寄生容量等の影響を考えれば，抵抗の探針側ではなく電圧源側に計測器を接続し，その測定値を用いて探針の電位を知ることが必要となる．

図7.2に探針計測を試みた例を示す．内径30 mmのガラス管にArガスを封入し，直流放電によりプラズマを発生させる．ガス圧力は16 Paで，放電電圧と電流はそれぞれ1 kVと1 mAである．このとき，電子の平均自由行程は2.8 mmである[†]．また，放電条件から，得られるプラズマの電子密度は低いと予想されるが，それを知るためのものとして初歩的な計測を行うものとする．通常の計測において探針には，探針の表面を正常に保ち，電流による焼損を避けるためにタングステン線が用いられることが多い．ここでは，太い探針が要求されることを考慮し，加工が容易であるステンレス線を使用している（直径1 mm，長さ10 mm）．計測回路を図7.1(b)に従うことと

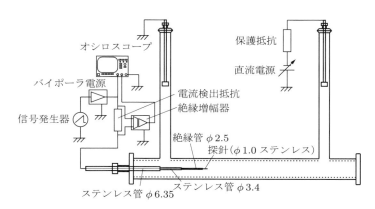

図7.2 計測装置の例

[†] 圧力pのときの電子の平均自由行程 λ [cm] $= 4.40/p$ [Pa]

し，得られる電流がそれほど大きくないことを加味して，抵抗の値は $10\,\mathrm{k\Omega}$ とする．

ここで得られた探針の I_p–V_p 特性を図 7.3 に示す．探針の電流は電子電流とイオン電流の和で与えられる．

$$\pm I_p = -I_e + I_i \tag{7.1}$$

探針の電位を負の方向から正の方向へ変化させるとき，最初に電流のほとんどがイオン電流で与えられる領域が存在する．図 7.4 に示されるように，$V_p = -45\,\mathrm{V}$ から $-35\,\mathrm{V}$ 付近までイオン電流は線形に増加している．これは探針の周りのシースの厚さが電圧によって変化し，それに応じて捕集される電流の大きさが変化することを表している．$V_p = -35\,\mathrm{V}$ 付近で，電流の変化の傾向が線形ではなくなり，I_p に電子電流の成分が現れ始めることがわかる．この点の I_p の値が，イオン飽和電流 I_{i0} の値に相当する．探針の電位をさらに正の方向へ変化させると，探針に流入するイオン電流と電子電流が等しくなる ($I_p = 0$) 点があり，その点の電位が浮動電位 V_f である ($V_f = -29\,\mathrm{V}$)．その後，探針電流が指数関数的に増加し，マクスウェル統計に従う電子による電子電流がそれに寄与することが示唆される．電子のフラックスがイオンのそれに比べてきわめて大きいために，この領域では見かけ上 I_p のほとんどが電子電流で与えられている．やがて，I_p の変化の傾向が変わるが，この傾向が変わる点付近の電位がプラズマの空間電位 V_s であり ($V_s = -16\,\mathrm{V}$)，このときの電流が電子飽和電流に相当する．探針の電位が V_s よりも正となる領域では，電子が探針に引き寄せられる一方でイオンは跳ね返され，探針の周りには電子シースが形成される．

図 7.4 より，イオン飽和電流の値は，$I_{i0}=0.0046\,\mathrm{mA}$ である．この分を探針電流から差し引くことにより，I_e–V_p 特性が得られる (図 7.5)．基本的な探針法が従う条件の下で，電子電流 I_e の値は，電位がプラズマの空間電位 V_s より負になる領域において，

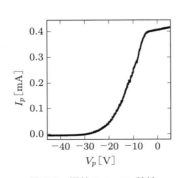

図 7.3　探針の I_p–V_p 特性

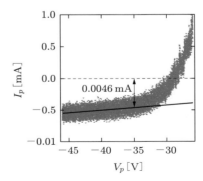

図 7.4　I_p–V_p 特性における $V_p = -35\,\mathrm{V}$ 付近の拡大図

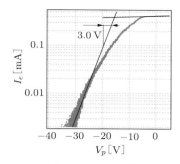

図 7.5 I_e–V_p 特性

$$I_e(V_p) = I_{e0} \exp\left(-\frac{eV_p}{k_B T_e}\right) \tag{7.2}$$

と表される．これより次式が得られ，片対数で表示した I_e–V_p 特性よりただちに電子温度が求められる．

$$\frac{d}{dV_p} \ln I_e(V_p) = -\frac{e}{k_B T_e} \tag{7.3}$$

図 7.5 より求められる電子温度は，T_e=3.0 eV である．ところで，イオン飽和電流 I_{i0} は，次式で与えられるシース端で観測される電流である．

$$I_{i0} = 0.61 n_i e \sqrt{\frac{k_B T_e}{m_i}} S \tag{7.4}$$

ここで，S は探針の表面積である．これよりイオン密度 n_i を計算することができ，プラズマの電気的中性条件からこの値で電子密度を決めることができる．ここで求められる値は，$n_i = n_e = 5.5 \times 10^8 \text{ cm}^{-3}$ である．実際の計測では，プラズマの空間電位よりも 20 V 程度低い電位を探針に与えているが，このときのシースの厚さは 2.2 mm と見積もられる．この値は，電子の平均自由行程よりも小さく，シース内での電子の衝突を無視してもよいとする条件を満たす．一方でデバイ長 λ_D は 0.55 mm であり，これは探針の半径 R と同程度であることから，一般的には，もう少し太い探針を用いる方が望ましいといえる．

(3) 探針を用いた微粒子プラズマの計測

プロセスプラズマにおける探針計測は，探針の汚染やプラズマを励起する高周波等の問題により非常に困難なものとなる．これに対し，様々な工夫が施され，プラズマパラメータを測定する努力が続けられている[6, 7]．近年，気相にナノ粒子や微粒子を含むプラズマが注目されるようになったが，このようなプラズマについても計測は困

難であり，明確に解決策が示されるまでには至っていない．微粒子を含むプラズマにおいて，一般的に微粒子は負に帯電する．微粒子の電位は浮動電位であると考えられるが，微粒子が存在する中での探針の電位を操作すると，それに応じて微粒子の挙動は大きく変化する．さらには，電位の操作によって引き寄せられた微粒子が探針に衝突することもあり，微粒子の存在は探針の表面の状態にも影響を与える．このような状況で，微粒子を含むプラズマそのもののプラズマパラメータを探針法により的確に測定する例はあまりない．ここでは，電子密度を測定することにより，微粒子がプラズマに与える影響を評価した実験について紹介する．図 7.6 では，平行平板型の電極に 13.56 MHz の高周波が印加され，Ar プラズマが励起されている．Ar ガスの圧力は 20 Pa，印加電力は 0.4 W である．このプラズマ中に，直径が 2.6 μm の樹脂製の微粒子を導入する．電子密度を測定するために特殊な探針であるマイクロ波共振プローブ（ヘアピンプローブや周波数シフトプローブともよばれる）を用いる[8]．750〜800 MHz の高周波が使用され，その高周波に対して半波長ダイポールアンテナとして動作する長さ 10 cm 程度のワイヤをプラズマ中に導入する．ワイヤの周りのプラズマの有無で共振周波数が変化し，その差より電子密度を計算することができる．微粒子プラズマ中にワイヤを導入するとシースが形成され，微粒子はその周りに分布するようになる．ワイヤが計測するプラズマがこの微粒子を含んだものかどうか検証の余地があり，ここで測定された電子密度が微粒子プラズマのパラメータであると断言することはできない．また，この計測点が電極の外側近くのシース近傍である可能性もある．これらの不確定性はあるものの，この計測により，微粒子をプラズマに導入することによってワイヤで測定する電子密度が 10〜80% 減少することがわかっている．プラズマ中に微粒子が存在すると，微粒子が負に帯電する分，電子密度が低下することが予測される．実験結果は，この現象を示唆するものであり，この手法が厳密なプラズマパラメータの測定には至らないまでもプラズマの状態を観測するためのよいツールとなることを示している．

図 7.6　微粒子プラズマに挿入したマイクロ波共振プローブ

7.1.2 レーザー吸収分光法

本書が対象とするプラズマは，多量の中性粒子（原子および分子）を含むガス状のプラズマである．原子および分子と光子との相互作用過程には，自然放出，吸収，および，誘導放出の三つがある．外部からレーザー光をプラズマに入射し，プラズマに含まれる原子および分子とレーザー光子との相互作用を利用して，原子・分子およびプラズマに関する諸量を求める方法が本項および次項で述べるレーザー分光法である．

図7.7は原子または分子（以下ではまとめて原子と表記する）の部分的なエネルギー準位構造を表している．原子Xに照射されるレーザー光子のエネルギー $h\nu_{12}$（h はプランク定数，ν_{12} はレーザー光の周波数）が準位1と準位2のエネルギーの差 $E_2 - E_1$ に等しいとき，準位1にある原子は光子を吸収して準位2に励起される．

$$X(1) + h\nu_{12} \to X(2) \tag{7.5}$$

多くの場合励起状態2は不安定であり，それよりエネルギーの低い準位3に遷移するが，そのとき同時に，準位2と準位3のエネルギーの差 $E_2 - E_3$ に等しいエネルギーをもつ光子を放出する．

$$X(2) \to X(3) + h\nu_{23} \tag{7.6}$$

式 (7.6) の過程を自然放出とよぶ．準位2の放射寿命は，図7.7の場合には準位2と準位3の間の遷移確率 A_{23} と準位2と準位1の間の遷移確率 A_{21} の和の逆数となるが，一般には準位2よりエネルギーの低いすべての準位への許容遷移線の遷移確率の和の逆数となり，おおむね $10^{-9} \sim 10^{-7}$ s 程度である．

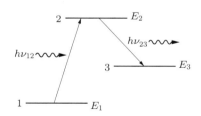

図7.7　原子または分子の部分的エネルギー準位図

強度 $I_0(\nu)$ のレーザー光（$\nu \simeq \nu_{12}$）を光路に沿った長さが l の一様なプラズマに入射し，それが式 (7.5) の過程により吸収されると，プラズマを透過したレーザー光の強度 $I_t(\nu)$ は $I_0(\nu)$ より弱まり，以下のようになる．

$$I_t(\nu) = I_0(\nu) \exp(-\alpha(\nu)l) \tag{7.7}$$

$\alpha(\nu)$ は吸収係数とよばれる．$T(\nu) = I_t(\nu)/I_0(\nu)$ を透過率，$A(\nu) = 1 - T(\nu)$ を吸収率とよぶことがある．また，以下では l を吸収長とよぶことにする．

吸収係数 $\alpha(\nu)$ は以下の式で与えられる[9, 10]．

$$\alpha(\nu) = \frac{A_{21}c^2}{8\pi\nu_{12}^2}\frac{g_2}{g_1}\left(n_1 - \frac{g_1}{g_2}n_2\right)g(\nu) \tag{7.8}$$

ここで，c は光速度，g_1 および g_2 はそれぞれ準位1および準位2の統計重率，n_1 および n_2 はそれぞれ準位1および準位2の数密度である．$g(\nu)$ はスペクトル線のプロファイルを表す関数で，

$$\int_0^\infty g(\nu)d\nu = 1 \tag{7.9}$$

となるようにその振幅が規格化されている．スペクトル線の広がり $g(\nu)$ を生じる要因はいくつかあるが，低ガス圧のプラズマの場合には，粒子の熱運動に起因するドップラー広がりがスペクトル広がりの主要因であり，$g(\nu)$ はガウス分布

$$g(\nu) = \frac{1}{\Delta\nu_d}\sqrt{\frac{\ln 2}{\pi}}\exp\left\{-\frac{\ln 2(\nu - \nu_{12})^2}{\Delta\nu_d^2}\right\} \tag{7.10}$$

となる．$\Delta\nu_d$ はドップラー広がりの半半値幅であり，

$$\Delta\nu_d = \nu_{12}\sqrt{\ln 2}\sqrt{\frac{2k_B T}{Mc^2}} \tag{7.11}$$

で与えられる．ただし，k_B はボルツマン定数，T および M はそれぞれ原子の温度および質量である．

シングルモードで発振し，発振周波数 (波長) を掃引することのできるレーザーを光源に用いた吸収分光計測を考えよう．レーザーの発振周波数 ν を掃引しながら $I_0(\nu)$ および $I_t(\nu)$ を測定すれば，透過率 $T(\nu) = I_t(\nu)/I_0(\nu)$ を得ることができ，その対数を計算すれば，式 (7.7) より l を既知として吸収係数を求めることができる．$n_1 \gg (g_1/g_2)n_2$ であれば，吸収係数 $\alpha(\nu)$ は

$$\alpha_0(\nu) = \frac{A_{21}c^2}{8\pi\nu_{12}^2}\frac{g_2}{g_1}n_1 g(\nu) \tag{7.12}$$

となる．実験的に測定した $\alpha_0(\nu)$ を式 (7.10)～(7.12) を用いてフィッティングすることにより，吸収原子Xの準位1の密度 n_1 および温度 T を知ることができる．粒子Xとして密度を知りたいラジカルを選び，準位1にその基底状態を選べば，基底状態の占有密度は励起状態の占有密度より圧倒的に高いため，n_1 を求めることによりラジカルの数密度が求められる．

$n_1 \gg (g_1/g_2)n_2$ は,レーザー光を入射しなければほとんどの場合に成り立っている.しかし,レーザー光を入射すると,準位 1 から準位 2 への励起により準位 1 の密度が低下して準位 2 の密度が増加するため,$n_1 \gg (g_1/g_2)n_2$ が成り立たなくなることがある.$(g_1/g_2)n_2$ が n_1 に比べて無視できなければ,式 (7.8) の吸収係数 $\alpha(\nu)$ は式 (7.12) の $\alpha_0(\nu)$ より小さくなり,吸収率が弱まって計測される.この現象を吸収の飽和とよぶ[10].吸収の飽和が生じたときの吸収係数は

$$\alpha(\nu) = \frac{\alpha_0(\nu)}{1+S} \tag{7.13}$$

で表される.S は飽和パラメータとよばれる量で,

$$S = \frac{R_1 + R_2}{R_1 R_2} \frac{g_2}{g_1} \frac{A_{21} c^3}{8\pi \nu_{12}^3 h} \rho \tag{7.14}$$

により与えられる.ただし,ρ はレーザー光のスペクトルパワー密度であり,R_1 および R_2 はそれぞれ準位 1 および準位 2 の実効的緩和周波数で,準位 1 が基底状態のように寿命が長い場合には,R_1 は熱速度の原子がレーザービームの径を横切るのに要する時間の逆数により評価される.レーザー吸収分光法により準位 1 の密度 n_1 を正しく求めるためには $S \ll 1$ が必要であるが,たとえば $1\,\mathrm{mW/cm^2}$ のような弱いレーザー光であっても $S \ll 1$ を満たさない場合があるので注意が必要である.実験的には,あるレーザー強度で吸収率を測定したら,減光板などを用いてレーザー強度を低下させた状態で測定を繰り返し,二つのレーザー強度において等しい吸収率が測定されることを必ず確かめる必要がある.

電子状態の異なる準位の間の遷移は遷移確率が大きく,吸収分光計測において高い感度が得られる.電子状態の異なる準位間での吸収分光計測において,準位 1 を基底状態としたとき,準位 2 への励起に必要なレーザー波長は原子の種類によって異なるが,おおまかにいって,酸素や水素などの軽元素の場合には真空紫外波長域,遷移金属等の場合には近紫外から青色波長域,アルカリ金属等の場合には可視波長域となる.

真空紫外波長域で発振する波長可変レーザーに市販の装置はなく,真空紫外波長域におけるレーザー吸収分光計測は容易でないが,より長い波長域で発振するレーザー光を縮退 4 波混合などの方法で波長変換し,真空紫外域での波長可変レーザー光を得て吸収分光計測を行った例が報告されている[11,12].可視域においては色素レーザーなどの波長可変レーザーが市販されており,非線形光学結晶を用いて可視レーザー光をその 2 倍および 3 倍高調波に波長変換して紫外域での波長可変レーザー光を得ることも比較的容易である.ただし,パルス色素レーザーは通常は多モード発振であるため,そのモード構造をよく把握しておかないと吸収量の測定から準位 1 の密度 n_1 を

算出するときに誤りを犯す．連続発振のリング色素レーザーは単一モードで発振し，レーザー吸収分光法にとっての理想的光源の一つであるが，取り扱い・調整に習熟を要する．最近では，青色から近紫外域で発振する半導体レーザーが商用に供されるようになり，スパッタリングプラズマなどにおける遷移金属原子の密度測定が行われるようになった[13,14]．一方，赤色から近赤外域で発振する半導体レーザーを用いると，希ガスなどの準安定状態を準位 1 とした吸収分光計測を容易に行うことができる．誘導結合 Ar プラズマ中の Ar 原子の準安定状態 $4s[3/2]_2^\circ$ から $4p[3/2]_2$ 準位への吸収線の吸収スペクトルを，半導体レーザーを光源として測定した例を図 7.8 に示す．図に示されているように，実験で得られたスペクトルは式 (7.10) および式 (7.11) を用いて完璧にフィッティングでき，準安定状態 Ar 原子の温度として 770 K が求められる．半導体レーザーはメインテナンスフリーで安定動作する使いやすいレーザー光源であり，市販されるレーザーの波長域がいま以上に広がれば，レーザー吸収分光計測においてますます有用な光源となるものと考えられる．

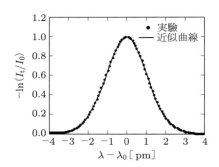

図 7.8 準安定状態 Ar 原子による吸収スペクトルを半導体レーザーを光源として測定した実験例

一方，分子の振動回転遷移の波長は $2 \sim 30\ \mu m$ の中赤外域にある．振動回転遷移の遷移確率は電子遷移に比べて小さく，吸収分光計測の感度は低感度となるが，様々な分子への幅広い適用性に優れている．シランプラズマ中のシリルラジカル (SiH_3) の絶対密度をはじめて明らかにする際に用いられた中赤外域半導体レーザー吸収分光計測の実験装置を図 7.9 に示す[15]．この当時は冷却が必要な鉛塩半導体レーザーが光源に用いられていたが，最近では，進歩の著しい量子カスケードレーザーが中赤外レーザー吸収分光法に用いられるようになっている[16]．なお，分子に関する吸収分光計測で求められるのは基底電子状態の基底振動状態に属する特定の回転準位の密度であるので，別途回転温度測定を行って分配関数を評価し，それに基づいてすべての回転準位の密度の和を求めなければ，本来知りたいラジカル分子の数密度を求めることはできない．

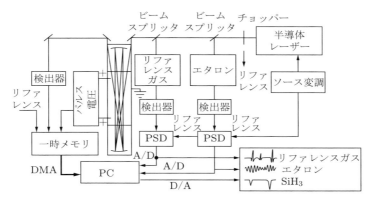

図 7.9 シリルラジカル密度測定のために開発された中赤外半導体レーザー吸収分光計測システム

図 7.10 は，透過率 $T(\nu) = I_t(\nu)/I_0(\nu)$ を縦軸，$\alpha l \propto n_1$ を横軸として式 (7.7) の関係を図示したものである．透過率を容易に測定できるのは $0.01 \leq T(\nu) \leq 0.99$ 程度の場合であると考えると，図 7.10 からわかるように，吸収分光法の n_1 に対する計測ダイナミックレンジはおよそ 2.5 桁程度と考えられる．典型的なプラズマ生成条件での αl がダイナミックレンジのちょうど中央にあることは稀であり，遷移確率の値および吸収長によっては感度が過剰または不足となる．感度が過剰な場合 ($T(\nu) < 0.01$ など) には，真空容器内に枝管を挿入してその先に光学窓を取り付け，吸収長を短くすることが必要になるが，枝管の挿入がプラズマに対する擾乱となる．一方，感度が不足する場合 ($T(\nu) > 0.99$ など) には，レーザー光を折り返すなどしてプラズマ中を長距離伝搬させ，吸収長を大きくする必要がある．図 7.9 ではホワイトセルとよばれる一対の凹面鏡を用いてレーザー光をプラズマ中で多数回往復させている．また，感度が著しく不足する場合に用いられる方法にキャビティリングダウン吸収分光法がある[17]．キャビティリングダウン吸収分光法を誘導結合窒素プラズマに適用し，準安定

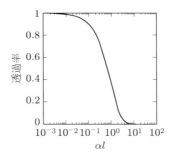

図 7.10 吸収係数と吸収長の積に対する透過率の変化

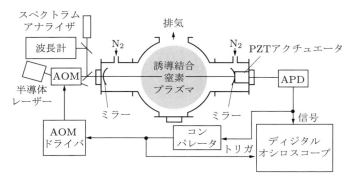

図 7.11 キャビティリングダウン吸収分光計測システムによる誘導結合窒素プラズマ中の準安定状態窒素分子密度計測

状態 $A^3\Sigma_u^+$ の密度を測定する際に用いられた装置の構成を図 7.11 に示す[18]．図の装置では，プラズマを安定型共振器で挟み，共振器に入射する半導体レーザー光を音響光学素子を用いて高速遮断した直後に共振器から出力されるレーザー光の強度減衰時定数を測定している．高反射率 ($> 99.99\%$) のミラーを用いて共振器を構成すると，レーザー光をプラズマ中で 1 万回程度往復させることが可能であり，実効的吸収長をきわめて長くとることができるため，非常に高感度な測定 ($\alpha l < 10^{-7}$) を実現できる．

7.1.3 レーザー誘起蛍光法

前項では，プラズマにレーザー光を入射し，プラズマを透過したレーザー光の強度を受信するレーザー吸収分光法について述べてきた．これに対し，図 7.7 において自然放出により発生した光子 $h\nu_{23}$ を受信する方法をレーザー誘起蛍光法とよぶ．レーザー誘起蛍光の強度 (放射係数) は $A_{23}n_2$ であるが，レーザー光の吸収により生成された励起状態 2 の密度は $n_2 \propto n_1$ のように n_1 に比例するため，レーザー誘起蛍光の強度を測定すればラジカル密度を知ることができる．

レーザー誘起蛍光法の典型的な実験配置を図 7.12 に示す．レーザー誘起蛍光はレーザービームの範囲から等方的に放射される．レーザービームから離れた真空容器の外側に受光面積の小さな光検出器を設置すると，レーザー誘起蛍光の捕集立体角は小さな値となり，レーザー誘起蛍光を受信することは困難である．そのため，プラズマと光検出器の間に焦点距離 f のレンズを設置し，

$$\frac{1}{a} + \frac{1}{b} = \frac{1}{f} \tag{7.15}$$

となる位置に光検出器を設置することにより，レーザー誘起蛍光を集光して大きな捕集立体角を実現する必要がある．このとき，レーザービームと観測光学系のイメージ

7.1 気相計測　241

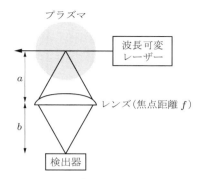

図 7.12　レーザー誘起蛍光法の装置構成

ビームの交点の位置から放射されるレーザー誘起蛍光のみが光検出器に届き，得られる信号強度はその位置の局所的ラジカル密度を与える．レーザー吸収分光法ではレーザー光軸に沿った平均的なラジカル密度しか求められず空間分解能に劣るが，レーザー誘起蛍光法は3次元的に空間分解された計測が可能な点に特徴がある．

空間分解計測が可能であるというレーザー誘起蛍光法の特徴を活かし，図 7.12 の配置を用いてプラズマ中のラジカル密度の空間分布測定を行おうとすれば，レーザービームおよび観測光学系の位置を移動させながらの多数回の測定が必要となり，データ取得に多大の時間を要する．これに対し，図 7.13 に示す方法（2次元レーザー誘起蛍光法）を用いれば，プラズマ中のラジカル密度の2次元空間分布を一度の測定で得ることができる[19]．図の装置では，波長可変レーザーから出力された断面積の小さなレーザービームを2枚のシリンドリカルレンズを用いてシート状（幅が広く厚さの薄い形状）に整形してマグネトロンスパッタリングプラズマに入射している．このようにすると，シート状のレーザービームの上にレーザー誘起蛍光の濃淡像が形成される．

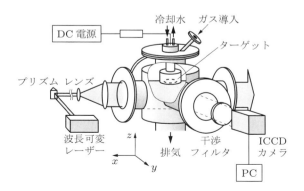

図 7.13　2次元レーザー誘起蛍光法のマグネトロンスパッタリングプラズマへの適用例

レーザー誘起蛍光の濃淡はラジカル密度の大小を表すので，それをシート状レーザービームに対向する方向からイメージインテンシファイア付きのCCDカメラで撮影すれば，プラズマ中のラジカル密度の空間分布を可視化して取得することができる．可視化計測の結果はプラズマ中で生じている現象を洞察するために大変有益である．

ここで，図7.7に示したレーザー光による励起（レーザー光の吸収）過程についてもう一度考えてみよう．ガス状のプラズマ中の原子はランダムに熱運動しており，様々な速度をもっている．励起に用いるレーザー光の線幅（スペクトル帯域）が式(7.11)と同等以上に広いとき，レーザー光の中心波長を吸収線の中心に同調しておけば，様々な速度をもつ原子がすべて励起され，レーザー誘起蛍光の強度は原子の密度をよく反映する．また，レーザー光の線幅が式(7.11)より多少狭くても，その強度が$S \gg 1$を満たす程度に大きい場合には，飽和広がりによって吸収線の実効的線幅が広がり[10]，レーザー誘起蛍光の強度は原子の密度をよく反映するようになる．市販のパルス色素レーザー（線幅$0.2\,\mathrm{cm}^{-1}$程度）を光源に用いると，これらの条件はよく満たされる．

一方，単一モードで発振する連続発振波長可変レーザーを光源に用い，その波長を固定してレーザー誘起蛍光を観測する場合，レーザー光の強度が$S \gg 1$を満たすほど強くなければ，ドップラーシフトを経てレーザー波長を共鳴と感じる速度をもつ原子のみがレーザー光を吸収するため，レーザー誘起蛍光の強度はその速度をもつ原子の密度に比例する．そのため，原子密度を正しく求めるためには，レーザー波長を掃引し，レーザー波長に対するレーザー誘起蛍光強度の変化（励起スペクトル）を取得し，その波長に対する積分値を求める必要がある．一方，励起スペクトルの波長軸をドップラーシフトの関係式を用いて原子の速度に変換すれば，励起スペクトルはそのまま原子の速度分布関数となる．この事情はレーザー吸収分光法の場合でも同じであるが，レーザー誘起蛍光法の場合には空間分解された局所計測が可能なため，得られた速度分布関数がより高い物理的意味をもつことになる．図7.14のように，真空容器側に向かって膨張しているアークプラズマの下流部の軸方向に異なる位置において準安定状態Ar原子のレーザー励起スペクトルをレーザー誘起蛍光法により測定し，速度分布関数の空間変化を調べた例を図7.15に示す[20]．衝撃波の存在する$z = 59\,\mathrm{mm}$付近でビーム速度成分が減速し，Ar原子の加熱が生じていることが明瞭に示されている．そのほかにも，プラズマ中に設置された電極前面のプレシース部およびシース内におけるイオン加速をレーザー誘起蛍光法を用いて調べた例[21]，および，マグネトロンスパッタリングターゲットから放出される金属原子の速度分布関数を調べた例[22,23]などが報告されている．

これまでの説明では，レーザー光の波長を特定の吸収線の線中心近くの狭い範囲で掃引する場合を想定してきたが，波長掃引範囲を複数の吸収線に及ぶ範囲にまで広げ

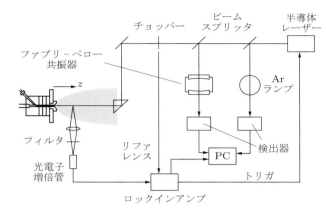

図 7.14 レーザー誘起蛍光法による準安定状態 Ar 原子の速度分布測定

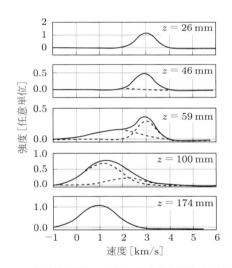

図 7.15 準安定状態 Ar 原子の速度分布関数の空間変化

ると,プラズマ中の原子や分子のエネルギー準位構造に関する情報を得ることができる.原子や分子のエネルギー準位構造がプラズマのパラメータによって変化すれば,エネルギー準位構造の測定からプラズマのパラメータを逆算することが可能となる.

本書で対象とするプラズマの研究でとくに興味をもたれるプラズマシース部の電場計測に関して紹介する.原子や分子のエネルギー準位構造が電場の影響で変化する現象をシュタルク効果とよび,シュタルク効果で変化したエネルギー準位構造をレーザーを用いて測定する方法をレーザーシュタルク分光法とよんでいる[24,25].主量子数の大きな電子状態ほど弱い電場に対して敏感なシュタルク効果を示すので,レーザーシュタル

ク分光法では，主量子数の大きな準位（リュドベルグ状態）をいかにして検出するかが研究されてきた．レーザーオプトガルバノ法[26]およびレーザー誘起衝突蛍光法[27, 28]などが研究されてきたが，最近，レーザー誘起蛍光減光法と名づけられた新しい方法が開発され，低温プラズマのシース電界構造を詳細に研究するのに十分な 3～5 V/cm の超高感度電界計測が可能となった[29, 30]．Ar プラズマにおける適用例を図 7.16 に示す．2 台のパルス波長可変レーザーを用いる比較的大がかりな方法であり，図 7.17 のように，1 台目の波長可変レーザーは準安定状態 Ar 原子 $4s[3/2]_2^o$ を $4p[3/2]_2$ 状態に励起するのに用いられる．2 台目の波長可変レーザーは $4p[3/2]_2$ 状態をリュドベルグ状態に再励起するために使用される．レーザー誘起蛍光減光法では，$4p[3/2]_2$ からリュドベルグ状態への励起を $4p[3/2]_2$ 状態から $4s[3/2]_1^o$ 状態へのレーザー誘起蛍光の減少として検出することにより高い感度を実現している．この方法を用いて，電気的負性プラズマのシース電界構造[31]や高周波バイアスが印加されたウェハ前面のシース電界構造[32]などが解明された．

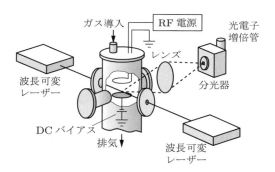

図 7.16　レーザー誘起蛍光減光法によるシース電場測定

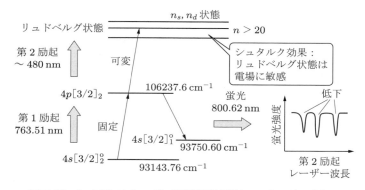

図 7.17　Ar を用いたレーザー誘起蛍光減光法のエネルギー準位図

7.2 表面計測

7.2.1 プラズマ技術に適した表面計測法

　プラズマから入射するイオン，ラジカル，電子，光子などの粒子と表面との相互作用によって，とくに表面最近傍（サブサーフェス）で生じる化学反応は，デポジションやエッチングといったプラズマプロセスの根幹である．デポジションまたはエッチングのいずれにせよ，プラズマとの相互作用によって生じる化学反応がつねに表面の状態を変化させるため，プラズマプロセス中時々刻々の表面反応の理解・制御が望まれ，表面計測法の発展に多大な努力がなされてきた．

　プラズマ技術に適した表面計測法は，プラズマに擾乱を与えない"その場"の観察法である．プロセスは，刻一刻と表面を変化させるので，実時間で計測する手法が望ましい．そのため光を使った，赤外分光法や偏光解析（エリプソメトリ）法などの光学計測手法が多く活用される．

　表面計測法には，大別して，形態（表面凹凸など），元素（不純物），状態（化学結合状態），欠陥（状態のうちマイナーであるが影響の大きいもの）を対象とするものに分類される．形態や元素の分析には通常，電子顕微鏡や質量分析法など超高真空下の計測方法が多用される．しかし，プラズマ技術では，むしろ放電ガスが存在するため低真空であることが多く，真空が不要な光計測が威力を発揮する．プラズマ（気相），表面の双方に非破壊・非接触な観察・評価手段，実時間"その場"の手法である光学分光法が活躍する．

7.2.2 物質の光学応答：誘電関数

　分光技術では，分子や凝集した固体，液体状態の物質の電子励起や振動，並進，回転，電子スピン，核スピンなどの量子状態を，それらのエネルギーの違いに基づいて，電磁場との相互作用で調べている．光（電磁波）のエネルギーは，紫外光 (250～400 nm) や可視光領域 (400～800 nm) では 1.0～5.0 eV であり，物質を構成する電子を直接励起するため，固体の光学バンドギャップや物質中の電子密度を反映した観察ができる．また，近赤外光 (800～3000 nm) や中赤外光領域 (3～25 μm) では，物質の振動や回転を励起するので，化学結合の状態を検出する．評価対象に最適な波長・エネルギーで計測を行う必要がある．

　物質の光学応答は，基本的にマクスウェルの方程式

$$\nabla \times \boldsymbol{H} = \boldsymbol{J} + \frac{\partial \boldsymbol{D}}{\partial t} \tag{7.16}$$

$$\nabla \times \boldsymbol{E} = -\frac{\partial \boldsymbol{B}}{\partial t} \tag{7.17}$$

$$\nabla \cdot \boldsymbol{D} = \rho \tag{7.18}$$

$$\nabla \cdot \boldsymbol{B} = 0 \tag{7.19}$$

に従う．物質中では電束密度 $\boldsymbol{D}$ は物質の分極 $\boldsymbol{P}$ を加えた形 ($\boldsymbol{D} = \varepsilon_0 \boldsymbol{E} + \boldsymbol{P} = \varepsilon_0 \hat{\varepsilon} \boldsymbol{E}$) に補正され，電場 $\boldsymbol{E}$ の比例定数として物質の複素誘電率 $\hat{\varepsilon}$ を導入する．複素誘電率 $\hat{\varepsilon}$ は，屈折率 n，消衰係数 k とも $\hat{\varepsilon} = (n + ik)^2$ (i は虚数単位) の関係をもっている．表面の状態，物質の状態は，波長依存性をもつ複素誘電率（複素誘電関数）を光計測によって調べて知ることができる．この誘電率 $\hat{\varepsilon}$ は，十分小さい電磁場強さの下では，電場強さに比例する（電場に線形応答）．

物質は正の電荷をもつ原子核と負の電荷をもつ電子とから構成されるので，電磁場下で物質は分極 $\boldsymbol{P}$ を生じる．原子どうしの化学結合は，原子の運動があたかもばねでつながれたように振る舞い，変位 x に比例した復元力がはたらいている．このモデル化を減衰調和振動子近似とよび，質点の運動方程式

$$m\ddot{x} + \gamma\dot{x} + kx = F(t) \tag{7.20}$$

と同じ扱いができる．ここで，m は質量，γ は抵抗力，k はばね定数，F が外力である．この考え方は，電気的なキャパシタの方程式

$$L\ddot{q} + R\dot{q} + \frac{1}{C}q = V(t) \tag{7.21}$$

でも同様である．ここで，L はインダクタンス，R は抵抗，C はキャパシタンス，q は電荷，V が外部から与えられる電圧である．この方程式を満たす解は共鳴（共振）の振動数 ω_o をもつ減衰振動子の応答となる．線形性から重ね合わせが可能であり，複数（j 個）の振動子からなる全分極 $\boldsymbol{P}$ は，

$$\boldsymbol{P} = \frac{ne^2}{m_o} \sum_j \frac{\omega_{pj}}{\omega_{oj}^2 - \omega^2 + i\omega\omega_{\tau j}} \boldsymbol{E}_0 \tag{7.22}$$

で与えられる．ここで，ω_o は共鳴振動数，ω_τ は減衰振動数，ω_p はプラズマ振動数，n は振動子密度，e は素電荷，m_o は振動子の換算質量である．外部電場 E_0 に比例する部分は複素誘電関数 $\hat{\varepsilon}$ であり，振動数 ω に対して共鳴振動数 ω_o で吸収を表す．この関数の虚部はローレンツ型 (Lorentzian) 線形を表す．

次に，自由電子のようなフリーキャリアでは，変位に対して復元力ははたらかないので，共鳴振動数がゼロ ($\omega_o \to 0$) で最大となる吸収とみなす．これらはドゥルーデ (Drude) モデルとよばれ，金属的な振る舞いを記述する．

さらに，光学的なバンドギャップをもつ（半導体や絶縁体の）固体物質では，そのバンドギャップ以下となる波長の光にとって吸収のない透明な物質（$k=0$ と仮定）として振る舞い，波長 (λ) 分散が少ない．この波長分散は多項式で近似され，屈折率分散を

$$n(\lambda) = A + \frac{B}{\lambda^2} + \frac{C}{\lambda^4} \tag{7.23}$$

とするコーシー (Cauchy) モデルが用いられる．ここで，A, B, C はパラメータである．

一方，光学バンドギャップと一致する波長以下では，光学遷移による吸収が支配的になる．この吸収端をタウツ (Tauc) ギャップ E_g とよぶ．光吸収は状態密度に依存すると近似されるため，光のエネルギー (E) の 2 乗で増加する．

$$\mathrm{Im}\{\hat{\varepsilon}(E)\} \propto \frac{(E-E_g)^2}{E^2} \tag{7.24}$$

という関係で示される．アモルファス半導体では，光学バンドギャップは定義できないので，実効的な吸収ピーク位置をもつ吸収から便宜上 E_g を決定して表す．これはタウツ–ローレンツモデルなどとよばれ，実際の誘電関数をよく再現できる．

7.2.3 反射と透過

物質の光学応答の測定（分光）では，表面や界面で電磁場の反射や透過，屈折や散乱を生じる．物質の複素誘電関数が既知であれば，反射と透過はフレネル (Fresnel) の式で与えられる．たとえば，図 7.18 に示すように半無限媒質である大気（屈折率 n_1）から半無限媒質の基板（屈折率 n_2）に電磁場が入射角度 θ_1 で入射する場合，反射率 R と透過率 T は，

$$R = rr^*, \quad T = 1 - R \tag{7.25}$$

となる．ここで，r は位相も含めた複素振幅反射率，$*$ は複素共役を表す．電磁波は伝

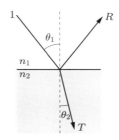

図 7.18　半無限媒質の反射と透過

搬方向に垂直に振動する横波である．入射面に平行な成分（p 偏光成分，図 7.18 の紙面に平行）と，入射面に垂直な成分（s 偏光成分，図 7.18 の紙面に垂直）に分けて考え，それぞれに対する振幅反射率と振幅透過率は，次のように異なる．

$$r_s = \frac{n_1 \cos\theta_1 - n_1 \cos\theta_2}{n_1 \cos\theta_1 + n_2 \cos\theta_2}, \quad r_p = \frac{n_1/\cos\theta_1 - n_2/\cos\theta_2}{n_1/\cos\theta_1 + n_2/\cos\theta_2} \tag{7.26}$$

$$t_s = \frac{2n_1 \cos\theta_1}{n_1 \cos\theta_1 + n_2 \cos\theta_2}, \quad t_p = \frac{2n_1/\cos\theta_2}{n_1/\cos\theta_1 + n_2/\cos\theta_2} \tag{7.27}$$

また，表面に斜入射する場合の屈折角 θ_2 はスネル (Snell) の法則に従い，各媒質の屈折率により，

$$n_2 \cos\theta_2 = \sqrt{n_2^2 - n_1^2 \sin^2\theta_1} = \eta_s \tag{7.28}$$

$$\frac{n_2}{\cos\theta_2} = \frac{n_2}{\sqrt{n_2^2 - n_1^2 \sin^2\theta_1}} = \eta_p \tag{7.29}$$

となる．ここで，η は光学アドミッタンスとよばれる．

媒質の屈折率が高いものから低いものに入射する場合には，ある入射角以上では屈折角 θ_2 は 90° 以上の全反射となり，この 90° のときの角度を臨界角 $\theta_c = \sin^{-1}(n_2/n_1)$ とする．p 偏光の反射率 R_p はゼロ（吸収があれば極小値）の入射角度が存在し，ブリュースター (Brewster) 角 $\theta_b = \tan^{-1}(n_2/n_1)$ とよばれる．

多層膜をもつ試料であっても，半無限媒質で取り扱えば実効誘電率をもつ表面として評価できる．実際は深さ方向に連続的に変化していても，異なる誘電率をもつ膜が積層していると考え，積層構造としてモデル化する．つまり，図 7.19 に示すように，物質内部の光学的な変化を積層膜構造として近似する．各層の境界面での反射と透過では，すべての境界面による多重反射を加味する．まず，第 1 層の上下境界面で反射する光は，膜厚と屈折率に応じて位相がずれる．便宜上，実膜厚 d の代わりに光学位

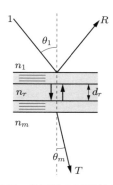

図 7.19　多層膜での反射と透過

相膜厚 $\delta = 2\pi dn\cos\theta/\lambda$ を導入し，各境界面の位相遅れとして取り扱う．角振動数 ω をもつ電磁場の応答は，膜厚方向に正に進行する波（位相が $+\delta$ ずれる）と負に進行する波（位相が $-\delta$ ずれる）の足し合わせとみなせるので，実膜厚 d 進んだ境界面の電界と磁界は，

$$E_d = E\cos\delta - \frac{i}{\eta}H\sin\delta \tag{7.30}$$

$$H_d = -i\eta E\sin\delta + H\cos\delta \tag{7.31}$$

の関係にある．η は前述のとおり光学アドミッタンスであり，この関係を伝達マトリクス（特性行列，2×2 の行列）の形にして書き表せば，

$$\begin{pmatrix} E_d \\ H_d \end{pmatrix} = \begin{pmatrix} \cos\delta & -(i/\eta)\sin\delta \\ -i\eta\sin\delta & \cos\delta \end{pmatrix} \begin{pmatrix} E \\ H \end{pmatrix} \tag{7.32}$$

となる．多層膜では各層をこの形で表し，順序どおり，この特性行列すべての積の形となる．基板 m の上の多層膜部分の特性行列の積で求めた E_d と H_d をパラメータ B と C を使って表せば，多層膜近似の反射率 R と透過率 T は

$$R = rr^*, \quad r = \frac{\eta_0 B - C}{\eta_0 B + C} \tag{7.33}$$

$$T = 1 - R = \frac{4\eta_0\mathrm{Re}\{\eta_m\}}{|\eta_0 B + C|^2} \tag{7.34}$$

で与えられる．ここで，

$$\begin{pmatrix} B \\ C \end{pmatrix} = \prod_r \begin{pmatrix} \cos\delta_r & -(i/\eta_r)\sin\delta_r \\ -i\eta_r\sin\delta_r & \cos\delta_r \end{pmatrix} \begin{pmatrix} 1 \\ \eta_m \end{pmatrix} \tag{7.35}$$

である．行列表記はコンピュータ計算するときに便利である．

実計測では十分な波長分解能がないことが普通であるにもかかわらず，計算上では，波長分解能は無限である．波長に較べて層の厚さが十分厚ければ，干渉（フリンジ）は観測されず，インコヒーレント（可干渉性のない）で，透過率や反射率を計算した方がよい．これは光線光学的に電磁場のエネルギーがポインティングベクトル（Poynting vector）$\boldsymbol{E}\times\boldsymbol{H}$ として輸送されるとみなすことに等しい．電場強度が $1/e$ になる距離を吸収係数 $\alpha = 4\pi k/\lambda$ として，入射光強度 I_0 は距離（厚さ）d に対して指数関数的な減衰で扱う．さらに，吸収体の濃度 c にも比例し，ランバート–ベール（Lambert–Beer）則，$I = I_0 10^{-\alpha cd}$（慣例で 10 のべき乗とする）で表す．

7.2.4 偏光解析

電磁波は,伝搬方向に垂直面内で振動する横波なので,その面内を直交座標で表したときの x と y 成分の振動の位相差 $(\psi_x - \psi_y)$ と振幅比で偏光状態を表す.この位相差が 2π の整数倍のときを直線偏光とよぶ.位相差が $\pi/2$ のときを円偏光,それ以外のときを楕円偏光とよび,符号により右旋回,左旋回を表す.偏光状態を表現するとき,一般に,x–y 平面での振幅 a と位相 φ を

$$\begin{pmatrix} E_x \\ E_y \end{pmatrix} = \boldsymbol{J} = \begin{pmatrix} a_x \exp i\varphi_x \\ a_y \exp i\varphi_y \end{pmatrix} \tag{7.36}$$

としたジョーンズ (Jones) ベクトル $\boldsymbol{J}$ の形で表すが,これだけでは非偏光の状態を記述できないため,ストークス (Stokes) パラメータ,

$$S_0 = E_x^2 + E_y^2, \quad S_1 = E_x^2 - E_y^2, \quad S_2 = 2E_x E_y \cos\varphi, \quad S_3 = 2E_x E_y \sin\varphi \tag{7.37}$$

などを使って表す.ここで,S_0 は光強度を表し,S_1 は x 方向の直線偏光成分,S_2 は x 方向から $45°$ の方向の直線偏光成分,S_3 は右回りの円偏光成分を表す.直交成分や左回り成分は符号が負で表される.このストークスパラメータを基に,ミューラー (Mueller) 行列によって偏光状態は解析できる.

実際に入射光が試料によって反射した場合には,光の振幅と位相は大きく変化し,

$$\rho = \tan\Psi \exp i\Delta = \frac{r_p}{r_s} = \frac{|r_p| \exp i\varphi_p}{|r_s| \exp i\varphi_s} \tag{7.38}$$

として p 偏光と s 偏光の複素振幅反射率の比をとり,パラメータ Ψ と Δ が定義される.これらの値をエリプソメトリで測定後,複素誘電率と厚さなどに基づいた光学モデルを立て,反復計算によるフィッティングで,誘電率と厚さを求める.上述の光計測の詳細は文献 [33, 34] などを参照されたい.

ただし,光学計測手法は光学モデル化が難しい.表面凹凸を考慮したモデル化など,解析する誘電分散から得られる情報は,モデル化にあくまでも依存している.そのため,ほかの分析手法と組み合わせ,信憑性のあるデータを得ていく必要があり,経験と習熟が必要になる.

7.2.5 フーリエ変換と波長分散

分光方法には,時間的に各波長を異なる変調周波数で変調して検出するフーリエ変換法と,空間的に複数の検出器を並べて波長分散により各波長を異なる検出器で検出するマルチチャネル法とがある(図 7.20).一般に赤外領域の測定では,熱雑音が計測

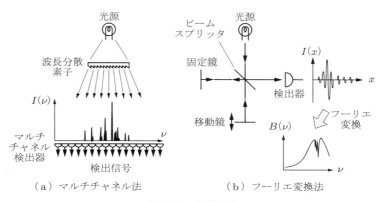

図 7.20 分光方法

を困難にしているためフーリエ変換法が適している．可視光領域や紫外光領域での測定では，むしろ量子雑音が支配的となるので，フーリエ変換法は不向きである．これらのデメリットを打ち消すためには，変調周波数と同相信号のみを選択的に信号検出するロックイン検出を使い，ほかの周波数成分のノイズをカットして信号雑音比 (S/N) を高くする．

自然現象には揺らぎが存在し，この揺らぎそのものは信号とも考えられる．信号の起源には因果律の要請があり，過去の信号に依存する，いわば自己相関をもつ周期的な現象としてよいから，フーリエ変換による周波数解析が威力を発揮する．前述の熱雑音は周波数域で白色雑音特徴をもっているので，時間領域で干渉稿を測定すれば周波数域のノイズに信号が乱されにくい．それでも，離散的な振る舞いが支配的になって揺らぎが大きくなれば，系の非線形性は臨界（カオス状態）に達し，唯一の信号を与えるとは考え難くなる．そこまでいかなくとも，本質的に信号検出とは確率的 (stochastic) なものである．その立場に則れば，信号検出において平均（ensemble mean, 統計集団での平均のこと）は時間平均でも不変であること（エルゴード性）を期待している．自己相関はまったくランダムである白色雑音では，時間平均して期待値はゼロに漸近していくので，測定の回数を重ねていけば，統計分布が真の値に近づく．一方，可視領域などでは熱雑音よりむしろ量子雑音が問題になる．量子雑音は稀に起こる事象であり，その統計はポアソン分布に従って離散的に検出されるため，非常に微弱な光を検出するときに顕著となる．しかし，干渉稿を取得する場合に受けたノイズは周波数域のパワースペクトル上に現れるため，乗法的な雑音には弱く加法的な雑音に強い空間分散の手法を選ぶ方がよい．赤外分光では，フーリエ変換 (FT) 型でよい SN 比が得られ，可視・紫外分光などでは分散型を使う方がよい．

7.2.6 FT-IR （一般的 FT-IR 法，偏光変調赤外反射分光法）

フーリエ変換法では，おもに二光束干渉を使ったマイケルソン (Michelson) 干渉計が使われる．半透鏡（ビームスプリッター）と1枚の固定鏡，および1枚の移動鏡で構成され，二つの光束が合成されることで干渉稿（インターフェログラム）を作る．移動鏡によって作られる光路差 x に応じて変化する強度 $I(x)$ と，光源のスペクトル $B(\nu)$ とは，フーリエ変換

$$I(x) = \int_0^\infty B(\nu)\cos 2\pi\nu x\, d\nu \tag{7.39}$$

$$B(\nu) = \int_0^\infty I(x)\cos 2\pi\nu x\, dx \tag{7.40}$$

の関係になっている．ここで，ν は波数である．したがって，移動鏡の位置 x を走査して得られるインターフェログラム I を測定することで，スペクトル $B(\nu)$ を求めることができる．光源，検出器，半透鏡などの透過・反射材料の光学特性が，観測できる波数 ν 領域を決めている．検出器には，重水素置換した硫酸3グリシン (DTGS) や水銀カドニウムテルル (MCT) が使われる．DTGS は焦電型であり，光が照射されることで抵抗値が変わるフォトコンダクタンス型である．検出面において，赤外光照射で結晶の分極率変化を利用するので応答速度が比較的遅い．一方，MCT は半導体検知型で，液体窒素温度にまで冷却する必要があるが，半導体のバンドギャップ間の励起による光起電力を検知するフォトボルタイック型である．そのため，低い波数域（バンドギャップ以下）は検出できないが，応答速度は速い．このように，検出器の時間応答性が測定の時間分解能を決めている．実時間観測では，高速なスキャンモードを使ってミリ秒レベルのインターフェログラム測定が可能である．さらに高速な測定としては，繰り返し事象に限定されるが，時間分解測定で移動鏡を止めてはステップ状に動かして各光路長での値を取得し，データ処理上で一つのインターフェログラムを再構成する方法が利用できる．この方法であれば，検出器の応答性に依存するので，ナノ秒レベル以下の変化を観察することができる．

プラズマプロセスが行われる真空チャンバー内に設置されたサンプル表面を観察するには，外部光学系を製作し，市販の分光器と検出器をチャンバー側のポートに取り付ける．窓材には，フッ化バリウム (BaF_2) や臭化カリウム (KBr) などが使われる．窓材にプラズマの作用によって堆積膜ができると，サンプルではなく窓の変化を検出してしまうため，パージやシャッターを設けて堆積を防ぐなど，工夫が必要になる．

プラズマプロセス中の表面観察の大半は外部反射法が用いられる．外部反射では感度が得られない場合には，高感度化手法が使われる．たとえば，抵抗率が高い Si 基板は赤外光を透過するため，入射光の大半は裏面から抜けてしまい，検出器に到達しな

いことや，裏面ステージでの反射が入ってくることから参照スペクトルが複雑になる．この点は金属基板を使えば解決する．赤外線領域で高い反射率をもつ金を下地に敷いて，その表面上の膜を計測すると，入射面に垂直な電場（p偏光）では，表面反射時の電場増強効果により高感度化が期待できる．入射面に平行な電場（s偏光）では，表面反射での位相反転による実効的な電場は相殺され，逆に感度は得られない．ただし，s偏光の光は膜中を透過する成分によって信号が少なからず得られる．注意点として，絶対反射率ではs偏光の反射強度の方が高いが，信号感度はp偏光の方が圧倒的に大きいことである．

p偏光の分析では，表面反射において表面法線方向への電場振幅を含んでいる．このことは，透過測定やs偏光測定では観測されない縦光学（LO）モードの検出を可能とする．このLOモード検出の効果は，ベレマン（Berreman）効果とよばれる．

偏光に依存して試料表面の検出信号は大きく変わる一方で，プラズマ中やプロセスガスで満たされたチャンバー内空間を光は通過する．その際，ガス由来の信号が検出されるので，その除去方法に位相変調法が利用できる．光弾性変調器（PEM：photoelastic modulator）では，石英などの等方性結晶材料に数kHzの圧電場をかけることによって弾性波を発生させて，偏光異方性を生じさせる．この偏光変調にロックイン増幅することで，p偏光とs偏光のスペクトル差分を検出する．PEMの変調効率が波数により変化するので，着目波数域を高効率検出できるように調整する．

7.2.7 実時間その場観察の実際

エッチングやデポジションといったプラズマプロセス中の表面反応を，その場観察により解析する試みとしては，これまでに様々な取り組みがある．ここ20年に限っていえば，文献[33-55]などの例がある．これらは一例であるが，プラズマ中のその場観察では，ある意味テーラーメイド的に観測対象に応じたセットアップを，過去の取り組みを参照して用意しなければならない．

ここでは，一例としてプラズマエッチング中の表面をその場観察する方法について紹介する．プラズマ技術の中でも，断面を垂直形状にしてマスクパターンを転写する異方性エッチングによる微細加工は難易度が高く，その実現において表面で何が起きているのか，制御の面からも大変興味がもたれていた．とくに，同じプロセスを施してもエッチングされる材料とされない材料がある材料選択性の問題は，下地材料が削れていく中で定常的に表面を覆う表面層の化学反応に由来している．

Si酸化膜のフルオロカーボンプラズマエッチング中に限れば，1992年にエリプソメトリ法による観察結果として，偏光角の時々刻々変化する様子が報告されている[52]．当時としては先進的なその場観察の成果であったが，偏光角だけからはエッチング以

外の要素,表面堆積するポリマー膜の存在や基板温度の変化,基板損傷の影響による光学変化が不確定な要素であることは否めなかった.1997年には,赤外全反射減衰反射吸収法 (attenuated-total reflection, IR-ATR 法) によるプラズマエッチング中に表面堆積するポリマー膜の観察結果が報告された[53].図 7.21(a) に示すように,酸化膜 (Si–O) とポリマー膜 (C–F) の吸収は異なって観察される.しかし,一般に有機膜の振動子強度は低く,シリコンと酸素のイオン性を強く含む共有結合に由来する酸化膜の振動子強度は強いため,同じ膜厚の変化であってもスペクトル上の信号強度は,酸化膜の方が 10 倍近く大きく見られた.その後,筆者らは酸化膜がエッチングされる最中のポリマー膜の堆積過程の観察に注力し,図 (b) のように表面にごく薄く堆積するポリマー膜の形成過程を実時間その場観察した.スペクトル上波数 1200 cm^{-1} 以下にエッチングによる Si–O の減少が見られる一方で,酸化膜上にポリマー膜が堆積して定常的な厚さに達することが 1220 cm^{-1} の上向きの信号で明らかである.時間変化の詳細についても,スペクトル解析による C–F と Si–O の分離から評価して,下地材料が削れていく中での定常的に表面を覆う表面層の観察方法が提示されている[54, 55].

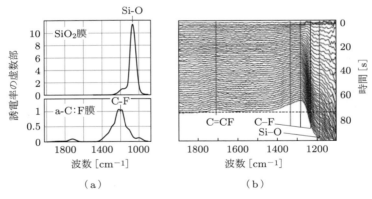

図 7.21　プラズマエッチング中のその場実時間観察

7.2.8　非線形分光

表界面の解析の進展では,非線形光学の活用,とくに高調波分光 (SHG：second harmonics generation, THG：third harmonics generation) や和周波振動分光 (SFG：sum-frequency generation) が注目されている.これまでは光に対する物質の応答は線形の範疇で説明してきた.レーザーなどを使って光電場の強度が高くなると,その比例関係は破綻して非線形性が現れる.まず,ある振動数をもつ入射光を二つ重ねて光電場 $E(E_1 \cos\omega_1 t + E_2 \cos\omega_2 t)$ の 2 乗に比例する効果,すなわち 2 次の効果を考

える．このとき，分極 P は

$$P(t) \propto E_1^2 \cos^2 \omega_1 t + E_2^2 \cos^2 \omega_2 t + 2 E_1 E_2 \cos \omega_1 t \cos \omega_2 t \tag{7.41}$$

で与えられる．展開すれば，

$$P(t) \propto \frac{E_1^2}{2}(1 + \cos 2\omega_1 t) + \frac{E_2^2}{2} \cos(1 + 2\omega_1 t)$$
$$+ E_1 E_2 [\cos(\omega_1 + \omega_w) t + \cos(\omega_2 - \omega_w) t] \tag{7.42}$$

となる．つまり2倍の振動数をもった第2高調波発生や二つの振動数の和周波発生，差周波発生が見られることを意味する．このとき，分極する媒質の光学応答の反転対称性を考えておかなければならない．バルク部分では反転対称性があり，符号を反転しても P と $-P$ が同じであることから，偶数次の場合には相殺されて2次の分極はゼロになる．ただし，反転対称性の崩れている表面では相殺されないため，上述のとおり異なる振動数をもつ光を入射して，発生する和周波を分光取得する方法がある．これまで線形光学の分光法では，真の表面を観察したいときにもバルクの影響が無視できなかったが，SFGなどの非線形分光では，原理的にバルクの影響を無視できるので，今後の発展が期待される領域である．

7.3 微粒子計測

2.2節で述べられているように，微粒子はプラズマ中で負に帯電する．その結果，微粒子は真空壁や電極よりも電位が高いプラズマ中に捕捉される．

プラズマ中の微粒子を観測する方法として，可視レーザーによる光散乱法が多く利用される．簡単には，レーザー光をプラズマ中に照射して，垂直方向から散乱光を観察し，微粒子の存在する位置や領域を確認することができる．しかし，散乱光強度は微粒子の密度に比例すると同時に微粒子のサイズとも相関があるため，強度のみから微粒子の密度やサイズを単純に比較することはできない．

微粒子のサイズがレーザー光の波長よりも十分小さいときは，レイリー散乱とよばれ，散乱光強度は粒径の6乗に比例する．微粒子のサイズが波長に近くになると，散乱光の強度は粒径変化に対して極大と極小を繰り返しながら複雑に変化し，ミー散乱とよばれる．一方，散乱光の偏光状態は，微粒子の粒径・粒径分布や形状に依存する．そこで，薄膜での反射の場合と同様に，散乱光の偏光計測により微粒子（群）の状態を解析することができる．

微粒子のサイズが小さい場合は散乱光強度が極端に小さいため，レーザー光散乱に

よりナノサイズの微粒子を測定することは困難である．しかし，静電プローブ（探針）を用いた電気的な方法によりクラスターの質量を求めることができる．また，微粒子が高周波プラズマ中に捕捉されていることを診断する方法として，その自己バイアス電圧を測定する方法がある．

7.3.1　レーザー光散乱法

(1)　ミー散乱理論

図 7.22 のように，散乱面（入射光線と散乱光線を含む面）と散乱角 θ を定める．光の振動方向を，薄膜の反射による偏光解析の場合にならって，散乱面に平行な p 方向とそれに垂直な s 方向に分ける．散乱体として 1 個の球形の微粒子を考え，その粒径を D，複素屈折率を m（媒質の屈折率が 1 でないときは，粒子と媒質の屈折率の比）とする．光の波長を λ として，粒径を含む無次元パラメータを

$$x = \frac{\pi D}{\lambda} \tag{7.43}$$

と定義する．さらに，複素屈折率 m を含む無次元パラメータを

$$y = mx \tag{7.44}$$

と定義する．p および s 方向の散乱振幅関数をそれぞれ S_p, S_s（薄膜の偏光解析で用いる振幅反射率 R_p, R_s に対応する）とすると，

$$S_p = \sum_{n=1}^{\infty} \frac{2n+1}{n(n+1)} (a_n \pi_n + b_n \tau_n) \tag{7.45}$$

$$S_s = \sum_{n=1}^{\infty} \frac{2n+1}{n(n+1)} (b_n \pi_n + a_n \pi_n) \tag{7.46}$$

となる．ここで，a_n と b_n は x と y の関数（すなわち D と m の関数）であり，π_n と τ_n は散乱角 θ の関数である．a_n と b_n はベッセル関数を含み，π_n と τ_n はルジャンド

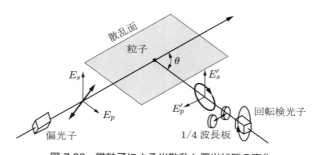

図 7.22　微粒子による光散乱と偏光状態の変化

ル関数を含む関数であるが，ここではその関係式は省略する（詳しくは，文献[56, 57]などを参照）．

ミー散乱の全散乱光強度は，p, s の 2 偏光成分それぞれの散乱光強度の和と同じである．すなわち，距離 r において，

$$I_p = I_0 \frac{\lambda^2 |S_p|^2}{8\pi^2 r^2}, \quad I_s = I_0 \frac{\lambda^2 |S_s|^2}{8\pi^2 r^2} \tag{7.47}$$

とすると，散乱光の全強度は，

$$I = I_p + I_s = I_0 \frac{\lambda^2(|S_s|^2 + |S_p|^2)}{8\pi^2 r^2} \tag{7.48}$$

と表される．複数の粒径のそろった（単分散）微粒子による光散乱の場合，微粒子個々のわずかな位置の差による散乱角の違いや多重散乱の影響が無視できるときは，散乱光強度は粒子の数に比例する．

なお，粒径 D が波長 λ よりも十分小さければ $(D \ll \lambda)$，散乱はレイリー散乱に近似され，

$$I = I_0 \frac{\pi^4 D^6}{8 r^2 \lambda^4} \left(\frac{m^2 - 1}{m^2 + 1} \right)^2 (1 + \cos^2 \theta) \tag{7.49}$$

となり，粒径 D の 6 乗に比例し，波長 λ の 4 乗に反比例する．

(2) 偏光比法

ミーによる散乱理論の計算では，球形の微粒子が対象である[58]．非球形の微粒子については関係式がきわめて複雑となる．その場合，球形と仮定して光散乱測定の結果を解析し，サイズや密度を見積もることがある．球形微粒子の粒径と密度の両方を求めるには，全散乱光強度のほか，p, s の 2 偏光成分の散乱光強度を測定し，その比

$$\frac{I_p}{I_s} = \frac{|S_p|^2}{|S_s|^2} \tag{7.50}$$

を得ればよい．ただし，微粒子の粒径と偏光の強度比との関係が単調増加である場合に限られる．微粒子の粒径が光の波長の 1/2 程度までは，この範囲にある．それ以上の粒径では多価関数となるため，一意的に粒径が決められない．

たとえば，微粒子が球形で，複素屈折率 $m = 3 - i1$，レーザー光の波長 488 nm，散乱角 90° とする．すると，図 7.23 に示すように，2 偏光成分の散乱光強度比は，粒径 250 nm 付近までは単調増加の関係にあるが，それ以上では増減を繰り返していることがわかる．

実際の測定では，非偏光あるいは一定の偏光状態にあるレーザー光を微粒子に照射

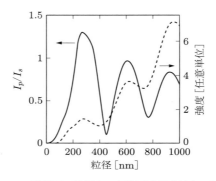

図 7.23 微粒子の粒径と 2 偏光成分強度比との関係

し，レーザーの進行方向に対して直角方向（必ずしも 90°，270° 方向でなくてもよいが，計測の便宜上，この方向が適当である）に偏光素子（検光子）を置き，方位角を p および s 方向にして通過した散乱光の強度 I_p, I_s を測定する．比 I_p/I_s が粒径と単調増加の関係がある範囲内では，I_p/I_s から粒径が求められ，さらに式 (7.47)，(7.48) で示される散乱光強度の式と対応させて密度が求められる．こうした測定方法は古くから行われており，偏光比法あるいは偏光度法とよばれている[59]．近年では，アモルファスシリコン薄膜作製中に，微粒子がプラズマ中で発生・成長する過程を解析する手段などに利用されている[60]．

(3) ミー散乱偏光解析の原理[61-63]

前述したように，偏光比法により粒径を一意的に決定できるのは，粒径が光の波長の 1/2 程度までの範囲においてのみである．それ以上の大きさの粒径と密度を求めるには，別の測定値がもう一つ必要となる．そこで，偏光解析法のように，2 偏光成分の強度比だけでなく，位相差も求めることが考えられる．偏光解析法は，7.2 節でも述べられているように，一般に薄膜の膜厚や光学定数を求めるのに利用される．微粒子による光散乱についても同様の解析方法が利用でき，微粒子の粒径や光学定数を求めることができる．

薄膜の反射における偏光解析では，複素振幅反射率（反射光と入射光の複素電場振幅の比）の 2 偏光成分の比を測定する．そして，実振幅反射率（複素振幅反射率の絶対値）の 2 偏光成分の比を $\tan \Psi$，位相変化（複素振幅反射率の偏角）の 2 偏光成分の差を Δ とおいている．微粒子の光散乱においても，これらをミー散乱の式に対応させ，ミー散乱の偏光解析パラメータ Ψ，Δ を，

$$\frac{S_p}{S_s} = \tan \Psi \exp i\Delta \tag{7.51}$$

と定義する[61]．式 (7.51) を式 (7.50) と比較すると，偏光比法では $\tan\Psi$ に対応する実数値のみが得られているのに対して，ミー散乱偏光解析では，絶対値を外した複素数値が得られていることがわかる．つまり，その複素数の絶対値が $\tan\Psi$ であり，偏角が Δ である．すなわち，偏光解析測定を行えば，もう一つの情報として Δ が与えられる．

ミー散乱において偏光解析測定を行うには，基本的には，薄膜の偏光解析と同様の方法に基づく．すなわち，図 7.22 に示したように，たとえば，一定の偏光状態の光を入射し，散乱光の偏光状態を回転検光子などで検出すれば，式 (7.51) の右辺の偏光解析パラメータ Ψ, Δ が求められる．式 (7.51) の左辺は，すでに述べたミー散乱の理論式に基づいて微粒子の粒径 D と屈折率 m から計算できるので，右辺と等しくなるように D と m を計算から探し出せばよい．ただし，m が複素数の場合は，実屈折率と吸収係数を含み，D と合わせて未知数が三つになるので，測定条件（散乱角 θ，波長 λ など）を変えて測定値を増やさなければならない．

一般の材料プロセスにおいて，微粒子の粒径分布は単分散ではなく多分散である．多分散の分布関数が単純な関数として予測できる場合は，少数のパラメータで表すことができる．たとえば，一般的な対数正規分布であるときは，そのパラメータは幾何平均粒径 D_m と幾何標準偏差 σ の二つで分布関数の形状が決まる．一方で，多分散の微粒子による光散乱では，光の可干渉度（の絶対値）μ が 1 より小さくなり，そのため散乱光は完全偏光ではなく部分偏光となる．部分偏光を記述するには，実振幅比 $\tan\phi = A_p/A_s$ と位相差 $\delta = \delta_p - \delta_s$ だけでは不十分で，四つのパラメータ I, Q, U, V からなるストークスベクトルで記述する必要がある．

まず，可干渉度 $\mu = 1$ の完全偏光の場合は，ϕ, δ との間に

$$\frac{Q}{I} = -\cos 2\phi \tag{7.52}$$

$$\frac{U}{I} = \sin 2\phi \cos\delta \tag{7.53}$$

$$\frac{V}{I} = -\sin 2\phi \sin\delta \tag{7.54}$$

の関係がある．ところで，回転検光子法の測定では，$\cos\delta$（入射光を直線偏光とすると $\delta = \Delta$）しか求められない．検光子の前に 1/4 波長板を挿入して測定すると $\sin\delta$ も求められる．なお，入射光側における偏光子の方位角が $P = 45°$ の場合は，$\phi = \Psi$ である．

多分散では，U, V が可干渉度 μ を含む式となる．そこで，多分散の場合の偏光解析パラメータ Ψ_G, Δ_G を次のように定義する．ただし，式を簡単にするため，入射光

の偏光状態は 45° 方位の直線偏光とする．

$$\frac{Q}{I} = -\cos 2\Psi_G \tag{7.55}$$

$$\frac{U}{I} = \mu \sin 2\Psi_G \cos \Delta_G \tag{7.56}$$

$$\frac{V}{I} = -\mu \sin 2\Psi_G \sin \Delta_G \tag{7.57}$$

I, Q, U, V は，回転検光子によって測定された光強度の検光子方位角の関数のフーリエ係数より求められ，多分散の偏光解析パラメータ Ψ_G, Δ_G と μ が得られる．

(4) ミー散乱偏光解析によるインプロセスモニタリング

図 7.24 は，Ar プラズマ中にカーボンの超微粒子を導入し，凝集により大きく成長していく過程をミー散乱偏光解析でモニタリングを行った結果である．測定された角度パラメータ (Ψ, Δ) を図 (a) に黒丸で示す．一方，微粒子の粒径分布を対数正規分布として，様々な条件における成長のシミュレーションが行われ，実線はその中で実験結果にもっとも近い軌跡を示している[61]．この場合の条件は，微粒子の複素屈折率 $m = 2.3 - i0.35$，幾何標準偏差 $\sigma = 1.5$，散乱角 $\theta = 91°$ である．シミュレーションとの対応から，各点において幾何平均粒径が求められ，さらに測定された微粒子散乱光強度とから微粒子の密度が求められる．図 (b) には，求められた平均粒径と密度の時間変化が示されている．この結果より，凝集が始まった 800 s 付近から粒径の増大と密度の減少が生じ，凝集が始まっている様子がわかる．

図 7.25(a) は，メタンプラズマ中にカーボン超微粒子を導入し，ミー散乱偏光解析のモニタリングを行った場合の結果である[64]．図 7.24 の結果とはまったく異なる変化を示している．図 7.24 の場合と同様に，対数正規分布を保ちながら凝集により成長

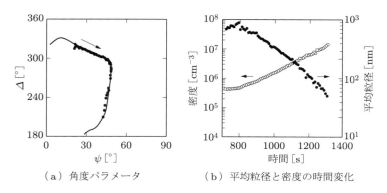

(a) 角度パラメータ　　(b) 平均粒径と密度の時間変化

図 7.24　Ar プラズマ中におけるカーボン微粒子成長過程の偏光解析モニタリング

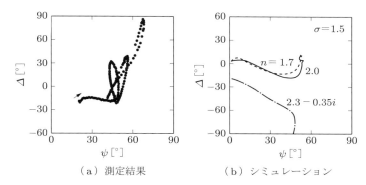

図 7.25 メタンプラズマ中におけるカーボン微粒子成長過程の偏光解析モニタリング

すると仮定し，屈折率を実数としてシミュレーションを行うと，図 7.25(b) のようにはじめは測定結果と似た変化となるが，その後の変化が小さいことがわかる．

そこで，微粒子の成長が凝集によるのではなく，個々の微粒子の表面へのカーボン膜コーティングによるとして，シミュレーションが行われた．さらに，微粒子の屈折率と，導入時の微粒子の対数正規分布の幾何平均粒径・標準偏差の値を変化させながら，測定結果に近い軌跡が求められた．その結果，微粒子の屈折率 $m = 1.5$，幾何平均粒径 $D_m = 50\,\mathrm{nm}$，幾何標準偏差 $\sigma = 1.5$ のとき，図 7.26(a) のように実験結果にもっとも近い軌跡が得られている．

図 7.25(a) の測定結果を図 7.26(a) のシミュレーションと対応させて，平均粒径の時間変化が求められ，さらに，それと散乱光強度とから微粒子の密度が求められた．図 7.26(b) はその結果を示し，粒径が 1500 s 程度までは直線的に増加し，その後はやや緩やかな成長に変化していることがわかる．同時に，密度減少率も変化している．こ

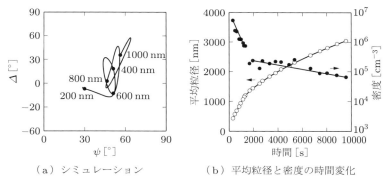

図 7.26 メタンプラズマ中におけるカーボン微粒子成長過程のシミュレーションと粒径・密度の時間変化

のように，粒子分の成長に 1500 s 付近で顕著な変化が見られている．なお，この時点付近で，微粒子のクーロン結晶が形成されていることが報告されている[65]．

シランプラズマ中で微粒子が発生・成長する過程において，同様に偏光解析パラメータ Ψ, Δ を測定して解析を行った実験例や[66]，レイリー－ミー散乱エリプソメトリとよばれる，サブミクロン微粒子の成長過程解析に利用した例もある[67,68]．

7.3.2 静電プローブ法

プラズマ中の球形微粒子の負帯電量は，その直径に比例する．したがって，直径数 μm の微粒子は数千荷を超えるが，数 nm の微粒子は数荷程度である．さらに直径 2 nm 程度では，表面からの電子放出により 1 荷以上にはならないと考えられている．したがって，この程度のサイズの微粒子（クラスター）は，1 荷の負イオンのように振る舞う．こうしたことを利用して，静電プローブで負イオンを検出するのと同様の方法で，レーザー光散乱では検出できない小さなサイズのクラスターを調べることができる[69]．

正イオン，電子，負帯電微粒子（負イオン）からなるプラズマにおいて，放電を停止した直後のアフターグロープラズマでは，電子が先に空間中から逃げ出し，正イオンと負帯電微粒子が残る．したがって，正イオンと負イオンの温度および密度が等しい場合，静電プローブ（探針）で測定した正イオン飽和電流 I_+ と負イオン飽和電流 I_- の比は，正イオンの質量 m_+ と負イオンの質量 m_- の比との間に，次のような簡単な関係が成り立つ（プローブ理論より）．

$$\frac{I_+}{I_-} = \sqrt{\frac{m_-}{m_+}} \tag{7.58}$$

こうして，正イオンの質量がわかっていれば負イオン（微粒子）の質量がわかり，その直径が推測できる．

7.3.3 自己バイアス電圧測定

高周波プラズマでは，微粒子の有無により放電機構が変化し，それに従い自己バイアス電圧の大きさが変化する[70-74]．つまり，微粒子がプラズマ中に大量に存在すると相当の割合の電子が微粒子に付着し，放電空間中に存在する自由な電子の密度が減少する．それによりプラズマの抵抗が大きくなり，インピーダンスが容量性から抵抗性へと変化する．このことを利用して，自己バイアス電圧測定から，プラズマ気相空間における微粒子成長過程のモニタリングが行える[72,73]．

図 7.27 は，単層カーボンナノチューブ (SWNT) を含むカーボン微粒子を作製する

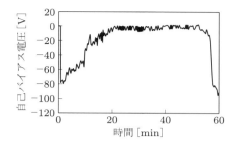

図 7.27 カーボン微粒子生成過程における高周波自己バイアス電圧の変化

過程において測定された，高周波自己バイアス電圧の時間変化を示す[73]．水素希釈のエチレンとフェロセン蒸気が接地電位の熱フィラメント側から導入されると，下流側の高周波電極との間に発生するプラズマ中で，負帯電したSWNTを含む微粒子が捕捉されながら成長する．高周波放電開始直後に約 $-80\,\mathrm{V}$ の自己バイアス電圧が発生した後，フェロセンの昇華が始まり，プラズマ空間中に閉じ込められるカーボン微粒子の量が多くなるにつれ自己バイアス電圧が0Vに近づいていく様子がわかる．これは，2.2.5項においても説明があるように，プラズマが抵抗性となり，プラズマバルク中での電離による放電維持機構が支配的になったためと考えられる．

参考文献

[1] 堤井信力：プラズマ基礎工学，内田老鶴圃 (1986).
[2] プラズマ・核融合学会編：プラズマ診断の基礎，名古屋大学出版会 (1990).
[3] Francis F. Chen: Electric Probes *in Plasma Diagnostic Techniques* (ed. Richard H. Huddlestone and Stanley L. Leonard), Achademic Press (1965).
[4] L. Schott, ed. W. Lochte-Holtgreven: Electrical Probes *in Plasma Diagnostics*, North-Holland (1968).
[5] J. D. Swift and M. J. R. Schwar: *Electrical Probes for Plasma Diagnostics*, Ilife Books (1970).
[6] 雨宮宏 ほか：*J. Plasma Fusion Res*, **81**, 482 (2005).
[7] 中村圭二：プラズマエレクトロニクス分科会会報，**49**, 18 (2008).
[8] Kazuo Takahashi, Yasuaki Hayashi, and Satoshi Adachi, *J. Appl. Phys.*, **110**, 013307 (2011).
[9] 霜田光一，矢島達夫，上田芳文，清水忠雄，粕谷敬宏：量子エレクトロニクス（上），裳華房 (1972).
[10] W. Demtröder: *Laser Spectroscopy, 2nd ed.*, Springer (1998).
[11] K. Tachibana and H. Kamisugi: *Appl. Phys. Lett.*, **74**, 2390 (1999).
[12] K. Takeda, S. Takashima, M. Ito, and M. Hori: *Appl. Phys. Lett.*, **93**, 021501 (2008).

[13] J. Olejnicek, H. T. Do, Z. Hubicka, R. Hippler, and L. Jastrabik: *Jpn. J. Appl. Phys.*, **45**, 8090 (2006).

[14] C. Vitelaru, C. Aniculaesei, L. de Poucques, T. M. Minea, C. Boisse-Laporte, J. Bretagne, and G. Popa: *J. Phys. D: Appl. Phys.*, **43**, 124013 (2010).

[15] N. Itabashi, N. Nishiwaki, M. Magane, T. Goto, A. Matsuda, C. Yamada, and E. Hirota: *Jpn. J. Appl. Phys.*, **29**, 585 (1990).

[16] J. Röpcke, G. Lombardi, A. Rousseau, and P. B. Davies: *Plasma Sources Sci. Technol.*, **15**, S148 (2006).

[17] ed. G. Berden and R. Engeln: *Cavity Ring-Down Spectroscopy*, Wiley (2009).

[18] Y. Horikawa, K. Kurihara, and K. Sasaki: *Jpn. J. Appl. Phys.*, **49**, 026101 (2010).

[19] N. Nafarizal, N. Takada, K. Shibagaki, K. Nakamura, Y. Sago and K. Sasaki: *Jpn. J. Appl. Phys.*, **44**, L737 (2005).

[20] R. Engeln, S. Mazouffre, P. Vankan, D. C. Schram, and N. Sadeghi: *Plasma Sources Sci. Technol.*, **10**, 595 (2001).

[21] G. D. Severn, X. Wang, E. Ko, and N. Hershkowitz: *Phys. Rev. Lett.*, **90**, 145001 (2003).

[22] W. Z. Park, T. Eguchi, C. Honda, K. Muraoka, Y. Yamagata, B. W. James, M. Maeda, and M. Aakazaki: *Appl. Phys. Lett.*, **58**, 2564 (1991).

[23] K. Shibagaki, N. Nafarizal, and K. Sasaki: *J. Appl. Phys.*, **98**, 043310 (2005).

[24] R. A. Gottscho: *Phys. Rev. A*, **36**, 2233 (1987).

[25] M. Watanabe, K. Takiyama, and T. Oda: *Jpn. J. Appl. Phys.*, **39**, L116 (2000).

[26] D. K. Doughty and J. E. Lawler: *Appl. Phys. Lett.*, **45**, 611 (1984).

[27] K. E. Greenberg and G. A. Hebner: *Appl. Phys. Lett.*, **63**, 3282 (1993).

[28] J. B. Kim, K. Kawamura, Y. W. Choi, M. D. Bowden, K. Muraoka, and V. Helbig: *IEEE Trans. Plasma Sci.*, **26**, 1556 (1998).

[29] U. Czarnetzki, D. Luggenhölscher, and H. F. Döbele: *Phys. Rev. Lett.*, **81**, 4592 (1998).

[30] K. Takizawa, K. Sasaki, and A. Kono: *Appl. Phys. Lett.*, **84**, 185 (2004).

[31] K. Takizawa, A. Kono, and K. Sasaki: *Appl. Phys. Lett.*, **90**, 011503 (2007).

[32] E. V. Barnat and G. A. Hebner: *J. Appl. Phys.*, **96**, 4762 (2004).

[33] K. Kawamura, S. Ishizuka, H. Sakaue, and Y. Horiike: *Jpn. J. Appl. Phys.*, **30**, 3215 (1991).

[34] Z. Zhou, E. S. Aydil, R. A. Gottscho, Y. J. Chabal, and R. Reif: *J. Electrochem. Soc.*, **140**, 3316 (1993).

[35] E. S. Aydil, Z. Zhou, K. P. Giapis, Y. Chabal, J. A. Gregus, and R. A. Gottscho: *Appl. Phys. Lett.*, **62**, 3156 (1993).

[36] A. D. Bailey and R. A. Gottscho: *Jpn. J. Appl. Phys.*, **34**, 2172 (1995).

[37] K. Tachibana, T. Shirafuji, and S. Muraishi: *Jpn. J. Appl. Phys.*, **35**, 3652 (1996).

[38] T. Shirafuji, W. W. Stoffels, H. Moriguchi, and K. Tachibana: *J. Vac. Sci. Technol. A*, **15**, 209 (1997).

[39] A. Canillas, E. Pascual, and B. Drévillon: *Rev. Sci. Instrum.*, **64**, 2153 (1993).

[40] H. Shirai, B. Drévillon, and I. Shimizu: *Jpn. J. Appl. Phys.*, **33**, 5590 (1994).
[41] S. Miyazaki, H. Shin, Y. Miyoshi and M. Hirose: *Jpn. J. Appl. Phys.*, **34**, 787 (1994).
[42] N. Sakikawa, Y. Shishida, S. Miyazaki, and M. Hirose: *Jpn. J. Appl. Phys. Part 2.*, **37**, L409 (1998).
[43] K. Nishikawa, K. Ono, M. Tuda, T. Oomori, and K. Namba: *Jpn. J. Appl. Phys.*, **34**, 3731 (1995).
[44] M. Inayoshi, M. Ito, M. Hori, T. Goto, and M. Hiramatsu: *J. Vac. Sci. Technol. A*, **16**, 233 (1998).
[45] H. Kawada, H. Kitsunai, and N. Tsumaki: *J. Electrochem. Soc.*, **146**, 296, (1999).
[46] H. Kawada, M. Yamane, H. Kitsunai, and S. Suzuki: *J. Vac. Sci. Technol. A*, **19**, 31 (2001).
[47] M. Ito, K. Kamiya, M. Hori, and T. Goto: *J. Appl. Phys.*, **91**, 3452, (2002).
[48] M. Shinohara, T. Kuwano, Y. Akama, Y. Kimura, M. Niwano, H. Ishida, and R. Hatakeyama: *J. Vac. Sci. Technol. A*, **21**, 25 (2003).
[49] V. M. Bermudez: *J. Vac. Sci. Technol. A*, **10**, 152 (1992).
[50] S. Hirano, H. Noda, A. Yoshigoe, S. I. Gheyas, and T. Urisu: *Jpn. J. Appl. Phys.*, **37**, 6991 (1998).
[51] H. Noda, T. Urisu,, Y. Kobayashi, and T. Ogino: *Jpn. J. Appl. Phys.*, **39**, 6985 (2000)
[52] M. Haverlag, D. Vender, and G. S. Oehrlein: *Appl. Phys. Lett.*, **61**, 2875 (1992).
[53] D. C. Marra and E. S. Aydil: *J. Vac. Sci. Technol. A*, **15**, 2508 (1997).
[54] K. Ishikawa, and M. Sekine: *Jpn. J. Appl. Phys.*, **39**, 6990 (2000).
[55] K. Ishikawa, and M. Sekine: *J. Appl. Phys.*, **91**, 1661 (2002).
[56] M. Born and E. Wolf: *Principles of Optics*, Pergamon Press (1975).
[57] H. C. van de Hulst: *Light Scattering by Small Particles*, Dover Publications (1981).
[58] G. Mie: *Ann. D. Physik*, **25**, 377 (1908).
[59] 井伊谷綱一編，木村典夫：粉体工学ハンドブック，p.32，朝倉書店 (1965).
[60] Y. Watanabe, M. Shiratani and M Yamashita: *Appl. Phys. Lett.*, **61**, 1510 (1992).
[61] Y. Hayashi and K. Tachibana: *Jpn. J. Appl. Phys.*, **33**, L476 (1994).
[62] 林康明，橘邦英：応用物理，**64**，565 (1995).
[63] 林康明：真空，**44**, 617 (2001).
[64] Y. Hayashi and K. Tachibana: *Jpn. J. Appl. Phys.*, **33**, 4208 (1994).
[65] Y. Hayashi and K. Tachibana: *Jpn. J. Appl. Phys.*, **33**, L804 (1994).
[66] M. Shiratani, H. Kawasaki, T. Fukuzawa, T. Yoshioka, Y. Ueda, S. Singh and Y. Watanabe: *J. Appl. Phys.*, **79**, 104 (1996).
[67] S. Hong and J. Hunter: *J. Appl. Phys.*, **100**, 064303 (2006).
[68] R. Weiß, S. Hong, J. Ränsch and J. Winter: *Phys. Stat. Sol. A*, **205**, 802 (2008).
[69] T. Fukuzawa, M. Shiratani and Y. Watanabe: *Appl. Phys. Lett.*, **64**, 3098 (1994).
[70] J. P. Boeuf and Ph. Belenguer: *J. Appl. Phys.*, **71**, 4751 (1992).

[71] K. Tachibana, Y. Hayashi, T. Okuno and T. Tatsuta: *Plasma Sources Sci. Technol.*, **3**, 314 (1994).
[72] Y. Hayashi, M. Imano, Y. Mizobata and K. Takahashi: *Plasma Sources Sci. Technol.*, **19**, 034019 (2010).
[73] Y. Hayashi, M. Imano, Y. Kinoshita, Y. Kimura and Y. Masaki: *Jpn. J. Appl. Phys.*, **50**, 08JF09 (2011).
[74] G. Wattieaux, A. Mezeghrane and L. Boufendi: *Phys. Plasmas*, **18**, 093701 (2011).

索引

英　数

2 次微粒子　201
3 族元素金属内包フラーレン　197
α 作用　14
Al エッチング　112
AM 変調　213
Ar/CH$_4$ 混合ガス　176
ARDE　118
ASCeM　121
A-フラーレンプラズマ　172
BolSIG+　73
(C$_2$H$_5$)$_2$Zn　179
C$_{59}$N@SWNT　155
C$_{59}$N@SWNT-FET　162
C$_{60}$@SWNT　155
C$_{60}$@SWNT-FET　161
C$_{60}$@SWNT/Si　166
CDDP　202
CDDP@SWNHox　202
CD ロス・ゲイン　92
CNC　195
CNH　199
CNT　148, 192
CNT-FET　160
CNT−金ナノ粒子コンジュゲート　160
CO$_2$ レーザー　200
Cs/C$_{60}$@SWNT　156
Cs@DWNT　161
Cs/I@DWNT　156
Cs/I@DWNT-FET　162
Cs/I@SWNT　156
Cs/I@SWNT-FET　162
Cs@SWNT　155
Cs@SWNT-TFT　166
Cs プラズマ照射　165

CTAB　204
CTAB ミセル　204
CVD　62, 63, 148
C$_x$H$_y$ エッチング　113
DDS　158, 199
DNA デリバリー　158
DNA 濃度依存性　168
DWNT　155, 193
EEDF　71
EELS　177
ESR　174
Fe(C$_5$H$_5$)$_2$　196
Fe@SWNT　162
FET　160
FT-ICR　197
FT-IR　252
γ 作用　15
Gd@C$_{82}$　199
G バンド　149
H$_2$/CH$_4$ 混合ガス　178
H$_2$PtCl$_6$　201
HAuCl$_4$　159
Hertz–Knudsen の式　76
high-k ゲートスタック　142
high-k 絶縁膜　142
HMDSO　79
HPLC　175
I@SWNT　155
Koenig のシースモデル　37
La@C$_{82}$　197
LER　127
[Li@C$_{60}$]$^+$　173
LSI　90
LWR　127
MD　118, 124

MEM　　199
MEMS　　90
MRI 用造影剤　　199
MWNT　　148, 192
N_2 ガス流　　201
$NaBH_4$　　204
$N@C_{60}$　　173
NCD　　176
NEXAFS　　177
π 電子雲　　197
PEFC　　201
PIG 放電　　20
PLE　　151
PLE マップ　　152
pn 接合内蔵 SWNT 太陽電池　　167
PVD　　63
RIE　　99, 140
RIE ラグ　　120
$Sc_2C_2@C_{82}$　　199
SFG　　254
Si_3N_4 エッチング　　113
SiH_2 挿入反応　　51
SiO_2 エッチング　　111
Si エッチング　　109
Si 貫通電極形成　　140
Si 酸化膜界面　　170
Si ナノ結晶　　221
Si リセス　　130
Si 量子ドット　　221
sp^2 混成軌道　　147
sp^3 結合炭素　　178
sp^3 混成軌道　　147
sp 混成軌道　　147
SQUID　　162
SR-STS　　155
STI　　138
STM　　155
STS　　155
SWNH　　199
SWNT　　148, 184, 193
TEM　　155
TFT　　165
TSV　　140

UNCD　　176
VLS　　189
X 線回折法　　173
$Y@C_{70}(CF_3)_3$　　198
ZnO　　179
ZnO ナノワイヤー　　147, 179
ZnPc　　202

あ 行

亜鉛フタロシアニン　　202
アークジェット法　　191
アーク放電　　17
アーク放電法　　172, 184, 191
浅いトレンチ素子分離　　138
アスコルビン酸　　204
アスペクト比　　118
アスペクト比依存エッチング　　118
アスペクト比の制御　　205
圧電性ロジックデバイス　　181
アブレーション　　203
アモルファス　　69
アルカリ金属正イオン　　155
アルカリ金属内包フラーレン　　172
アルカリ－ハロゲンイオンプラズマ　　154
アルカリ－フラーレンイオンプラズマ　　154
アンダーエッチ　　90
アンダーカット　　93
アンテナ効果　　128
アンモニアプラズマ　　171
イオンアシスト反応　　100, 107
イオン液体　　158
イオンエネルギー　　149
イオンエネルギー分布関数　　41
イオン抗力　　47
イオンシャドーイング　　116
イオン衝撃エネルギー　　31
イオン照射モード　　158
イオン性プラズマ　　154
イオンの反射（散乱）　　115
イオン飽和電流　　232
一重螺旋 DNA@DWNT　　157
一重螺旋 DNA@SWNT　　157
異方性　　92

索 引　269

異方性エッチング　91
異方的結晶成長　204
薄　膜　62
薄膜堆積　67
薄膜トランジスタ　165
液中プラズマプロセス　156
エッチング　68, 149
エッチングガス　98
エッチング・スパッタリング収率　118
エッチング反応生成物　115
エネルギー幅　41
エネルギー分布関数　71, 72
遠隔プラズマ有機金属 CVD　179
オーバーエッチ　90

か 行

回転エネルギー　150
開放電圧 (V_{oc})　167
カイラリティ　151
カイラリティ分布　152
化学気相堆積法　63
化学吸着　84, 85
核医学　195
核形成・成長 2 段階法　180
拡　散　68, 79
拡散電位　167
拡散プラズマ　170
核生成後　176
拡張成長方程式　149
核燃料　195
核発生　207
ガス粘性力　48
カチオン性界面活性剤　204
カーボンナノウォール　169
カーボンナノカプセル　195
カーボンナノチューブ　147, 148, 184, 192
カーボンナノファイバー　202
カーボンナノホーン　199
気液界面プラズマ　158
気体−液体−固体機構　189
揮発性　96
逆 RIE ラグ　120
キャビティリングダウン吸収分光法　239

球形集合体　200
吸　収　235
吸収係数　236
吸収の飽和　237
吸収率　236
急速加熱プラズマ CVD　171
急速成長期　55
吸　着　108
吸着・付着確率　118
凝　集　205
局在表面プラズモン共鳴　203
局所的チャージアップ　115
極性反転基板バイアス法　155, 156
近赤外分光特性　203
近赤外領域　166
金属カーバイド　199
金属−炭素合金　196
金属内包フラーレン　184, 195, 197, 198
金属ナノ粒子　202
金ナノ粒子　159
金ナノロッド　203
グラファイト籠　195
グラファイト電極　191
グラフェン　147, 169
グラフェン直接合成法　169
グラフェンナノリボン　171
グラフェンの伝導特性制御　170
グラフェンの端（エッジ）　170
クロスリンク　85
グロー放電　16
クーロンダイヤモンド　163
形状異常　93
形状シミュレーション　121
欠　陥　128
結合エネルギー　96
結晶粒境界　176
ゲート酸化膜　133
ゲート電極加工　138
原子スケールセルモデル　121
原子内包 C_{60}　148
原子・分子内包　154
コア/金属−殻/炭素　196
コアシェルナノ粒子　207

高温パルスアーク放電法　194
高化学反応性フラーレン　198
高空間分解能 STS　155
高効率発電原理　167
高次フラーレン　198
高周波シース　35
高周波補償ラングミュアプローブ法　150
合成純度　174
高性能半導体デバイス　171
構造アスペクト比　203
構造制御成長　151
高速液体クロマトグラフィー　175
高電圧シース　28
光電変換素子　166
高密度 SWNT 集合体　153
高密度のプラズマ　204
固体高分子形燃料電池　201
古典的分子動力学シミュレーション　118
孤立垂直配向　150
コロニー　177
コンジュゲート　158
コンジュゲートの CNT への内包　167
混成炭素棒　195
コンタクトホール加工　140
コンフォーマル　81

さ 行

サイクロトロン運動　8
サイズ分散　206
サイズ分布　206
最大エントロピー法　199
酸化亜鉛　179
残渣　123
ジエチル亜鉛　179
紫外-可視-近赤外吸収スペクトル　152
紫外可視光吸収特性　168
紫外発光　180
しきい値電圧　132
磁気インク　195
磁気記録媒体　195
自己バイアス電圧　34
自己バイアス電圧測定　262
シース　7, 26, 71, 104, 229

シース通過イオン　40
シース電圧　104
シースの形成条件　28
シスプラチン　202
自然放出　235
シーディング法　204
自発反応　94
ジャストエッチ　90
シャドーイング　115
重合膜堆積　107
重力　49
腫瘍成長抑制効果　202
蒸気-液体-固体 (VLS) モード　180
衝突性シース　29
初期成長過程　148
初期成長期　51
徐放法　169
シランガスを用いた容量結合型プラズマ　42
水素化ホウ素ナトリウム　204
水中アーク放電　200
垂直配向 ZnO NW　180
ストレス　81
スパッタリング　68, 80
寸法精度　92
生体分子 DNA　156
成長飽和期　57
静電引力　199
静電反発力　199
静電力　46
成膜前駆体　68
成膜速度　76
整流特性　166
赤外光領域　167
赤外発光ダイオード　167
遷移確率　235
前駆体　64, 69, 87
選択性　92
層間相互作用　194
双極子モーメント　150
走査型トンネル顕微鏡　155
走査トンネル分光法　155
側壁保護　107
その場観察　253

ソーラーシミュレータ　167

た 行
大気圧中トーチアーク法　191
堆積速度　76
帯　電　209
帯電凝集モデル　55
帯電揺らぎ　42
大面積グラフェン　169
太陽電池　166
多重励起子生成　167, 218
ダストプラズマ周波数　216
多層カーボンナノチューブ　148
多段階解離　82
脱　離　108
脱離率　118
ダブルプラズマ型電子ビーム発生装置　174
単極性基板バイアス法　155
端近傍 X 線吸収微細構造分光法　177
ダングリングボンド　68, 69, 84, 86, 87
段差被覆　87
段差被覆性　65
探　針　229
探針法　229
単層カーボンナノチューブ　148
単層カーボンナノホーン　199
炭素カプセル　184
炭素クラスター　184
炭素溶解モデル　197
単電子デバイス　221
単分子スイッチ　173
窒素内包フラーレン　173
窒素分子イオン N_2^+　174
チャイルド－ラングミュアの法則　29
中性シャドーイング　116
中性粒子の反射（再放出）　115
超音波照射　204
超高密度メモリ　173
長寿命スピン　173
超常磁性特性　162
超伝導現象　178
超伝導量子干渉素子　162
超ナノクリスタルダイヤモンド　176

超分子デバイス材料　172
超臨界プラズマ　190
直流自己バイアス電圧　106
強い還元剤　204
強い対環境特性　166
低圧力・高密度プラズマ　101
低温合成　169
抵抗性シース　30
低電子温度・低イオンエネルギー　171
定電流電解法　203
低摩擦特性　178
低密度のプラズマ　204
テーパ　93
デバイ遮蔽　7
デバイ長　7
電解質プラズマ　156
電界電子放出源　193
電解法　203
電荷蓄積　115
電荷中性点　171
電子アクセプタ列　162
電子エネルギー損失分光法　177
電子温度の制御　22
電子シェーディング　115
電子衝突解離　69
電子衝突解離断面積　71
電子衝突断面積　72
電子照射モード　158
電子スピン共鳴スペクトル　174
電子ドナー列　162
電子飽和電流　232
電流オン・オフ比　171
透過型電子顕微鏡　155
透過率　236
「透明な」光　203
等方性エッチング　91
ドップラーシフト　242
ドップラー広がり　236
ドーパントコンビネーション　164
ドーピング依存性　110
ドライエッチング　90
ドラッグデリバリーシステム　158, 199
ドリフト　68, 80

ドレイン電流　132
トレンチ　80, 87
トレンチカバレッジ　87
トレンチ（溝）加工　138

な 行

内包フラーレン　172, 197
ナノ pn 接合デバイス　162
ナノカプセル　194
ナノカーボン　147
ナノカーボン合成　191
ナノクリスタルダイヤモンド　176
ナノ結晶　221
ナノ光デバイス　205
ナノ材料　147
ナノダイオード　162
ナノダイヤモンド　147, 176, 221
ナノ電界効果トランジスタ　160
ナノ粒子　191, 205
ナノ粒子−DNA コンジュゲート　167
ナノ粒子合成技術　159
ナノロッド　202
二元金属触媒　193
二重螺旋 DNA@DWNT　157
二層カーボンナノチューブ　155
熱泳動力　47
熱電離プラズマ　12
燃料電池　199
ノッチ　93

は 行

バイオ・医療　158, 167
配向カーボンナノチューブ　148
配向成長機構　150
バッキーオニオン　195
白金ナノ粒子　201
パッシェンの法則　15
バッファガス吹き出し型アーク放電プラズマ発生装置　196
ハードマスク　114
バルクマイクロマシニング　140
パルスプラズマ　206
パルスレーザー　203

ハロゲン負イオン　155
半導体大規模集積回路　90
半導体ナノ粒子　218
反応　108
反応種　96
反応性　96
反応性イオンエッチング　99
反応生成物　96
反応層　96
ビアホール加工　140
光散乱　255
光照射　167
光触媒　205
ひげ結晶（ウィスカー）　202
非磁性金属触媒　152
微視的均一性　118
比表面積　201
表面酸化　107
表面波プラズマ　169
表面プラズモン共鳴　158, 159, 167
微粒子　42
微粒子圧力勾配による力　47
微粒子核　42
微粒子間力　49
微粒子計測　255
微粒子前駆体　42
微粒子に付着する電子数　43
微粒子の帯電　43
微粒子への作用力　46
負イオン C_{60}^{-}　154
負イオン反応　51
負イオンを含むシース　32
フィン加工　138
フェロセン　196
フォトレジスト　90
深堀り　140
負性微分抵抗特性　163
付着確率　65, 80, 87
フッ化炭素膜　79
物質の複素誘電関数　247
物理気相堆積法　63
物理吸着　84
物理的スパッタリング　107

浮遊触媒法　　189
浮遊電位　　31
プラズマ CVD　　67, 148, 189
プラズマイオン注入法　　173
プラズマエッチング　　90
プラズマ化学気相堆積　　62, 148
プラズマ還元法　　167
プラズマ支援合成法　　179
プラズマシース電場　　155
プラズマシャワー法　　173
プラズマ照射　　159
プラズマダメージ　　128
プラズマ電位　　104
プラズマ放電電極　　159
プラズマリアクタ　　101
フラックス　　31
フラーレン　　147, 184
プロセス制御　　101
プローブ粒子　　203
分光エリプソメトリ　　131
分子動力学モデル　　124
ペアフラーレンイオンプラズマ　　155
平均自由行程　　74
ヘリウムガスジェット流　　196
偏光解析　　250
偏光比法　　257
偏光変調赤外反射分光法　　252
ペンタゴンルール　　186
ポアソンの方程式　　73
ボーイング　　93
放射光 X 線回折　　199
放射寿命　　235
放射スペクトル解析　　201
放射性ラベリング　　199
保護膜形成　　107
ボッシュプロセス　　140
ボーム・シース条件（規準）　　28, 104
ボーム条件　　28
ホロー陰極放電　　19
ホロー型マグネトロン高周波プラズマ　　180

ま　行

マイグレーション　　68, 84, 86

マイクロ波 CVD　　176
マイクロ波アークプラズマ　　196
マイクロ波共振プローブ　　234
マイクロピラー　　123
マイクロマシン　　90
マイクロマスク　　123
マイクロローディング　　118
ミー散乱　　255
ミー散乱偏光解析　　258
無衝突シース　　27
メタル電極　　141
面積比　　35

や　行

有機・無機ハイブリッド膜　　79
融点降下　　208
誘導放出　　235
容量性シース　　39
弱い還元剤　　204

ら　行

ライン端ラフネス　　127
ラジカル　　68, 69, 87, 207
ラフネス　　126
ラマン分光スペクトル　　149, 152
ラングミュアの吸着等温式　　149
リソグラフィー　　90
リップル　　126
量子コンピュータ　　173
量子ドット　　164
量子ドット太陽電池　　205
レイリー散乱　　255
レーザーシュタルク分光法　　243
レーザー蒸発法　　172, 188, 191
レーザー脱離イオンサイクロトロン共鳴質量分析器　　197
レーザー脱離飛行時間型質量分析器　　172
連続プラズマ　　205

わ　行

和周波振動分光　　254

編集担当	富井　晃（森北出版）
編集責任	石田昇司（森北出版）
組　　版	藤原印刷
印　　刷	同
製　　本	同

プラズマプロセス技術
ナノ材料作製・加工のためのアトムテクノロジー

ⓒ プラズマ・核融合学会　2017

【本書の無断転載を禁ず】

2017年1月27日　第1版第1刷発行
2024年8月30日　第1版第2刷発行

編　　者	プラズマ・核融合学会
発行者	森北博巳
発行所	森北出版株式会社

東京都千代田区富士見 1-4-11（〒102-0071）
電話 03-3265-8341／FAX 03-3264-8709
http://www.morikita.co.jp/
日本書籍出版協会・自然科学書協会　会員
JCOPY ＜（社）出版者著作権管理機構　委託出版物＞

落丁・乱丁本はお取替えいたします．

Printed in Japan ／ ISBN978-4-627-77561-9